기적의 문제해결법

초등 6-2

8

길벗스쿨

유형 탄생의 비밀을 알면
최상위 수학문제도 만만해!

✡ 최상위 수학학습, 사고하는 과정이 중요하다!

개념 이해를 확인하는 기본 수학문제는 보는 순간 쉽게 풀어 정답을 구할 수 있습니다.
이때는 문제가 비교적 단순해서 깊은 사고가 필요하지 않습니다.
그렇다면 어려운 수학문제는 어떨까요?
'도대체 무엇을 구하라는 것이지? 어떤 방법으로 풀어야 하지?' 등 문제를 이해하는 것부터
어떤 개념을 적용하여 어떤 순서로 해결할지 여러 가지 생각을 하게 됩니다.
만약 답이 틀렸다면 문제를 다시 읽고, 왜 틀렸는지 생각하고, 옳은 답을 구하기
위해 다시 계획하고 실행하는 사고 과정을 반복하게 됩니다. 이처럼 어려운 문제를
해결하기 위해 논리적으로 사고하는 과정 속에서 수학적 사고력과 문제해결력이
향상됩니다. 이것이 바로 최상위 수학학습을 해야 하는 이유입니다.

수학은 문제를
해결하는 힘을 기르는
학문이에요. 선행보다는
심화가 실력 향상에 더
도움이 됩니다.

✡ 최상위 수학학습, 초등에서는 달라야 한다!

어려운 수학문제를 논리적으로 생각해서 풀기란 쉽지 않습니다.
논리적 사고가 완전히 발달하지 못한 초등학생에게는 더더욱 힘든 일입니다.
피아제의 인지발달 단계에 따르면 추상적인 개념에 대한 논리적이고
체계적인 사고는 11세 이후 발달하며, 그 이전에는 자신이 직접 경험한
구체적 경험 중심의 직관적, 논리적 조작사고가 이루어집니다.
이에 초등학생의 최상위 수학학습은 중고등학생과는 달라야 합니다.
초등학생의 심화학습은 학생의 인지발달 단계에 맞게 구체적 경험을
통해 논리적으로 조작하는 사고 방법을 익히는 것에 중점을 두어야 합니다.
그래야만 학년이 올라감에 따라 체계적, 논리적 사고를 활용하여 학습할 수 있습니다.

초등학생은 아직 추상적
개념에 대한 논리적 사고력이
부족하므로 중고등학생과는 다른
학습설계가 필요합니다.

초등 1, 2학년	• 암기력이 가장 좋은 시기 • 구구단과 같은 암기 위주의 단순반복 학습, 개념을 확장하는 선행심화 학습 • 호기심이나 상상을 촉진하는 다양한 활동을 통한 경험심화 학습
초등 3, 4학년	• 구체적 사물들 간의 관계성을 통하여 사고를 확대해 나가는 시기 • 배운 개념이 다른 개념으로 어떻게 확장, 응용되는지 　구체적인 문제들을 통해 인지하고, 그 사이의 인과관계를 유추하는 응용심화 학습
초등 5, 6학년	• 추상적, 논리적 사고가 시작되는 시기 • 공부의 양보다는 생각의 깊이를 더해 주는 사고심화 학습

유형 탄생의 비밀을 알면 해결전략이 보인다!

중고등학생은 다양한 문제를 학습하면서 스스로 조직화하고 정교화할 수 있지만
초등학생은 아직 논리적 사고가 미약하기에 스스로 조직화하며 학습하기가 어렵습니다.
그러므로 최상위 수학학습을 시작할 때 무작정 다양한 문제를 풀기보다 어려운 문제들을 관련 있는
것끼리 묶어 함께 학습하는 것이 효과적입니다. 문제와 문제가 어떻게 유기적으로 연결, 발전되는지
파악하고, 그에 따라 해결전략은 어떻게 바뀌는지 구체적으로 비교하며 학습하는 것이 좋습니다.
그래야 문제를 이해하기 쉽고, 비슷한 문제에 응용하기도 쉽습니다.

◉ 최상위 수학문제를 조직화하는 3가지 원리 ◉

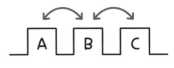

해결전략이나 문제형태가
비슷해 보이는 유형

1. 비교설계

비슷해 보이지만 다른 해결전략을 적용해야 하는 경우와 똑같은 해결전략을 활용
하지만 표현 방식이나 소재가 다른 경우는 함께 비교하며 학습해야 해결전략의
공통점과 차이점을 확실히 알 수 있습니다. 이 유형의 문제들은 서로 혼동하여 틀
리기 쉬우므로 문제별 이용되는 해결전략을 꼭 구분하여 기억합니다.

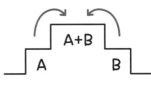

여러 개념이 섞여 있는 유형

2. 결합설계

수학은 나선형 학습! 한 번 배우고 끝나는 것이 아니라 개념에 개념을 더하며 확
장해 나갑니다. 문제도 여러 개념을 섞어 종합적으로 확인하는 최상위 문제가 있
습니다. 각각의 개념을 먼저 명확히 알고 있어야 여러 개념이 결합된 문제를 해
결할 수 있습니다. 이에 각각의 개념을 확인하는 문제를 먼저 학습한 다음, 결합
문제를 풀면서 어떤 개념을 먼저 적용하는지 해결순서에 주의하며 학습합니다.

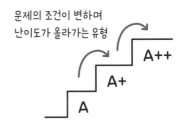

문제의 조건이 변하며
난이도가 올라가는 유형

3. 심화설계

어려운 문제는 기본 문제에서 조건을 하나씩 추가하거나 낯설게 변형하여 만
듭니다. 이때 문제의 조건이 바뀜에 따라 해결전략, 풀이 과정이 알고 있는 것과
어떻게 달라지는지를 비교하면서 학습하면 문제 이해도 빠르고, 해결도 쉽습니
다. 나아가 더 어려운 문제가 주어졌을 때 어떻게 적용할지 알 수 있어 문제해결
력을 키울 수 있습니다.

유형 탄생의 세 가지 비밀과 공략법
1. 비교설계 : 해결전략의 공통점과 차이점을 기억하기
2. 결합설계 : 개념 적용 순서를 주의하기
3. 심화설계 : 조건변화에 따른 해결과정을 비교하기

해결전략과 문제해결과정을 쉽게 익히는
기적의 문제해결법 학습설계

기적의 문제해결법은 최상위 수학문제를 출제 원리에 따라 분리 설계하여 문제와 문제가 어떻게 유기적으로 연결,
발전되는지, 그에 따른 해결전략은 어떻게 달라지는지 구체적으로 비교 학습할 수 있도록 구성되어 있습니다.

1 해결전략의 공통점과 차이점을 비교할 수 있는 'ABC 비교설계'

A ⟨원의 크기가 같을⟩ 때 반지름 구하기
⤷ 지름과 반지름의 관계를 비교

B ⟨원이 포개어 있을⟩ 때 반지름 구하기
⤷ 작은 원의 위치에 따른 비교

C ⟨원이 겹쳐 있을⟩ 때 반지름 구하기
⤷ 작은 원의 크기에 따른 비교

D ⟨크기가 다른 원이 맞닿아 있을⟩ 때 지름 구하기

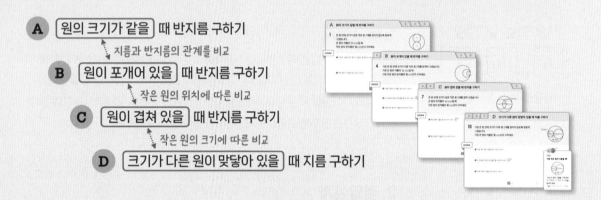

2 각 개념을 먼저 학습 후 결합문제를 해결하는 'A+B 결합설계'

A ⟨분자에 ■가⟩ 있는 식 완성하기
⊕
B ⟨분모에 ■가⟩ 있는 식 완성하기

A+B ⟨어떤 분수⟩ 구하기
분자, 분모가 될 수 있는 수의 조건을 알아야
결합문제 해결 가능

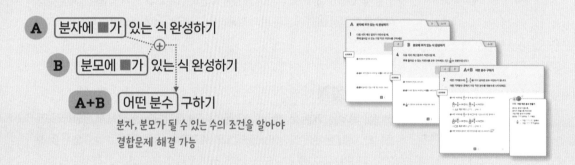

3 조건 변화에 따른 풀이의 변화를 파악할 수 있는 'A++ 심화설계'

A ⟨가장 큰⟩ 수 만들기

A+ ⟨세 번째로 큰⟩ 수 만들기

A++ ⟨자리 숫자가 정해진 가장 큰⟩ 수 만들기
문제 조건에 따라
큰 수 만드는 풀이 변화 확인

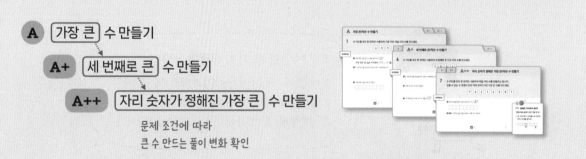

수학적 문제해결력을 키우는
기적의 문제해결법 구성

Step 1
계획부터 점검까지

언제, 얼마나 공부할지 스스로 계획하고, 학습 후 기억에 남는 내용을 기록하며 스스로 평가합니다. 이때, 내일 다시 도전할 문제, 한 번 더 풀어 볼 문제, 비슷한 문제를 찾아 더 풀어 보기 등 구체적으로 나의 학습 상태를 기록하는 것이 좋습니다.

Step 2
단계별로 문제해결

학기별 대표 최상위 수학문제 40여 가지를 엄선!
다양한 변형 문제들을 3가지 원리에 따라 조직화하여
해결전략과 해결과정을 비교하면서 학습할 수 있습니다.

Step 3
스스로 문제해결

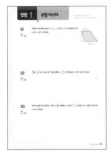

정답을 맞히는 것도 중요하지만, 어떻게 이해하고 논리적으로 사고하는지가 더 중요합니다. 정답뿐만 아니라 해결과정에 오류나 허점은 없는지 꼼꼼하게 확인하고, 이해되지 않는 문제는 관련 유형으로 돌아가서 재점검하여 이해도를 높입니다.

이름 [   ] 의 공부 다짐

나 [   ] 은(는) 「기적의 문제해결법」을 공부할 때

 1 스스로 계획하고 실천하겠습니다.

- 언제, 얼마만큼(공부 시간과 학습량) 공부할 것인지 나에게 맞게, 내가 정하겠습니다.
- 채점을 하면서 틀린 부분은 없는지, 틀렸다면 왜 틀렸는지도 살펴보겠습니다.
- 오늘 공부를 반성하며 다음에 더 필요한 공부도 계획하겠습니다.

 2 일단, 내 힘으로 풀어 보겠습니다.

- 어떻게 풀지 모르겠어도 혼자 생각하며 해결하려고 노력하겠습니다.
- 생각하지도 않고 부모님이나 선생님께 묻지 않겠습니다.
- 풀이책을 보며 문제를 풀지 않겠습니다.
  풀이책은 채점할 때, 채점 후 왜 틀렸는지 알아볼 때만 사용하겠습니다.

 3 딱! 집중하겠습니다.

- 딴짓하지 않고, 문제를 해결하는 것에만 딱! 집중하겠습니다.
- 목표로 한 양(또는 시간)을 다 풀 때까지 책상에서 일어나지 않겠습니다.
- 빨리 푸는 것보다 집중해서 정확하게 푸는 것이 더 중요함을 기억하겠습니다.

 4 최상위 문제! 나도 할 수 있습니다.

- 매일 '나는 수학을 잘한다, 수학이 만만하다, 수학이 재미있다'라고 생각하겠습니다.
- 모르니까 공부하는 것! 많이 틀렸어도 절대로 실망하거나 자신감을 잃지 않겠습니다.
- 어려워도 포기하지 않고 계속! 도전하겠습니다.

차례

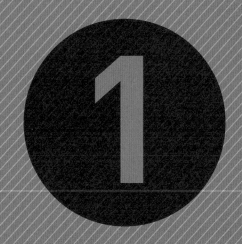

1

분수의 나눗셈

학습기록표

유형 01	학습일
	학습평가

분수의 나눗셈의 활용

A	길이 구하기
B	물 붓는 횟수
C	1단위의 값
D	몇 배

유형 02	학습일
	학습평가

어떤 수 구하기

A	어떤 수
B	바르게 계산

유형 03	학습일
	학습평가

□ 안에 알맞은 수 구하기

A	계산 결과 비교
B	계산 결과가 자연수

유형 04	학습일
	학습평가

수 카드로 분수의 나눗셈식 만들기

A	몫이 가장 큰 경우
B	몫이 가장 작은 경우
C	두 나눗셈식의 몫 비교

유형 05	학습일
	학습평가

전체와 부분의 양 구하기

A	부분의 양
B	전체의 양

유형 06	학습일
	학습평가

거리, 시간 구하기

A	갈 수 있는 거리
B	가는 데 걸리는 시간
C	양초 타는데 걸리는 시간

유형 07	학습일
	학습평가

일을 끝내는 데 걸리는 시간 구하기

A	혼자서 할 때
B	둘이서 할 때
B+	둘이서 한 일을 혼자 할 때

유형 마스터	학습일
	학습평가

분수의 나눗셈

분수의 나눗셈의 활용

A 도형의 넓이를 알 때 길이 구하기

B   C   D

1 오른쪽 삼각형은 밑변의 길이가 $5\frac{2}{3}$ cm이고, 넓이가 $10\frac{1}{5}$ cm²입니다.
이 삼각형의 높이는 몇 cm인지 구하세요.

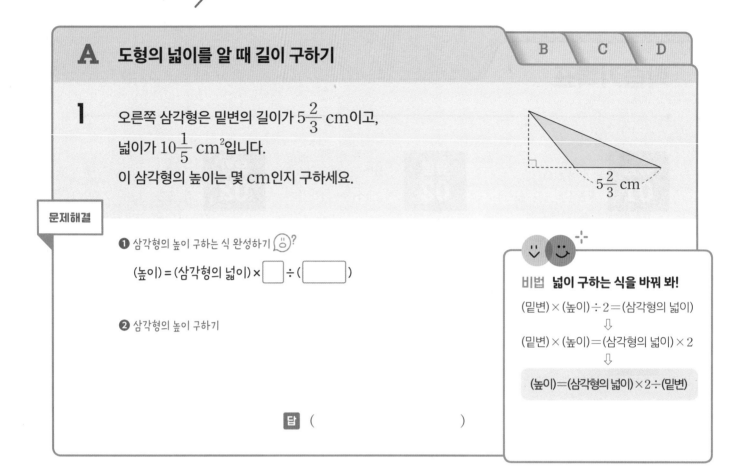

문제해결

❶ 삼각형의 높이 구하는 식 완성하기 ?

(높이) = (삼각형의 넓이) × ☐ ÷ (☐)

❷ 삼각형의 높이 구하기

비법 넓이 구하는 식을 바꿔 봐!

(밑변) × (높이) ÷ 2 = (삼각형의 넓이)
⇩
(밑변) × (높이) = (삼각형의 넓이) × 2
⇩
(높이) = (삼각형의 넓이) × 2 ÷ (밑변)

답 (   )

2 오른쪽 마름모는 한 대각선의 길이가 $3\frac{3}{7}$ cm이고, 넓이가 $6\frac{2}{3}$ cm²입니다. 이 마름모의 다른 대각선의 길이는 몇 cm인지 구하세요.

(   )

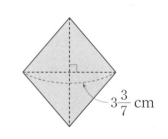

3 오른쪽 직사각형은 가로가 $4\frac{2}{7}$ cm이고, 넓이가 $9\frac{9}{14}$ cm²입니다. 이 직사각형의 둘레는 몇 cm인지 구하세요.

(   )

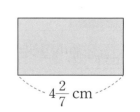

| A | **B** 물을 부어야 하는 횟수 구하기 | C | D |

4 12 L 들이의 물통에 물이 $5\frac{4}{7}$ L 들어 있습니다.

이 물통에 물을 가득 채우려면

$1\frac{1}{14}$ L 들이 그릇으로 물을 적어도 몇 번 부어야 하는지 구하세요.

문제해결

❶ 더 부어야 하는 물의 양 구하기 ?

❷ $1\frac{1}{14}$ L 들이 그릇으로 물을 적어도 몇 번 부어야 하는지 구하기

답 (   )

비법 물통에 물이 들어 있어!

물통에 물이 들어 있으므로 더 부어야 하는 물의 양은 물통의 들이에서 들어 있는 물의 양만큼 빼야 해요.

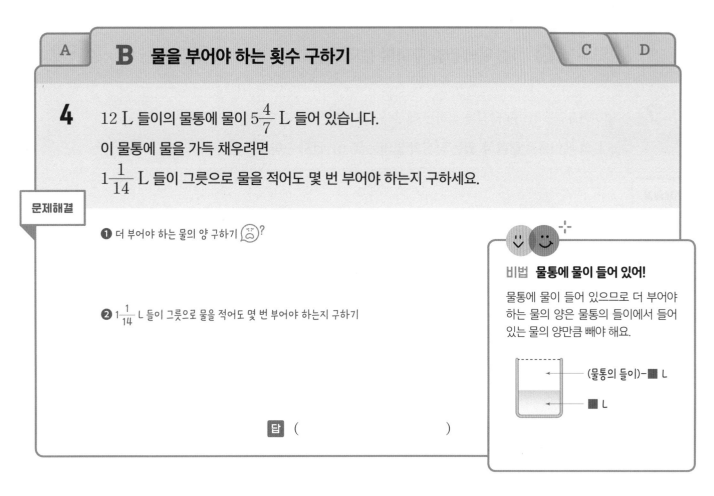

(물통의 들이)−■ L

■ L

5 10 L 들이의 물통에 물이 $2\frac{2}{3}$ L 들어 있습니다. 이 물통에 물을 가득 채우려면 $1\frac{5}{6}$ L 들이 그 릇으로 물을 적어도 몇 번 부어야 하는지 구하세요.

(   )

6 $8\frac{2}{5}$ L 들이의 어항에 물이 반만큼 채워져 있습니다. 이 어항에 물을 가득 채우려면 $\frac{7}{10}$ L 들이 그릇으로 물을 적어도 몇 번 부어야 하는지 구하세요.

(   )

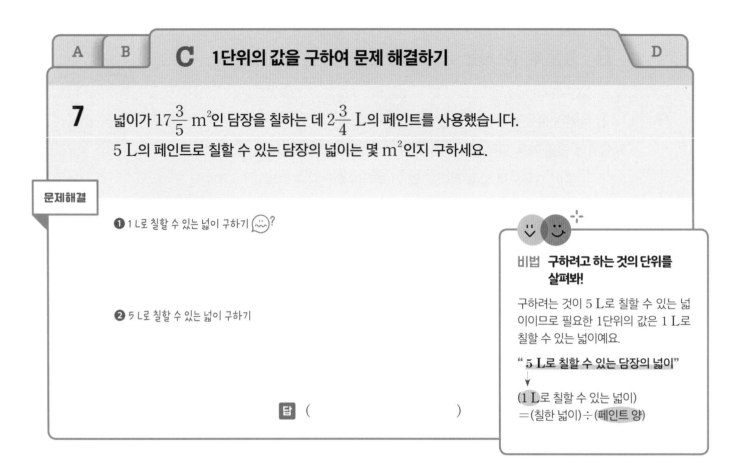

A　B

C　1단위의 값을 구하여 문제 해결하기

D

7 넓이가 $17\frac{3}{5}$ m²인 담장을 칠하는 데 $2\frac{3}{4}$ L의 페인트를 사용했습니다.

5 L의 페인트로 칠할 수 있는 담장의 넓이는 몇 m²인지 구하세요.

문제해결

❶ 1 L로 칠할 수 있는 넓이 구하기 （⌣⌣）?

❷ 5 L로 칠할 수 있는 넓이 구하기

답 (　　　　　　　　　　)

비법　구하려고 하는 것의 단위를 살펴봐!

구하려는 것이 5 L로 칠할 수 있는 넓이이므로 필요한 1단위의 값은 1 L로 칠할 수 있는 넓이예요.

" 5 L로 칠할 수 있는 담장의 넓이 "

↓

(1 L로 칠할 수 있는 넓이)
＝(칠한 넓이)÷(페인트 양)

8 포도 $2\frac{7}{9}$ kg으로 포도 주스 $1\frac{2}{3}$ L를 만들 수 있습니다. 포도 10 kg으로 만들 수 있는 포도 주스는 몇 L인지 구하세요.

(　　　　　　　　　　)

9 색 테이프 $\frac{5}{8}$ m로 리본 3개를 만들 수 있습니다. 색 테이프 $3\frac{1}{3}$ m로 만들 수 있는 리본은 몇 개인지 구하세요.

(　　　　　　　　　　)

A	B	C	**D 몇 배인지 구하기**

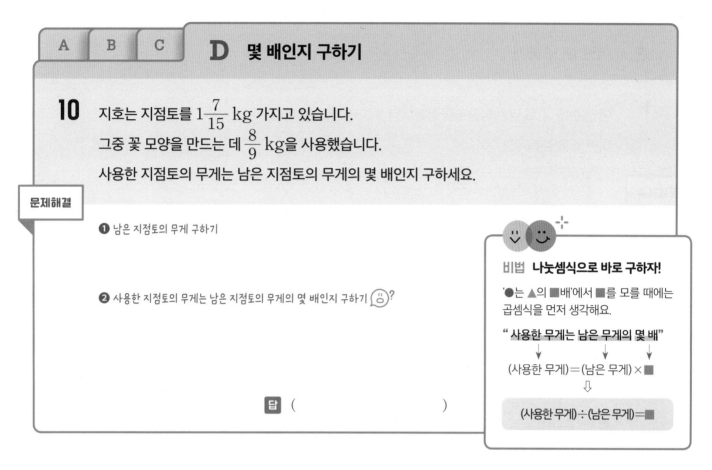

10 지호는 지점토를 $1\frac{7}{15}$ kg 가지고 있습니다.

그중 꽃 모양을 만드는 데 $\frac{8}{9}$ kg을 사용했습니다.

사용한 지점토의 무게는 남은 지점토의 무게의 몇 배인지 구하세요.

문제해결

❶ 남은 지점토의 무게 구하기

❷ 사용한 지점토의 무게는 남은 지점토의 무게의 몇 배인지 구하기 ?

답 (   )

비법 나눗셈식으로 바로 구하자!

'●는 ▲의 ■배'에서 ■를 모를 때에는 곱셈식을 먼저 생각해요.

" 사용한 무게는 남은 무게의 몇 배"

(사용한 무게)＝(남은 무게)×■

⇩

(사용한 무게)÷(남은 무게)＝■

11 집에서 학교까지의 거리는 $3\frac{3}{8}$ km이고, 집에서 공원까지의 거리는 집에서 학교까지의 거리보다 $\frac{1}{4}$ km 더 멉니다. 집에서 공원까지의 거리는 집에서 학교까지의 거리의 몇 배인지 구하세요.

(   )

12 넓이가 20 m²인 화단이 있습니다. 이 화단의 $\frac{3}{5}$에는 국화를 심고, $6\frac{2}{3}$ m²에는 장미를 심었습니다. 국화를 심은 부분의 넓이는 장미를 심은 부분의 넓이의 몇 배인지 구하세요.

(   )

A 어떤 수 구하기

B

1 어떤 수를 $\frac{4}{5}$로 나눈 다음 6을 곱했더니 $2\frac{8}{11}$이 되었습니다.
어떤 수를 구하세요.

문제해결

❶ 어떤 수를 ■라 하여 식으로 나타내기

$$\underline{\hspace{6cm}} = 2\frac{8}{11}$$

❷ ❶의 식을 간단히 나타내기 ?

$$\blacksquare \times \dfrac{\boxed{}}{\boxed{}} = 2\frac{8}{11}$$

❸ 어떤 수 구하기

답 (   )

비법 **식을 간단히 만들어!**

나눗셈을 곱셈으로 나타내어 약분하면
식을 간단히 나타낼 수 있어요.

예)
$$\square \div \frac{3}{4} \times 6 = \frac{7}{8}$$
$$\square \times \frac{4}{3} \times \overset{2}{6} = \frac{7}{8}$$
$$\square \times 8 = \frac{7}{8}$$

2 어떤 수에 $\frac{7}{8}$을 곱한 다음 $\frac{3}{5}$으로 나누었더니 $3\frac{1}{2}$이 되었습니다. 어떤 수를 구하세요.

(   )

3 어떤 수를 $3\frac{3}{4}$으로 나눈 다음 $\frac{5}{9}$로 나누었더니 4가 되었습니다. 어떤 수를 구하세요.

(   )

| A | **B** 어떤 수를 구하여 바르게 계산하기 |

4 어떤 수를 $\frac{5}{8}$로 나누고 3을 곱해야 하는데

잘못하여 $\frac{5}{8}$를 곱하고 3으로 나누었더니 $4\frac{1}{6}$이 되었습니다.

바르게 계산한 값을 구하세요.

문제해결

❶ 어떤 수를 ■라 하여 잘못 계산한 식 만들기 🥴?

$$\underline{\hspace{5cm}} = 4\frac{1}{6}$$

❷ 어떤 수 구하기

❸ 바르게 계산한 값 구하기

답 (   )

비법 **잘못 계산한 식을 이용해!**

계산 결과가 주어진 식을 이용하여 어떤 수를 구해요.

"어떤 수를 $\frac{5}{8}$로 나누고 3을 곱해야 하는데"

→ $\underline{\hspace{2cm}} = ?$ 어떤 수를 구할 수 없어요.

"잘못하여 $\frac{5}{8}$를 곱하고 3으로 나누었더니 $4\frac{1}{6}$이 되었습니다."

→ $\underline{\hspace{2cm}} = 4\frac{1}{6}$ 계산 결과를 이용하여 어떤 수를 구할 수 있어요.

5 어떤 수에 $\frac{5}{8}$를 곱한 다음 $1\frac{1}{4}$로 나누어야 하는데 잘못하여 $\frac{5}{8}$로 나눈 다음 $1\frac{1}{4}$을 곱했더니 $3\frac{1}{3}$이 되었습니다. 바르게 계산한 값을 구하세요.

(   )

6 $\frac{9}{10}$를 어떤 수로 나눈 다음 $\frac{3}{5}$을 곱해야 하는데 잘못하여 $\frac{9}{10}$에 어떤 수를 곱한 다음 $\frac{3}{5}$으로 나누었더니 $1\frac{2}{7}$가 되었습니다. 바르게 계산한 값을 구하세요.

(   )

□ 안에 알맞은 수 구하기

A 크기 비교를 만족하는 □의 값 구하기

B

1 ■에 알맞은 자연수를 모두 구하세요.

$$24 \div \frac{6}{\blacksquare} < 15 \div \frac{5}{9} \times \frac{2}{3}$$

문제해결

❶ 두 식을 곱셈으로 나타내어 간단히 하기

_____ < _____

❷ ■에 알맞은 자연수 모두 구하기 🙂?

비법 **>, <를 =로 바꿔서 생각해!**

>, <를 =로 바꿔서 □ 안에 들어갈 수 있는 수의 범위를 찾아요.

예 $7 \times \square < 60$인 □의 범위

$7 \times \square = 60$일 때

$\square = 60 \div 7 = 8.5 \cdots$

8을 기준으로
$7 \times \square < 60$을 만족하는
자연수 □를 구해요.

답 (   )

2 □ 안에 들어갈 수 있는 자연수 중에서 가장 큰 수를 구하세요.

$$7 \div \frac{1}{6} > 21 \div \frac{3}{\square}$$

(   )

3 □ 안에 들어갈 수 있는 자연수를 구하세요.

$$14 \div \frac{4}{9} < 6 \div \frac{2}{\square} < 35$$

(   )

A

B 계산 결과가 자연수가 되는 □의 값 구하기

4 다음 나눗셈의 몫이 자연수이고, $\dfrac{\blacksquare}{8}$는 기약분수입니다.

■에 알맞은 자연수를 모두 구하세요.

$$\frac{3}{4} \div \frac{\blacksquare}{8}$$

문제해결

❶ 식을 간단히 나타내기

❷ ❶에서 ■에 알맞은 자연수 모두 구하기 ?

❸ $\dfrac{\blacksquare}{8}$가 기약분수일 때 ■에 알맞은 자연수 모두 구하기

답 ( )

비법 자연수는 분수의 분모가 1이야!

자연수가 되려면 분수의 분모가 1이
되도록 만들어요.

예 $\dfrac{9}{\blacklozenge}$가 자연수가 되려면

$\dfrac{9 \div \blacklozenge}{\blacklozenge \div \blacklozenge} = \dfrac{9 \div \blacklozenge}{1} =$ (자연수)에서

◆는 9의 약수인 1, 3, 9

$\dfrac{\bullet}{3}$가 자연수가 되려면

$\dfrac{\bullet \div 3}{3 \div 3} = \dfrac{\bullet \div 3}{1} =$ (자연수)에서

●는 3의 배수인 3, 6, 9, …

---

5 다음 나눗셈의 몫이 자연수이고, $\dfrac{\square}{12}$는 기약분수입니다. □안에 들어갈 수 있는 자연수를 모두 구하세요.

$$1\frac{5}{6} \div \frac{\square}{12}$$

( )

---

6 다음 나눗셈의 몫이 자연수이고, $\dfrac{21}{\square}$은 기약분수입니다. □ 안에 들어갈 수 있는 자연수 중에서

1보다 큰 수를 구하세요.

$$\frac{21}{\square} \div \frac{7}{13}$$

( )

수 카드로 분수의 나눗셈식 만들기

B C

A 몫이 가장 큰 나눗셈식 만들기

1 연아와 솔이가 각자의 수 카드를 한 번씩 모두 사용하여 각각 대분수를 만들었습니다.
각자 만든 대분수를 하나씩 사용하여 나눗셈식을 만들 때 몫이 가장 큰 나눗셈식의 몫을 구하세요.

<연아> 1 3 4   <솔이> 5 6 9

문제해결

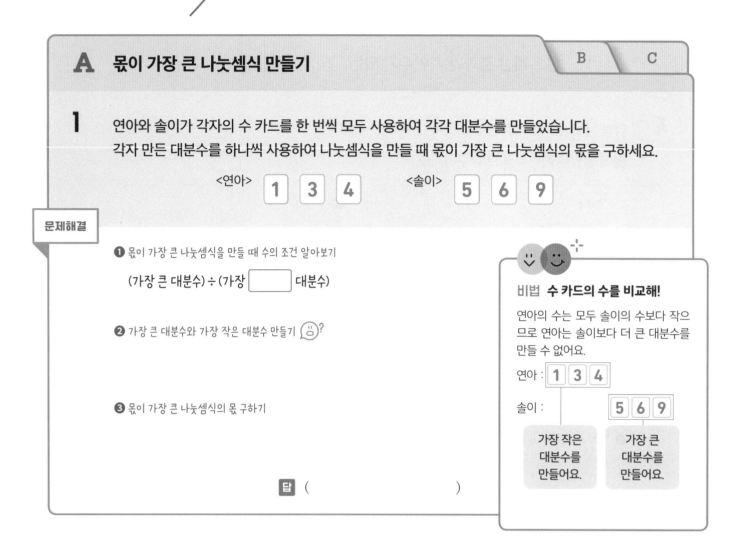

❶ 몫이 가장 큰 나눗셈식을 만들 때 수의 조건 알아보기

(가장 큰 대분수) ÷ (가장 ▢ 대분수)

❷ 가장 큰 대분수와 가장 작은 대분수 만들기

❸ 몫이 가장 큰 나눗셈식의 몫 구하기

비법 수 카드의 수를 비교해!

연아의 수는 모두 솔이의 수보다 작으므로 연아는 솔이보다 더 큰 대분수를 만들 수 없어요.

연아 : 1 3 4

솔이 :   5 6 9

가장 작은 대분수를 만들어요.

가장 큰 대분수를 만들어요.

답 (   )

2 구름이와 바람이가 각자의 수 카드를 한 번씩 모두 사용하여 각각 대분수를 만들었습니다. 각자 만든 대분수를 하나씩 사용하여 나눗셈식을 만들 때 몫이 가장 큰 나눗셈식의 몫을 구하세요.

<구름> 2 3 4   <바람> 5 8 9

(   )

3 4장의 수 카드 1 , 5 , 6 , 8 을 한 번씩 모두 사용하여 몫이 가장 큰 (자연수) ÷ (대분수)의 나눗셈식을 만들려고 합니다. 만든 나눗셈식의 몫을 구하세요.

(   )

A	**B** 몫이 가장 작은 나눗셈식 만들기	C

4 지수와 영규가 각자의 수 카드를 한 번씩 모두 사용하여 각각 대분수를 만들었습니다.
각자 만든 대분수를 하나씩 사용하여 나눗셈식을 만들 때 몫이 가장 작은 나눗셈식의 몫을 구하세요.

<지수> ⟨1⟩ ⟨2⟩ ⟨5⟩   <영규> ⟨2⟩ ⟨3⟩ ⟨8⟩

문제해결

❶ 몫이 가장 작은 나눗셈식을 만들 때 수의 조건 알아보기

(가장 ☐ 대분수) ÷ (가장 ☐ 대분수)

❷ 가장 큰 대분수와 가장 작은 대분수 만들기

❸ 몫이 가장 작은 나눗셈식의 몫 구하기

답 (   )

> **비법 수 카드의 수를 비교해!**
>
> 지수에게 가장 작은 수가 있고,
> 영규에게 가장 큰 수가 있어요.
>
> 지수 : ⟨1⟩⟨2⟩ ⟨5⟩
>
> 영규 :   ⟨2⟩⟨3⟩   ⟨8⟩
>
> 가장 작은 대분수를 만들어요.   가장 큰 대분수를 만들어요.

5 민찬이와 영진이가 각자의 수 카드를 한 번씩 모두 사용하여 각각 대분수를 만들었습니다. 각자
만든 대분수를 하나씩 사용하여 나눗셈식을 만들 때 몫이 가장 작은 나눗셈식의 몫을 구하세요.

<민찬> ⟨2⟩ ⟨4⟩ ⟨5⟩   <영진> ⟨3⟩ ⟨4⟩ ⟨7⟩

(   )

6 4장의 수 카드 ⟨2⟩, ⟨5⟩, ⟨7⟩, ⟨8⟩을 한 번씩 모두 사용하여 몫이 가장 작은 (자연수) ÷ (대분수)의
나눗셈식을 만들려고 합니다. 만든 나눗셈식의 몫을 구하세요.

(   )

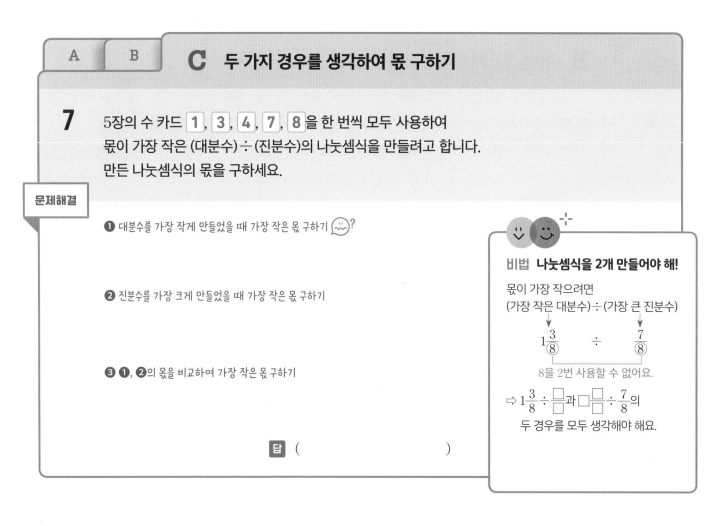

A **B** **C** 두 가지 경우를 생각하여 몫 구하기

7 5장의 수 카드 1, 3, 4, 7, 8을 한 번씩 모두 사용하여
몫이 가장 작은 (대분수)÷(진분수)의 나눗셈식을 만들려고 합니다.
만든 나눗셈식의 몫을 구하세요.

문제해결

❶ 대분수를 가장 작게 만들었을 때 가장 작은 몫 구하기

❷ 진분수를 가장 크게 만들었을 때 가장 작은 몫 구하기

❸ ❶, ❷의 몫을 비교하여 가장 작은 몫 구하기

답 (   )

비법 **나눗셈식을 2개 만들어야 해!**

몫이 가장 작으려면
(가장 작은 대분수)÷(가장 큰 진분수)

$$1\frac{3}{8} \div \frac{7}{8}$$

8을 2번 사용할 수 없어요.

⇨ $1\frac{3}{8} \div \frac{\square}{\square}$과 $\frac{\square}{\square} \div \frac{7}{8}$의
두 경우를 모두 생각해야 해요.

8 5장의 수 카드 2, 3, 5, 6, 9를 한 번씩 모두 사용하여 몫이 가장 큰 (대분수)÷(진분수)
의 나눗셈식을 만들려고 합니다. 만든 나눗셈식의 몫을 구하세요.

(   )

9 재영이와 현수가 각자의 수 카드를 한 번씩 모두 사용하여 각각 대분수를 만들었습니다. 각자 만
든 대분수를 하나씩 사용하여 나눗셈식을 만들 때 몫이 가장 큰 나눗셈식의 몫을 구하세요.

<재영> 1 3 7   <현수> 2 4 6

(   )

전체와 부분의 양 구하기

A 부분의 양 구하기

1 재민이네 가족이 텃밭의 $\frac{8}{15}$에는 상추를 심고, 나머지 부분에는 배추를 심었습니다.
상추를 심은 부분의 넓이가 $16\ m^2$일 때
배추를 심은 부분의 넓이는 몇 m^2인지 구하세요.

문제해결

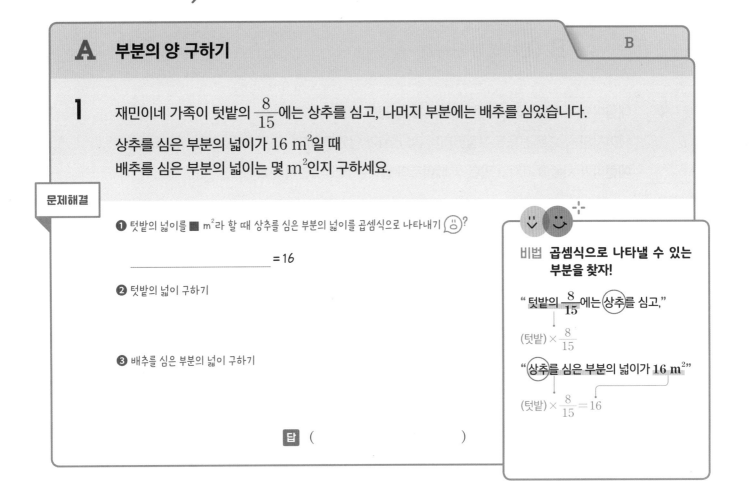

❶ 텃밭의 넓이를 ■ m^2라 할 때 상추를 심은 부분의 넓이를 곱셈식으로 나타내기 😊?

_____ $= 16$

❷ 텃밭의 넓이 구하기

❸ 배추를 심은 부분의 넓이 구하기

답 (   )

비법 곱셈식으로 나타낼 수 있는
부분을 찾자!

"텃밭의 $\frac{8}{15}$에는 상추를 심고,"

(텃밭)$\times \frac{8}{15}$

"상추를 심은 부분의 넓이가 $16\ m^2$"

(텃밭)$\times \frac{8}{15} = 16$

2 유진이는 종이학을 접어서 접은 종이학 수의 $\frac{4}{9}$만큼 친구에게 주었습니다. 친구에게 준 종이학이 이 12개라면 친구에게 주고 남은 종이학은 몇 개인지 구하세요.

(   )

60쪽은 읽은 쪽수이므로
읽은 쪽수가 전체의 얼마인지 구해요.

3 영규가 과학책을 읽고 전체의 $\frac{2}{7}$가 남았습니다. 영규가 이 책을 지금까지 60쪽 읽었다면 남은 쪽수는 몇 쪽인지 구하세요.

(   )

A	**B** 전체의 양 구하기

4 예림이는 가지고 있던 색 테이프의 $\frac{2}{5}$로 리본을 만들고,

나머지의 $\frac{3}{4}$으로 선물을 포장했더니 24 cm가 남았습니다.

예림이가 처음에 가지고 있던 색 테이프의 길이는 몇 cm인지 구하세요.

문제해결

❶ 처음 색 테이프의 길이를 ■ cm라 할 때 리본을 만들고 남은 길이를 곱셈으로 나타내기

■ × [ ]

❷ 처음 색 테이프의 길이를 ■ cm라 할 때 포장하고 남은 길이를 곱셈식으로 나타내기

■ × [ ] = 24

❸ 처음 색 테이프의 길이 구하기

답 ( )

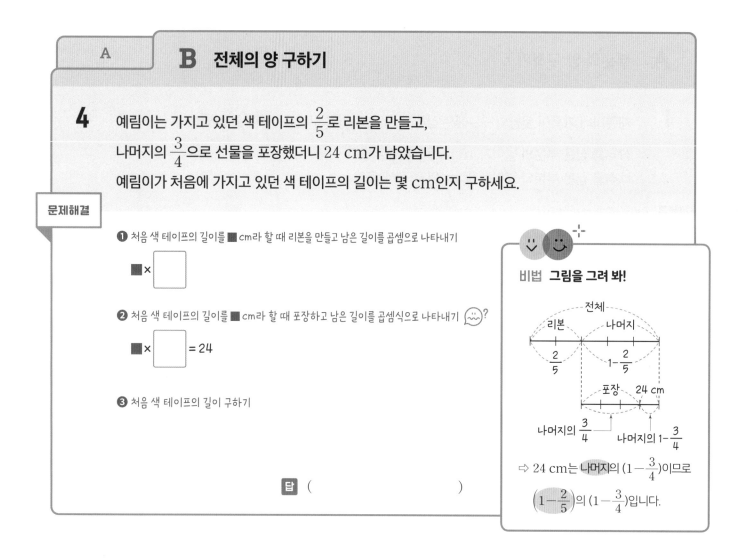

비법 **그림을 그려 봐!**

⇨ 24 cm는 나머지의 $\left(1-\frac{3}{4}\right)$이므로

$\left(1-\frac{2}{5}\right)$의 $\left(1-\frac{3}{4}\right)$입니다.

5 민서가 한 달 용돈의 $\frac{3}{5}$은 취미 생활을 하는 데 쓰고, 나머지의 $\frac{1}{3}$은 저축을 했더니 8000원이 남았습니다. 민서의 한 달 용돈은 얼마인지 구하세요.

( )

6 지후는 주말에 미술관에 갔습니다. 집에서 미술관까지 거리의 $\frac{3}{10}$은 버스를 타고, 남은 거리의 $\frac{10}{11}$은 지하철을 타고 갔습니다. 버스와 지하철을 타고 남은 거리 $\frac{3}{5}$ km는 걸어서 갔다면 지후네 집에서 미술관까지의 거리는 몇 km인지 구하세요.

( )

거리, 시간 구하기

A 갈 수 있는 거리 구하기

B   C

1 준희는 일정한 빠르기로 $2\frac{1}{2}$ km를 걷는 데 45분이 걸렸습니다.

준희가 같은 빠르기로 $1\frac{2}{5}$시간 동안 걸을 수 있는 거리는 몇 km인지 구하세요.

문제해결

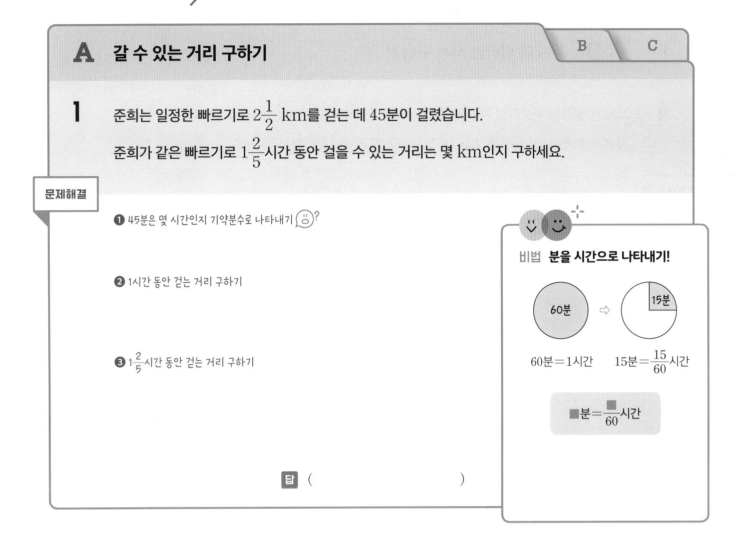

❶ 45분은 몇 시간인지 기약분수로 나타내기 😐?

❷ 1시간 동안 걷는 거리 구하기

❸ $1\frac{2}{5}$시간 동안 걷는 거리 구하기

비법 분을 시간으로 나타내기!

60분 ⇨ 15분

60분=1시간   15분=$\frac{15}{60}$시간

■분=$\frac{■}{60}$시간

답 (   )

2 일정한 빠르기로 40분 동안 $40\frac{2}{7}$ km를 가는 자동차가 있습니다. 이 자동차가 같은 빠르기로 $3\frac{8}{9}$시간 동안 갈 수 있는 거리는 몇 km인지 구하세요.

(   )

3 일정한 빠르기로 $1\frac{1}{3}$시간 동안 $60\frac{4}{9}$ km를 가는 기차가 있습니다. 이 기차가 같은 빠르기로 2시간 15분 동안 갈 수 있는 거리는 몇 km인지 구하세요.

(   )

| A | **B** 가는 데 걸리는 시간 구하기 | C |

4 지혜는 일정한 빠르기로 자전거를 타는데 $1\frac{5}{12}$시간 동안 $11\frac{1}{3}$ km를 갑니다.
같은 빠르기로 20 km를 가는 데 걸리는 시간은 몇 시간인지 구하세요.

문제해결

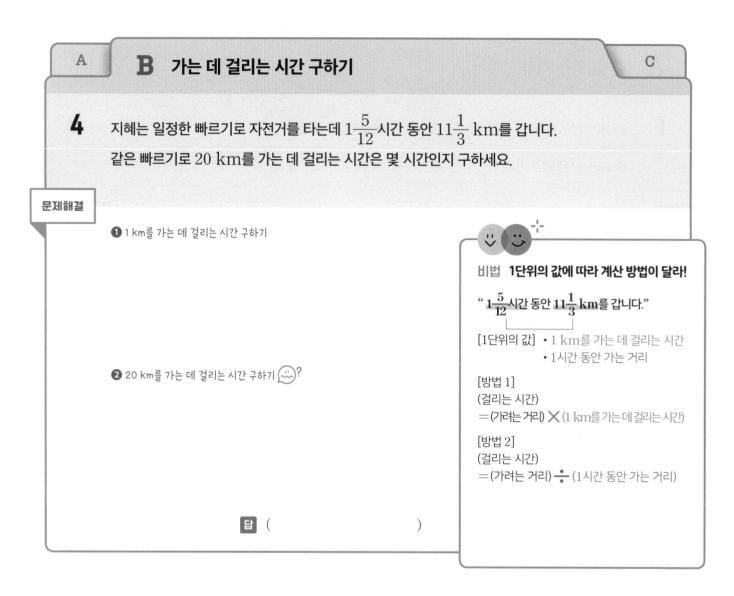

❶ 1 km를 가는 데 걸리는 시간 구하기

❷ 20 km를 가는 데 걸리는 시간 구하기 ?

답 ( )

비법 **1단위의 값에 따라 계산 방법이 달라!**

"$1\frac{5}{12}$시간 동안 $11\frac{1}{3}$ km를 갑니다."

[1단위의 값] • 1 km를 가는 데 걸리는 시간
• 1시간 동안 가는 거리

[방법 1]
(걸리는 시간)
＝(가려는 거리) ✕ (1 km를 가는 데 걸리는 시간)

[방법 2]
(걸리는 시간)
＝(가려는 거리) ÷ (1시간 동안 가는 거리)

5 일정한 빠르기로 $1\frac{4}{5}$시간 동안 75 km를 달리는 모노레일이 있습니다. 이 모노레일이 45 km를 가는 데 걸리는 시간은 몇 시간인지 구하세요.

( )

6 어느 지하철은 3분 동안 $5\frac{1}{4}$ km를 갑니다. 이 지하철이 $4\frac{3}{8}$ km를 가는 데 걸리는 시간은 몇 분인지 구하세요.

( )

| A | B | **C** 양초가 타는 데 걸리는 시간 구하기 |

7 길이가 12 cm인 양초에 불을 붙이고

$2\frac{1}{10}$ 시간이 지난 후에 길이를 재어 보니 $6\frac{3}{7}$ cm였습니다.

남은 양초가 다 타려면 몇 시간이 더 걸리는지 구하세요.(단, 양초는 일정한 빠르기로 탑니다.)

문제해결

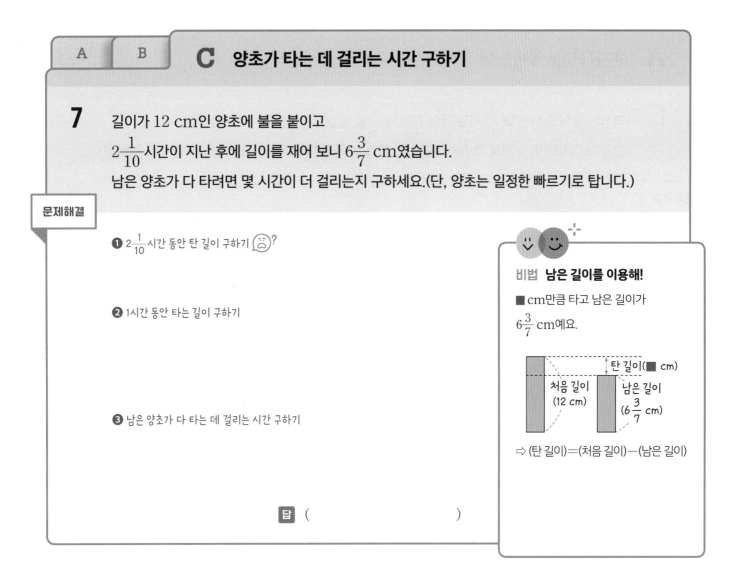

❶ $2\frac{1}{10}$ 시간 동안 탄 길이 구하기 ?

❷ 1시간 동안 타는 길이 구하기

❸ 남은 양초가 다 타는 데 걸리는 시간 구하기

비법 **남은 길이를 이용해!**

■ cm만큼 타고 남은 길이가
$6\frac{3}{7}$ cm예요.

탄 길이(■ cm)
처음 길이 (12 cm)
남은 길이 ($6\frac{3}{7}$ cm)

⇨ (탄 길이)=(처음 길이)ー(남은 길이)

답 (   )

8 길이가 15 cm인 양초에 불을 붙이고 $1\frac{2}{5}$ 시간이 지난 후에 길이를 재어 보니 $10\frac{5}{8}$ cm였습니다. 남은 양초가 다 타려면 몇 시간이 더 걸리는지 구하세요.(단, 양초는 일정한 빠르기로 탑니다.)

(   )

9 길이가 10 cm인 양초에 불을 붙이고 1시간 48분이 지난 후에 길이를 재어 보니 $6\frac{2}{3}$ cm였습니다. 이 양초가 처음부터 끝까지 타는 데 걸리는 시간은 모두 몇 시간인지 구하세요.(단, 양초는 일정한 빠르기로 탑니다.)

(   )

일을 끝내는 데 걸리는 시간 구하기

A 혼자서 일을 끝내는 데 걸리는 시간 구하기

B   B+

1 영지는 숙제를 하는 데 $\frac{5}{6}$시간 동안 전체의 $\frac{4}{9}$를 했습니다.

같은 빠르기로 이 숙제를 계속한다면 앞으로 몇 시간을 더 해야 숙제를 마칠 수 있는지 구하세요.

문제해결

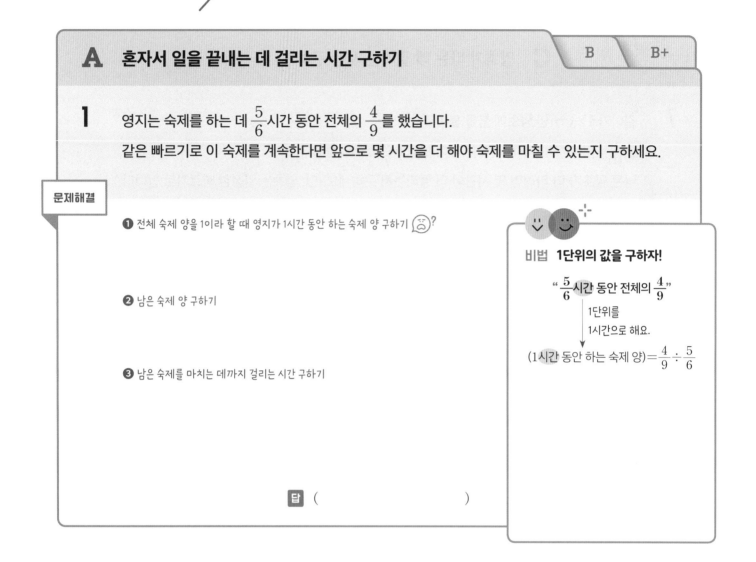

❶ 전체 숙제 양을 1이라 할 때 영지가 1시간 동안 하는 숙제 양 구하기 😣?

❷ 남은 숙제 양 구하기

❸ 남은 숙제를 마치는 데까지 걸리는 시간 구하기

비법 **1단위의 값을 구하자!**

"$\frac{5}{6}$시간 동안 전체의 $\frac{4}{9}$"

1단위를
1시간으로 해요.

(1시간 동안 하는 숙제 양)$=\frac{4}{9} \div \frac{5}{6}$

답 (   )

2 호민이는 방 청소를 하는 데 22분 동안 전체의 $\frac{4}{7}$를 했습니다. 같은 빠르기로 방 청소를 계속한다면 앞으로 몇 분을 더 해야 방 청소를 마칠 수 있는지 구하세요.

(   )

3 우재는 어떤 일을 $\frac{7}{12}$시간 동안 했더니 전체의 $\frac{13}{20}$이 남았습니다. 같은 빠르기로 이 일을 계속한다면 우재가 남은 일을 모두 하는 데 몇 시간이 더 걸리는지 구하세요.

(   )

| A | | B 둘이서 일을 끝내는 데 걸리는 시간 구하기① | | B+ |

4

어떤 일을 끝내는 데 재희가 혼자서 하면 $3\frac{3}{4}$시간이 걸리고,

민규가 혼자서 하면 $7\frac{1}{2}$시간이 걸립니다.

이 일을 두 사람이 각각 같은 빠르기로 함께 한다면 일을 끝내는 데 몇 시간이 걸리는지 구하세요.

문제해결

❶ 전체 일의 양을 1이라 할 때 재희와 민규가 각각 1시간 동안 하는 일의 양 구하기

　재희 :

　민규 :

❷ 두 사람이 함께 1시간 동안 하는 일의 양 구하기

❸ 두 사람이 함께 할 때 일을 끝내는 데 걸리는 시간 구하기

답 (　　　　　　　　　)

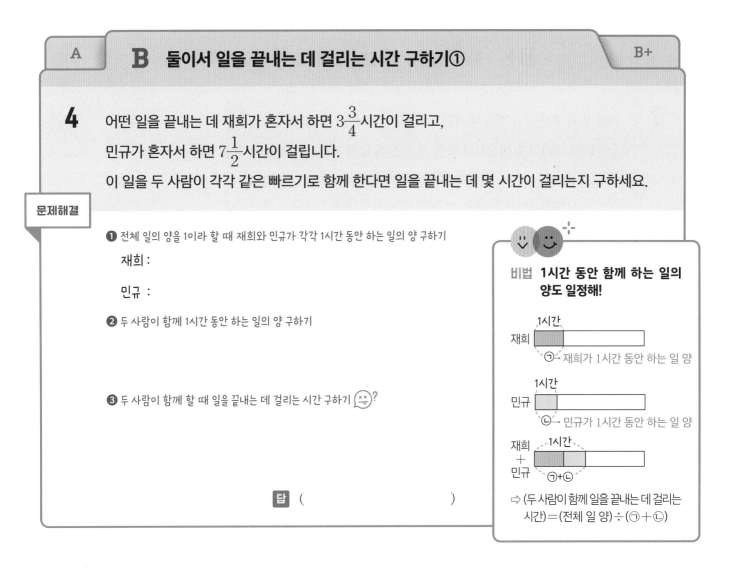

비법　**1시간 동안 함께 하는 일의 양도 일정해!**

1시간
재희 [　　] ⌐⊙ 재희가 1시간 동안 하는 일 양

1시간
민규 [　　] ⌐ⓛ 민규가 1시간 동안 하는 일 양

재희
＋　1시간
민규 [　　] ⊙+ⓛ

⇨ (두 사람이 함께 일을 끝내는 데 걸리는
　시간)＝(전체 일 양)÷(⊙+ⓛ)

5　어떤 일을 끝내는 데 용재가 혼자서 하면 $2\frac{1}{3}$시간이 걸리고, 성주가 혼자서 하면 $1\frac{10}{11}$시간이 걸립니다. 이 일을 두 사람이 각각 같은 빠르기로 함께 한다면 일을 끝내는 데 몇 시간이 걸리는지 구하세요.

(　　　　　　　　　)

6　어떤 일을 혜지가 혼자서 하면 다 하는 데 36일이 걸리고, 승우가 혼자서 하면 전체 일의 $\frac{1}{4}$을 하는 데 3일이 걸립니다. 이 일을 두 사람이 각각 같은 빠르기로 함께 한다면 일을 끝내는 데 며칠이 걸리는지 구하세요.

(　　　　　　　　　)

A	B

B+   **둘이서 일을 끝내는 데 걸리는 시간 구하기②**

7   어떤 일을 호빈이가 혼자서 하면 10시간 만에 끝낼 수 있고,

호빈이와 아라가 함께 2시간 동안 하면 전체 일의 $\dfrac{1}{4}$을 할 수 있습니다.

이 일을 아라가 혼자서 하면 몇 시간 만에 끝낼 수 있는지 구하세요.

(단, 두 사람이 1시간 동안 하는 일의 양은 각각 일정합니다.)

문제해결

❶ 전체 일의 양을 1이라 할 때 두 사람이 함께 하면 1시간 동안 하는 일의 양 구하기

❷ 아라가 1시간 동안 하는 일의 양 구하기 ?

❸ 아라가 혼자서 일을 끝내는 데 걸리는 시간 구하기

답 (   )

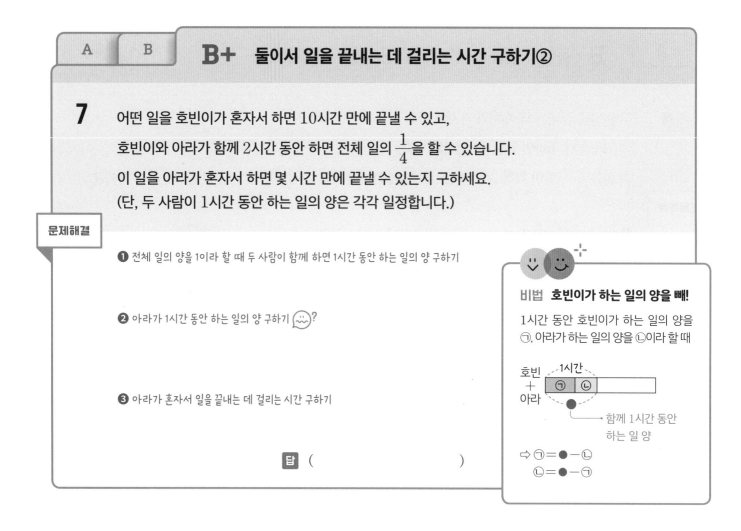

비법 **호빈이가 하는 일의 양을 빼!**

1시간 동안 호빈이가 하는 일의 양을 ㉠, 아라가 하는 일의 양을 ㉡이라 할 때

⇨ ㉠ = ● − ㉡
　　㉡ = ● − ㉠

8   어떤 일을 인하가 혼자서 하면 $4\dfrac{1}{5}$시간 만에 끝낼 수 있고, 인하와 은지가 함께 하면 $1\dfrac{1}{6}$시간 만에 전체 일의 $\dfrac{2}{3}$를 끝낼 수 있습니다. 이 일을 은지가 혼자서 하면 몇 시간 만에 끝낼 수 있는지 구하세요.(단, 두 사람이 1시간 동안 하는 일의 양은 각각 일정합니다.)

(   )

9   어떤 일을 동재와 은서가 함께 하면 일을 끝내는 데 $8\dfrac{1}{3}$시간이 걸리고, 동재가 혼자서 하면 전체 일의 $\dfrac{1}{5}$을 하는 데 3시간이 걸립니다. 이 일을 은서가 혼자서 하면 몇 시간 만에 끝낼 수 있는지 구하세요.(단, 두 사람이 1시간 동안 하는 일의 양은 각각 일정합니다.)

(   )

01

🔗 유형 01 Ⓐ

오른쪽 사다리꼴의 넓이가 $24\frac{2}{3}$ cm²입니다. 이 사다리꼴의 높이는 몇 cm인지 구하세요.

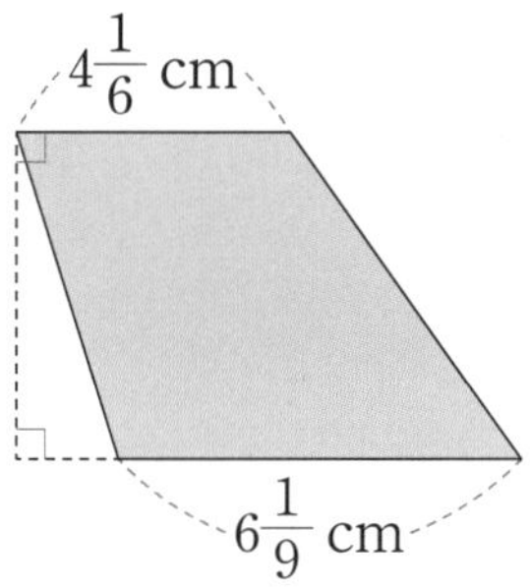

$4\frac{1}{6}$ cm

$6\frac{1}{9}$ cm

(   )

02

🔗 유형 02 Ⓐ

$\frac{8}{9}$을 $\frac{2}{5}$로 나눈 다음 어떤 수를 곱했더니 $2\frac{8}{11}$이 되었습니다. 어떤 수를 구하세요.

(   )

03

🔗 유형 05 Ⓐ

민지네 집에서 한 달 동안 간장의 $\frac{2}{5}$를 사용했더니 간장이 $\frac{6}{7}$ L 남았습니다. 사용한 간장은 몇 L인지 구하세요.

(   )

04 자두 $\frac{5}{8}$ kg의 가격은 5200원이고, 복숭아 $1\frac{1}{5}$ kg의 가격은 12000원입니다. 자두 1 kg과 복숭아 3 kg을 샀다면 모두 얼마인지 구하세요.

(   )

05

유형 03 **B**

다음 나눗셈의 몫이 자연수이고, $\frac{\square}{14}$ 는 기약분수입니다. □ 안에 들어갈 수 있는 자연수를 모두 구하세요.

$$1\frac{3}{7} \div \frac{\square}{14}$$

(   )

06

유형 04 **C**

규민이와 재호가 각자 가지고 있는 수 카드를 한 번씩 모두 사용하여 각각 대분수를 만들었습니다. 각자 만든 대분수를 하나씩 사용하여 나눗셈식을 만들 때 몫이 가장 작은 나눗셈식의 몫을 구하세요.

<규민>   2   3   8   <재호>   1   4   9

(   )

07

유형 06 ⓒ

길이가 18 cm인 양초에 불을 붙이고 $2\frac{1}{2}$시간이 지난 후에 길이를 재어 보니 $12\frac{3}{8}$ cm였습니다. 남은 양초가 다 타려면 몇 시간이 더 걸리는지 구하세요.(단, 양초는 일정한 빠르기로 탑니다.)

(   )

08

떨어진 높이의 $\frac{2}{3}$만큼 튀어 오르는 공이 있습니다. 이 공이 두 번째로 튀어 올랐을 때의 높이가 $1\frac{5}{7}$ m일 때 처음 공을 떨어뜨린 높이는 몇 m인지 구하세요.

(   )

09

유형 07 B+

어떤 일을 안나가 혼자서 하면 $7\frac{1}{5}$시간 동안 전체의 $\frac{2}{5}$를 하고, 영주가 혼자서 하면 8시간 만에 끝낼 수 있습니다. 같은 빠르기로 안나가 3시간 일한 후 나머지 일을 영주가 혼자서 끝내려고 합니다. 영주는 몇 시간 동안 일을 해야 하는지 구하세요.

(   )

소수의 나눗셈

학습기록표

유형 01	학습일
	학습평가

소수의 나눗셈에서 나머지의 활용

A	나머지를 올림, 버림
B	더 필요한 양

유형 02	학습일
	학습평가

소수의 나눗셈의 활용

A	길이 구하기
B	필요한 나무 수
C	가격 비교

유형 03	학습일
	학습평가

몫이 나누어떨어지지 않는 나눗셈

A	규칙으로 몫의 숫자 찾기
B	나누어떨어지게 만들기

유형 04	학습일
	학습평가

나누어지는 수 구하기

A	나누어지는 수
B	반올림한 몫으로 나누어지는 수 구하기
B+	반올림한 몫으로 모르는 자리 숫자 구하기

유형 05	학습일
	학습평가

나누는 수와 몫의 관계

A	몫 이용
A+	소수점 옮겨서 구한 몫 이용
A++	몫의 차 이용

유형 06	학습일
	학습평가

수 카드로 소수의 나눗셈식 만들기

A	몫이 가장 큰 경우
B	몫이 가장 작은 경우

유형 07	학습일
	학습평가

실생활에서 소수의 나눗셈의 활용

A	거리
B	양초 타는 데 걸리는 시간
C	필요한 가격
D	빈 그릇의 무게

유형 마스터	학습일
	학습평가

소수의 나눗셈

소수의 나눗셈에서 나머지의 활용

A 나머지를 올림, 버림하기

B

1 1.5 t까지 실을 수 있는 트럭이 있습니다.
이 트럭으로 농장에서 수확한 무 6.5 t을 모두 운반하려면
적어도 몇 번을 운반해야 하는지 구하세요.

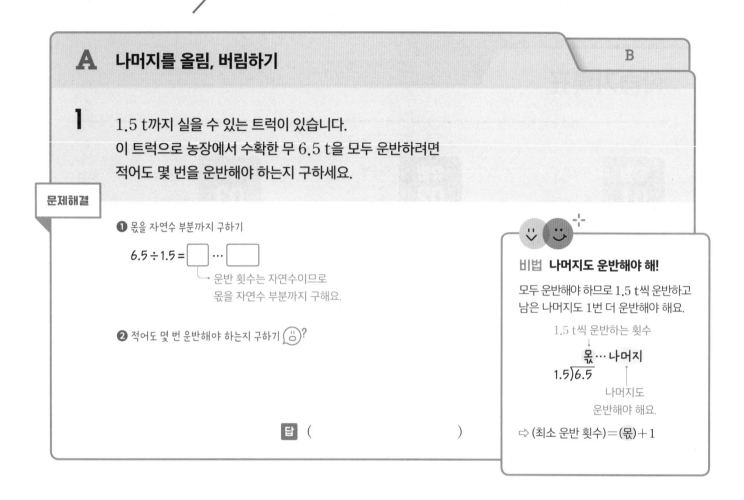

문제해결

❶ 몫을 자연수 부분까지 구하기

6.5 ÷ 1.5 = ☐ ⋯ ☐

└ 운반 횟수는 자연수이므로
몫을 자연수 부분까지 구해요.

❷ 적어도 몇 번 운반해야 하는지 구하기 ?

답 (   )

비법 나머지도 운반해야 해!

모두 운반해야 하므로 1.5 t씩 운반하고
남은 나머지도 1번 더 운반해야 해요.

1.5 t씩 운반하는 횟수

$$\dfrac{몫 \cdots 나머지}{1.5\overline{)6.5}}$$

나머지도
운반해야 해요.

⇨ (최소 운반 횟수)＝(몫)＋1

2 물 15.8 L를 0.8 L짜리 병에 나누어 담으려고 합니다. 물을 남김없이 모두 나누어 담으려면 병은 적어도 몇 개 필요한지 구하세요.

(   )

3 책을 꽂을 수 있는 한 칸의 폭이 42.7 cm인 책꽂이가 있습니다. 이 책꽂이가 한 칸에 두께가 1.5 cm인 책을 몇 권까지 꽂을 수 있는지 구하세요.

책꽂이의 폭이 1.5 cm가 안 되면 책을 꽂을 수 없어요.   😊

(   )

A

B 더 필요한 양 구하기

4 참기름 3.9 L를 한 사람에게 0.9 L씩 나누어 주려고 합니다.
이 참기름을 남김없이 모두 나누어 주려면
참기름은 적어도 몇 L 더 필요한지 구하세요.

문제해결

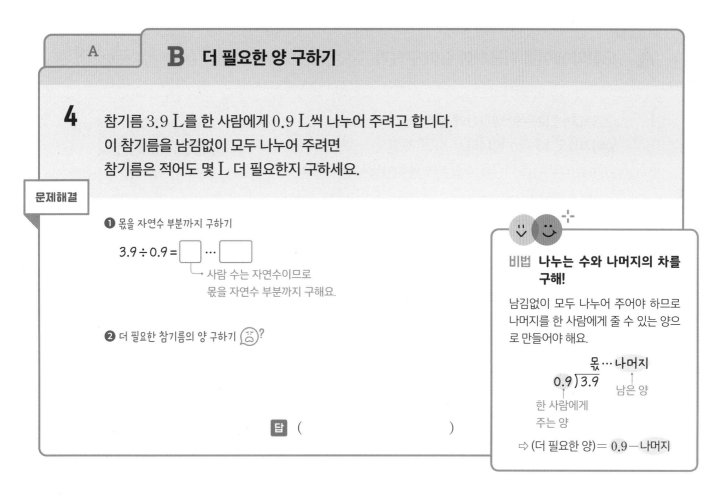

❶ 몫을 자연수 부분까지 구하기

$3.9 \div 0.9 = \boxed{} \cdots \boxed{}$

└─ 사람 수는 자연수이므로
   몫을 자연수 부분까지 구해요.

❷ 더 필요한 참기름의 양 구하기

비법 나누는 수와 나머지의 차를 구해!

남김없이 모두 나누어 주어야 하므로 나머지를 한 사람에게 줄 수 있는 양으로 만들어야 해요.

몫 ⋯ 나머지
$0.9\overline{)3.9}$ 남은 양

한 사람에게
주는 양

⇨ (더 필요한 양) = 0.9 − 나머지

답 (   )

5 포도 266.7 kg을 한 상자에 15 kg씩 담아서 판매하려고 합니다. 이 포도를 남김없이 상자에
모두 담아 판매하려면 포도는 적어도 몇 kg 더 필요한지 구하세요.

(   )

6 사과 주스 14.8 L를 한 병에 1.2 L씩 담아서 나누어 주려고 합니다. 이 사과 주스를 남김없이
모두 나누어 주려면 사과 주스는 적어도 몇 L 더 필요한지 구하세요.

(   )

소수의 나눗셈의 활용

A 도형의 넓이를 이용하여 길이 구하기

B C

1 오른쪽 마름모는 한 대각선의 길이가 4.8 cm이고, 넓이가 15.36 cm²입니다.
이 마름모의 다른 대각선의 길이는 몇 cm인지 구하세요.

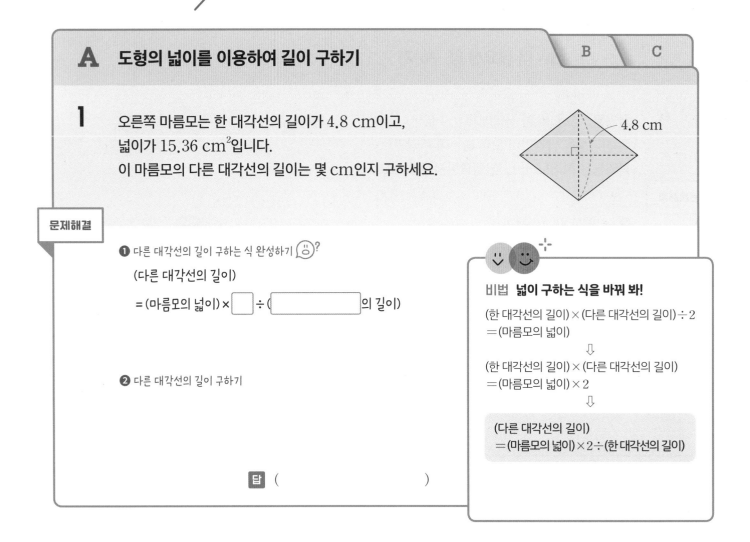

4.8 cm

문제해결

❶ 다른 대각선의 길이 구하는 식 완성하기 😐?

(다른 대각선의 길이)

= (마름모의 넓이) × ☐ ÷ (☐ 의 길이)

비법 넓이 구하는 식을 바꿔 봐!

(한 대각선의 길이) × (다른 대각선의 길이) ÷ 2
= (마름모의 넓이)

⇩

(한 대각선의 길이) × (다른 대각선의 길이)
= (마름모의 넓이) × 2

⇩

(다른 대각선의 길이)
= (마름모의 넓이) × 2 ÷ (한 대각선의 길이)

❷ 다른 대각선의 길이 구하기

답 (   )

2 오른쪽 삼각형은 높이가 5.4 cm이고, 넓이가 19.44 cm²입니다. 이 삼각형의 밑변의 길이는 몇 cm인지 구하세요.

(   )

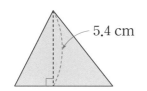

5.4 cm

3 직사각형 가와 평행사변형 나의 넓이가 같을 때 평행사변형 나의 높이는 몇 cm인지 구하세요.

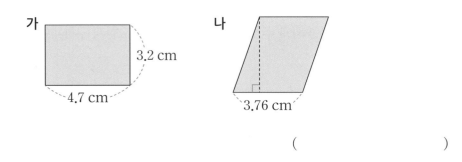

가

3.2 cm

4.7 cm

나

3.76 cm

(   )

| A | **B** 필요한 나무 수 구하기 | C |

4 길이가 14.04 km인 직선 도로 한쪽에 0.54 km 간격으로 나무를 심었습니다.
도로의 시작 지점과 끝나는 지점에도 나무를 심었다면
심은 나무는 모두 몇 그루인지 구하세요.(단, 나무의 두께는 생각하지 않습니다.)

문제해결

❶ 나무 사이의 간격 수 구하기

❷ 심은 나무 수 구하기 ☺?

답 (   )

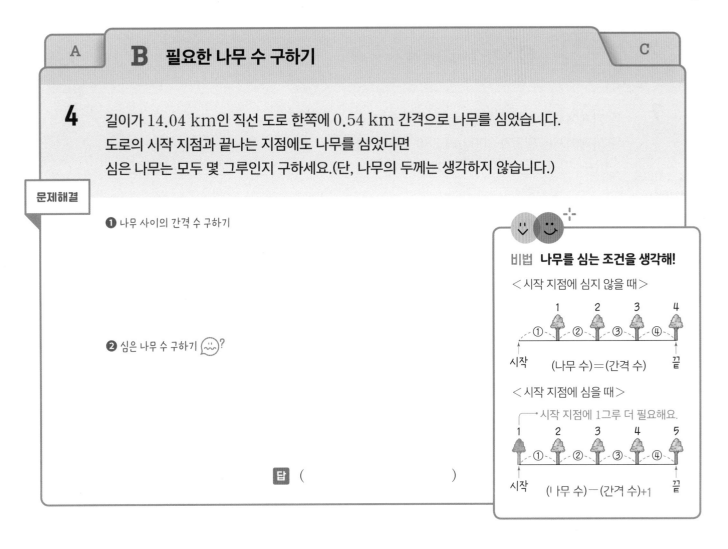

비법 **나무를 심는 조건을 생각해!**

<시작 지점에 심지 않을 때>

시작   (나무 수)=(간격 수)   끝

<시작 지점에 심을 때>

→ 시작 지점에 1그루 더 필요해요.

시작   (나무 수)=(간격 수)+1   끝

5 길이가 43.2 km인 직선 도로 한쪽에 0.72 km 간격으로 가로등을 세우려고 합니다. 도로의 시작 지점과 끝나는 지점에도 가로등을 세운다면 가로등은 모두 몇 개 필요한지 구하세요.(단, 가로등의 두께는 생각하지 않습니다.)

(   )

6 원 모양의 호수 둘레는 82.8 m입니다. 이 호수 둘레에 1.8 m 간격으로 꽃나무를 심으려고 합니다. 필요한 꽃나무는 모두 몇 그루인지 구하세요.(단, 꽃나무의 두께는 생각하지 않습니다.)

(   )

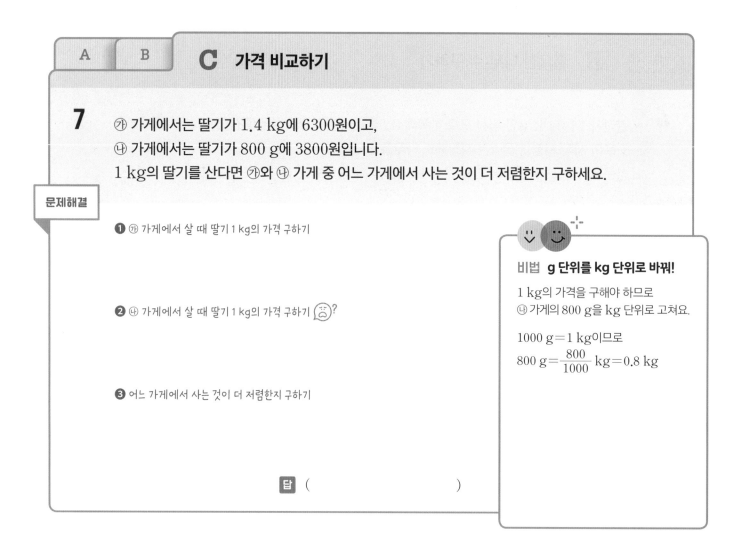

| A | B | **C** 가격 비교하기 |

7 ㉮ 가게에서는 딸기가 1.4 kg에 6300원이고,
㉯ 가게에서는 딸기가 800 g에 3800원입니다.
1 kg의 딸기를 산다면 ㉮와 ㉯ 가게 중 어느 가게에서 사는 것이 더 저렴한지 구하세요.

문제해결

❶ ㉮ 가게에서 살 때 딸기 1 kg의 가격 구하기

❷ ㉯ 가게에서 살 때 딸기 1 kg의 가격 구하기 ?

❸ 어느 가게에서 사는 것이 더 저렴한지 구하기

답 (   )

비법 **g 단위를 kg 단위로 바꿔!**

1 kg의 가격을 구해야 하므로
㉯ 가게의 800 g을 kg 단위로 고쳐요.

1000 g＝1 kg이므로
$800 \text{ g} = \frac{800}{1000} \text{ kg} = 0.8 \text{ kg}$

8 ㉮ 우유는 900 mL에 2880원이고, ㉯ 우유는 1.5 L에 4500원입니다. 1 L당 가격을 비교하여 ㉮와 ㉯ 우유 중 더 저렴한 우유를 구하세요.

(   )

9 어느 가게에서 쌀은 2.5 kg에 9500원이고, 찹쌀은 400 g에 1800원입니다. 이 가게에서 쌀 1 kg과 찹쌀 1 kg을 산다면 얼마를 내야 하는지 구하세요.

(   )

몫이 나누어떨어지지 않는 나눗셈

A 규칙을 찾아 몫의 소수점 아래 숫자 구하기

B

1 다음 나눗셈에서 몫의 소수 10째 자리 숫자를 구하세요.

$$54 \div 66$$

문제해결

❶ 54÷66을 계산하여 몫의 규칙 찾기 ?

$$54 \div 66 = 0.\boxed{}\boxed{}\boxed{}\boxed{} \cdots$$

[규칙] 몫의 소수 홀수째 자리 숫자는 $\boxed{}$,

소수 짝수째 자리 숫자는 $\boxed{}$입니다.

❷ 몫의 소수 10째 자리 숫자 구하기

답 ( )

비법 숫자가 반복되는 규칙을 찾아!

소수점 아래 반복되는 숫자를 찾고,
그 숫자의 자리를 알아봐요.

예 0.$\boxed{3}\boxed{5}\boxed{3}\boxed{5}\boxed{3}\boxed{5}$ ……

5가 놓이는 자리는
소수 2, 4, 6……째 자리

3이 놓이는 자리는
소수 1, 3, 5……째 자리

[규칙] 몫의
소수 홀수째 자리 숫자는 3이고,
소수 짝수째 자리 숫자는 5입니다.

2 다음 나눗셈에서 몫의 소수 25째 자리 숫자를 구하세요.

$$5 \div 4.4$$

( )

3 다음 나눗셈에서 몫의 소수 30째 자리 숫자를 구하세요.

$$2.4 \div 11.1$$

( )

A

B 몫이 나누어떨어지도록 만들기

4 다음 나눗셈의 몫이 소수 첫째 자리에서 나누어떨어지도록
31.17에 얼마를 더하려고 합니다. 적어도 얼마를 더해야 하는지 구하세요.

$$31.17 \div 5.4$$

문제해결

❶ 31.17÷5.4를 소수 첫째 자리까지 계산하기

❷ 몫이 소수 첫째 자리에서 나누어떨어지도록 만들 때 가장 작은 몫 구하기

❸ 31.17에 적어도 얼마를 더해야 하는지 구하기

답 (   )

비법 몫이 가장 작게 커져야 해!

나누어지는 수에 얼마를 더하여 소수
첫째 자리에서 나누어떨어지려면 몫의
소수 첫째 자리 숫자가 커져야 해요. 이
때 몫을 가장 작게 하려면 몫의 소수
첫째 자리 숫자를 1 크게 해요.

31.17   ÷5.4=☐.▨ ……
                          ↓+1
(31.17＋ 최소)÷5.4=☐.☐

5 다음 나눗셈의 몫이 소수 첫째 자리에서 나누어떨어지도록 6.9에 얼마를 더하려고 합니다. 적어
도 얼마를 더해야 하는지 구하세요.

$$6.9 \div 1.45$$

(   )

6 다음 나눗셈의 몫이 소수 첫째 자리에서 나누어떨어지도록 20.86에서 얼마를 빼려고 합니다. 적
어도 얼마를 빼야 하는지 구하세요.

$$20.86 \div 3.8$$

(   )

나누어지는 수 구하기

A 나누어지는 수를 구하여 나눗셈하기

B   B+

1 어떤 수를 3.2로 나누어 몫을 자연수 부분까지 구했더니 몫은 6이고, 나머지는 1.2였습니다. 어떤 수를 2.4로 나누었을 때의 몫을 구하세요.

문제해결

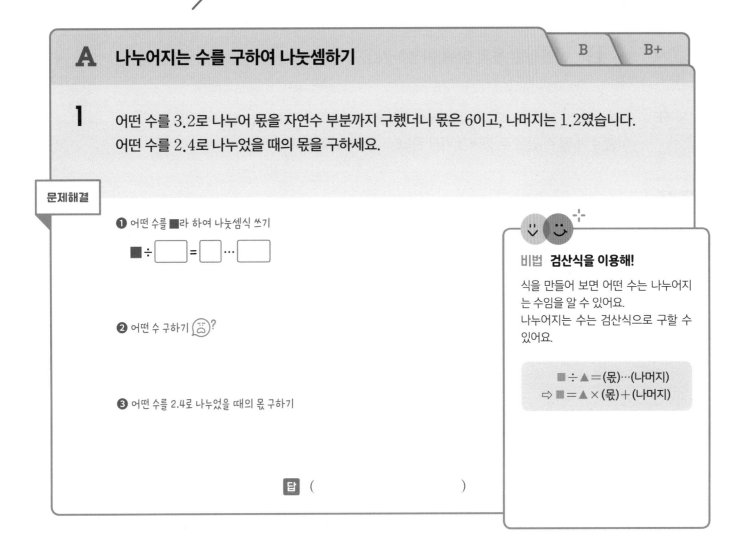

❶ 어떤 수를 ■라 하여 나눗셈식 쓰기

■ ÷ ☐ = ☐ ⋯ ☐

❷ 어떤 수 구하기 ?

❸ 어떤 수를 2.4로 나누었을 때의 몫 구하기

답 (   )

비법 검산식을 이용해!

식을 만들어 보면 어떤 수는 나누어지는 수임을 알 수 있어요.
나누어지는 수는 검산식으로 구할 수 있어요.

■ ÷ ▲ = (몫) ⋯ (나머지)
⇨ ■ = ▲ × (몫) + (나머지)

2 어떤 수를 6.3으로 나누어 몫을 자연수 부분까지 구했더니 몫은 4이고, 나머지는 3.6이었습니다. 어떤 수를 4.5로 나누었을 때의 몫을 구하세요.

(   )

3 어떤 수를 5.6으로 나누어야 할 것을 잘못하여 5.6을 어떤 수로 나누었더니 몫이 3.5였습니다. 바르게 계산한 몫을 반올림하여 소수 첫째 자리까지 나타내세요.

(   )

2. 소수의 나눗셈 **41**

| A | **B** 반올림한 몫의 범위 이용하기① | B+ |

4 어떤 수를 1.4로 나눈 몫을 반올림하여 소수 첫째 자리까지 나타내면 12.7입니다.
어떤 수가 될 수 있는 수 중에서 가장 큰 소수 두 자리 수를 구하세요.

문제해결

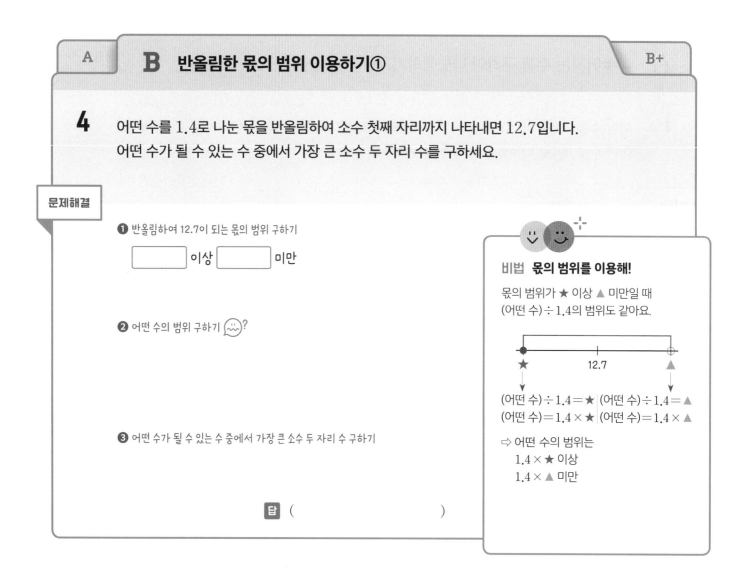

❶ 반올림하여 12.7이 되는 몫의 범위 구하기

[   ] 이상 [   ] 미만

❷ 어떤 수의 범위 구하기 (⌣)?

❸ 어떤 수가 될 수 있는 수 중에서 가장 큰 소수 두 자리 수 구하기

답 (   )

비법 **몫의 범위를 이용해!**

몫의 범위가 ★ 이상 ▲ 미만일 때
(어떤 수)÷1.4의 범위도 같아요.

(어떤 수)÷1.4=★   (어떤 수)÷1.4=▲
(어떤 수)=1.4×★   (어떤 수)=1.4×▲

⇨ 어떤 수의 범위는
   1.4×★ 이상
   1.4×▲ 미만

5 어떤 수를 2.6으로 나눈 몫을 반올림하여 소수 첫째 자리까지 나타내면 8.6입니다. 어떤 수가 될
수 있는 수 중에서 가장 큰 소수 두 자리 수를 구하세요.

(   )

6 어떤 수를 7.8로 나눈 몫을 반올림하여 소수 둘째 자리까지 나타내면 0.47입니다. 어떤 수가 될
수 있는 수 중에서 가장 작은 소수 세 자리 수를 구하세요.

(   )

A B **B+** **반올림한 몫의 범위 이용하기②**

7 다음 나눗셈의 몫을 반올림하여 일의 자리까지 나타내면 6입니다.
■에 알맞은 수를 구하세요.

$$■.64 ÷ 1.3$$

문제해결

❶ 반올림하여 6이 되는 몫의 범위 구하기

❷ ■.64의 범위 구하기

❸ ■에 알맞은 수 구하기 ?

답 (   )

비법 **나누어지는 수의 범위를 이용해!**

나누어지는 수의 범위에서 ■와 같은
자리의 수부터 넣어서 비교해요.

예) 4.09 이상 5.25 미만인 ■.58 구하기

범위 밖에 있어요.

4.09 ■.58   5.25 5.58

■=4이면   ■=5이면
4.09<4.58(○)   5.25<5.58(×)

⇨ 4.09 이상 5.25 미만에 속하는
■.58은 4.58이에요.

8 다음 나눗셈의 몫을 반올림하여 일의 자리까지 나타내면 2입니다. ⬜ 안에 알맞은 수를 구하세요.

$$⬜.26 ÷ 1.6$$

(   )

9 다음은 소수 한 자리 수끼리의 나눗셈식입니다. 몫을 반올림하여 소수 첫째 자리까지 나타내면
4.7입니다. ⬜ 안에 알맞은 수를 모두 구하세요.

$$11.⬜ ÷ 2.4$$

(   )

나누는 수와 몫의 관계

A 나누는 수 구하기

A+   A++

1 ◆은 같은 수일 때 ☐ 안에 알맞은 수를 구하세요.

$$◆ ÷ 6.2 = 1.5$$
$$◆ ÷ ☐ = 15$$

문제해결

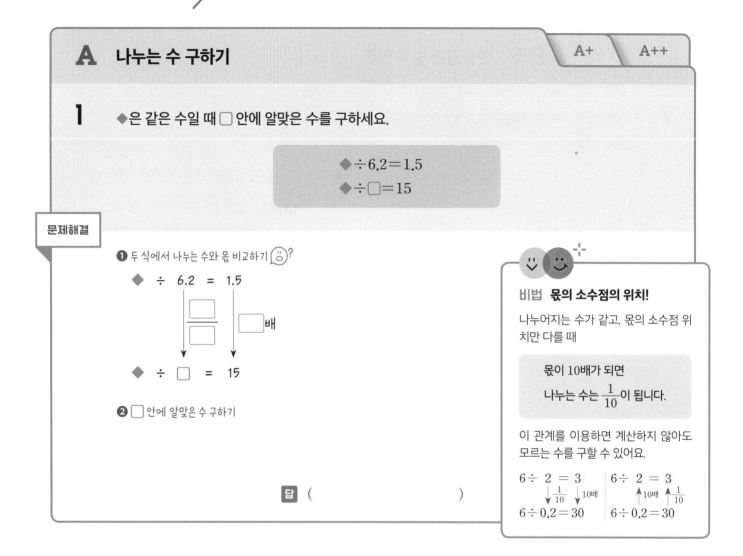

❶ 두 식에서 나누는 수와 몫 비교하기 ?

$$◆ ÷ 6.2 = 1.5$$

$$\frac{☐}{☐} \qquad ☐배$$

$$◆ ÷ ☐ = 15$$

❷ ☐ 안에 알맞은 수 구하기

비법 몫의 소수점의 위치!

나누어지는 수가 같고, 몫의 소수점 위치만 다를 때

몫이 10배가 되면
나누는 수는 $\frac{1}{10}$이 됩니다.

이 관계를 이용하면 계산하지 않아도 모르는 수를 구할 수 있어요.

$6 ÷ 2 = 3$ $6 ÷ 2 = 3$
$\downarrow\frac{1}{10}\ \downarrow10배$ $\uparrow10배\ \uparrow\frac{1}{10}$
$6 ÷ 0.2 = 30$ $6 ÷ 0.2 = 30$

답 (   )

2 ★은 같은 수일 때 ☐ 안에 알맞은 수를 구하세요.

$$★ ÷ ☐ = 53.75$$
$$★ ÷ 4.3 = 5.375$$

(   )

3 ●은 같은 수일 때 ☐ 안에 알맞은 수를 구하세요.

$$● ÷ 1.65 = 134$$
$$● ÷ 165 = ☐$$

(   )

A+ 바르게 계산한 값 구하기①

4 어떤 수를 0.24로 나누어야 할 것을 잘못하여 2.4로 나누었더니 몫이 3.6이 되었습니다. 바르게 계산한 값을 구하세요.

문제해결

❶ 어떤 수를 ■라 하여 잘못 계산한 식과 바르게 계산한 식 쓰기

잘못 계산한 식 : ■ ÷ ☐ = ☐

바르게 계산한 식 : ■ ÷ ☐

❷ 바르게 계산한 값 구하기 ☹?

비법 나누는 수의 소수점 위치를 살펴봐!

두 식에서 나누는 수를 비교해 보면 나누는 수의 소수점 위치만 달라요.

$$■ ÷ 2.4 = 3.6$$
$$\downarrow \frac{1}{10} \quad \downarrow 10배$$
$$■ ÷ 0.24 = \boxed{?}$$

⇨ 나누어지는 수가 같을 때 나누는 수와 몫의 관계를 이용하면 ? 는 3.6의 10배예요.

답 ( )

5 어떤 수를 14.5로 나누어야 할 것을 잘못하여 1.45로 나누었더니 몫이 4.8이 되었습니다. 바르게 계산한 값을 구하세요.

( )

6 6.75를 어떤 수로 나누어야 할 것을 잘못하여 67.5를 어떤 수로 나누었더니 몫이 5.7이 되었습니다. 바르게 계산한 값을 구하세요.

( )

| A | A+ |

A++ 바르게 계산한 값 구하기②

7 어떤 수를 8.3으로 나누어야 할 것을 잘못하여 0.83으로 나누었더니
바르게 계산한 값과 잘못 계산한 값의 차가 8.55가 되었습니다.
바르게 계산한 값은 얼마인지 구하세요.

문제해결

❶ 어떤 수를 ■라 하여 바르게 계산한 식과 잘못 계산한 식 쓰기

바르게 계산한 식 : ■÷ [　　　]

잘못 계산한 식 : ■÷ [　　　]

❷ 바르게 계산한 값을 ㉠이라 할 때 잘못 계산한 값 나타내기 😊?

❸ 바르게 계산한 값 구하기

답 (　　　　　　　　　　)

> **비법 두 몫의 관계를 식으로 나타 낼 수 있어!**
>
> 몫이 주어지지 않아도 나누는 수를 비교하면 두 몫의 관계를 식으로 나타낼 수 있어요.
>
> $$■ ÷ 8.3 = ㉠$$
> $$\downarrow \tfrac{1}{10} \quad \downarrow 10배$$
> $$■ ÷ 0.83 = ?$$
>
> ⇨ ?는 ㉠의 10배
> ⇨ ? = ㉠ × 10

8 어떤 수를 17.2로 나누어야 할 것을 잘못하여 1.72로 나누었더니 바르게 계산한 값과 잘못 계산한 값의 차가 34.2가 되었습니다. 바르게 계산한 값은 얼마인지 구하세요.

(　　　　　　　　　　)

9 어떤 수를 0.65로 나누어야 할 것을 잘못하여 6.5로 나누었더니 바르게 계산한 값과 잘못 계산한 값의 합이 15.84가 되었습니다. 바르게 계산한 값은 얼마인지 구하세요.

(　　　　　　　　　　)

수 카드로 소수의 나눗셈식 만들기

A 몫이 가장 크게 되는 소수의 나눗셈식 만들기

1 수 카드 5장을 한 번씩 모두 사용하여 몫이 가장 크게 되도록 다음 나눗셈식을 만들었습니다.
만든 나눗셈식의 몫을 구하세요.

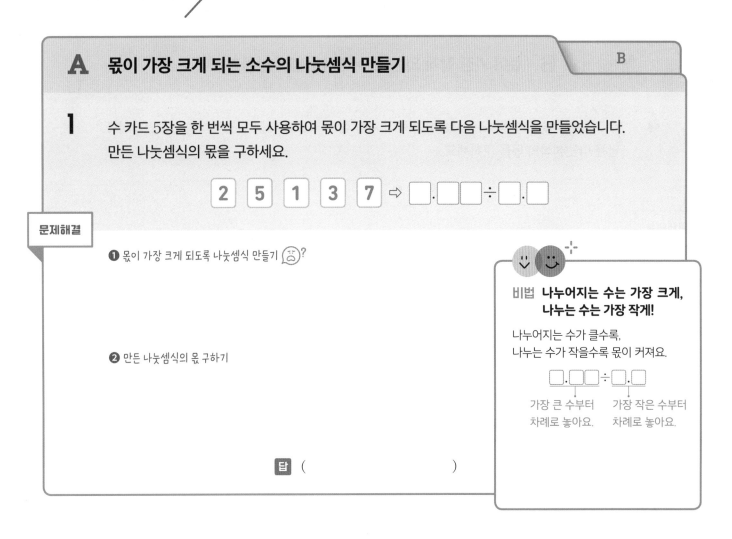

문제해결

❶ 몫이 가장 크게 되도록 나눗셈식 만들기 🙁?

❷ 만든 나눗셈식의 몫 구하기

**비법 나누어지는 수는 가장 크게,
나누는 수는 가장 작게!**

나누어지는 수가 클수록,
나누는 수가 작을수록 몫이 커져요.

▢.▢▢÷▢.▢

가장 큰 수부터   가장 작은 수부터
차례로 놓아요.   차례로 놓아요.

답 (   )

2 수 카드 4장을 한 번씩 모두 사용하여 몫이 가장 크게 되도록 다음 나눗셈식을 만들었습니다. 만든 나눗셈식의 몫을 구하세요.

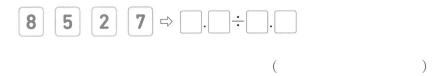

(   )

3 수 카드 5장을 한 번씩 모두 사용하여 몫이 가장 크게 되도록 다음 나눗셈식을 만들었습니다. 만든 나눗셈식의 몫을 반올림하여 소수 첫째 자리까지 나타내세요.

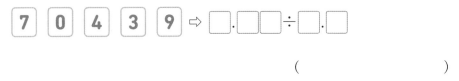

(   )

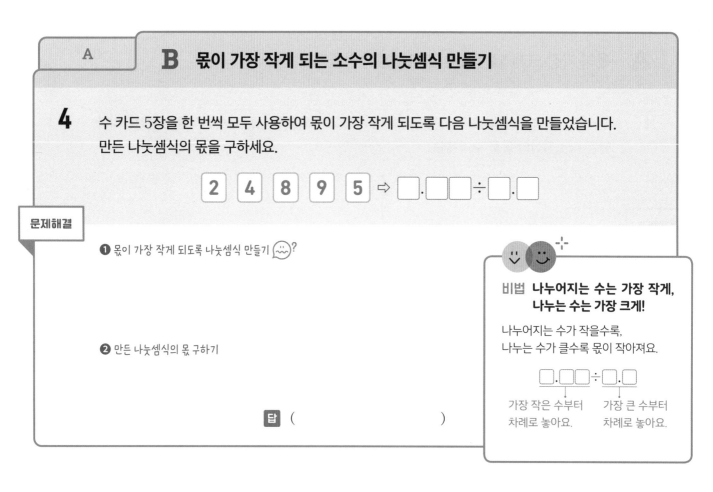

A

B 몫이 가장 작게 되는 소수의 나눗셈식 만들기

4 수 카드 5장을 한 번씩 모두 사용하여 몫이 가장 작게 되도록 다음 나눗셈식을 만들었습니다. 만든 나눗셈식의 몫을 구하세요.

$$2 \quad 4 \quad 8 \quad 9 \quad 5 \Rightarrow \square.\square\square \div \square.\square$$

문제해결

❶ 몫이 가장 작게 되도록 나눗셈식 만들기 ?

❷ 만든 나눗셈식의 몫 구하기

답 ( )

비법 나누어지는 수는 가장 작게, 나누는 수는 가장 크게!

나누어지는 수가 작을수록, 나누는 수가 클수록 몫이 작아져요.

$$\square.\square\square \div \square.\square$$

가장 작은 수부터   가장 큰 수부터
차례로 놓아요.   차례로 놓아요.

5 수 카드 5장을 한 번씩 모두 사용하여 몫이 가장 작게 되도록 다음 나눗셈식을 만들었습니다. 만든 나눗셈식의 몫을 구하세요.

$$4 \quad 5 \quad 7 \quad 1 \quad 8 \Rightarrow \square.\square \div \square.\square\square$$

( )

6 수 카드 5장을 한 번씩 모두 사용하여 몫이 가장 작게 되도록 (소수 두 자리 수)÷(소수 한 자리 수)의 나눗셈식을 만들었습니다. 만든 나눗셈식의 몫을 반올림하여 소수 둘째 자리까지 나타내세요.

$$1 \quad 2 \quad 8 \quad 4 \quad 5$$

( )

실생활에서 소수의 나눗셈의 활용

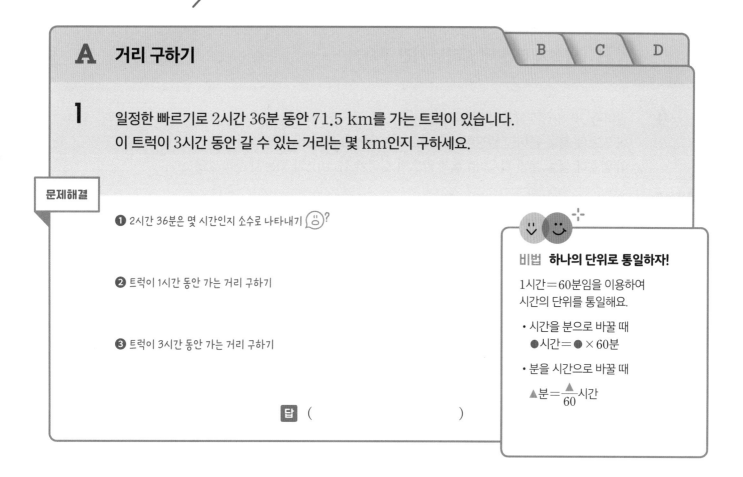

A 거리 구하기   B C D

1 일정한 빠르기로 2시간 36분 동안 71.5 km를 가는 트럭이 있습니다.
이 트럭이 3시간 동안 갈 수 있는 거리는 몇 km인지 구하세요.

문제해결

❶ 2시간 36분은 몇 시간인지 소수로 나타내기 🙂?

❷ 트럭이 1시간 동안 가는 거리 구하기

❸ 트럭이 3시간 동안 가는 거리 구하기

답 (   )

비법 하나의 단위로 통일하자!

1시간=60분임을 이용하여
시간의 단위를 통일해요.

• 시간을 분으로 바꿀 때
 ●시간=● × 60분

• 분을 시간으로 바꿀 때
 ▲분=$\frac{▲}{60}$시간

2 일정한 빠르기로 45분 동안 25.5 km를 달리는 오토바이가 있습니다. 이 오토바이가 2시간 30분
동안 갈 수 있는 거리는 몇 km인지 구하세요.

(   )

3 일정한 빠르기로 버스는 1시간 42분 동안 144.5 km를 가고, 승용차는 20분 동안 29.3 km
를 갑니다. 이 버스와 승용차가 한 시간 동안 달릴 때 어느 것이 몇 km 더 멀리 가는지 구하세요.

(   ), (   )

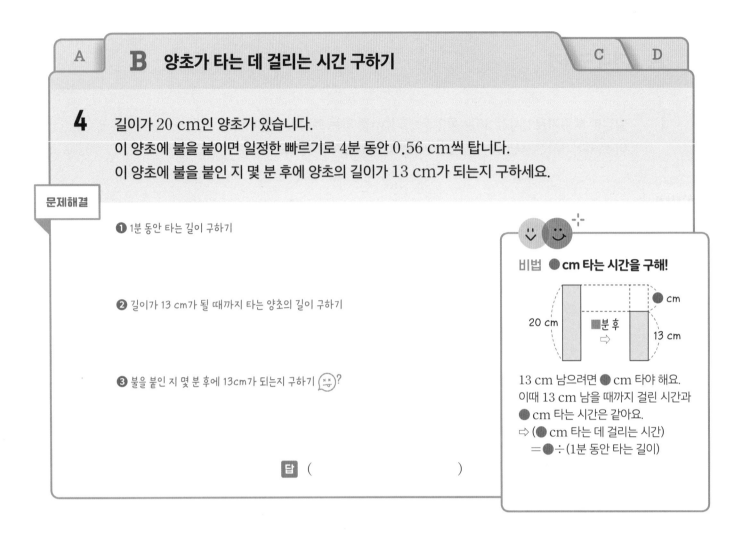

A   **B**   양초가 타는 데 걸리는 시간 구하기   C   D

4 길이가 20 cm인 양초가 있습니다.
이 양초에 불을 붙이면 일정한 빠르기로 4분 동안 0.56 cm씩 탑니다.
이 양초에 불을 붙인 지 몇 분 후에 양초의 길이가 13 cm가 되는지 구하세요.

문제해결

❶ 1분 동안 타는 길이 구하기

❷ 길이가 13 cm가 될 때까지 타는 양초의 길이 구하기

❸ 불을 붙인 지 몇 분 후에 13cm가 되는지 구하기 ?

비법 ● cm 타는 시간을 구해!

20 cm   ■분 후 ⇨   ● cm   13 cm

13 cm 남으려면 ● cm 타야 해요.
이때 13 cm 남을 때까지 걸린 시간과
● cm 타는 시간은 같아요.
⇨ (● cm 타는 데 걸리는 시간)
 = ● ÷ (1분 동안 타는 길이)

답 (   )

5 길이가 18.4 cm인 양초가 있습니다. 이 양초에 불을 붙이면 일정한 빠르기로 6분 동안 1.44 cm 씩 탑니다. 이 양초에 불을 붙인 지 몇 분 후에 양초의 길이가 10 cm가 되는지 구하세요.

(   )

6 길이가 28.7 cm인 양초가 있습니다. 이 양초는 일정한 빠르기로 타는데, 양초에 불을 붙이고 42분이 지난 후에 길이를 재어 보았더니 14 cm였습니다. 이 양초가 처음부터 끝까지 타는 데 걸리는 시간은 모두 몇 분인지 구하세요.

(   )

A	B	**C 필요한 가격 구하기**	D

7 2.5 km를 가는 데 휘발유 0.2 L가 필요한 자동차가 있습니다.
휘발유 1 L의 가격이 1600원일 때
이 자동차로 180 km를 가는 데 필요한 휘발유 가격은 얼마인지 구하세요.

문제해결

❶ 휘발유 1 L로 갈 수 있는 거리 구하기

❷ 180 km를 가는 데 필요한 휘발유 양 구하기 ?

❸ 180 km를 가는 데 필요한 휘발유 가격 구하기

비법 1단위를 1 km로 해도 돼!

" 2.5 km 가는 데 휘발유 0.2 L 필요"

　1 km　　　　　(0.2÷2.5)L

⇨ (1 km를 가는 데 필요한 휘발유 양)
　=0.2÷2.5(L)
⇨ (180 km 가는 데 필요한 휘발유 양)
　=(1 km 가는 데 필요한 휘발유 양)
　　×180

답 (　　　　　　　　)

8 넓이가 5.5 m²인 벽을 칠하는 데 페인트가 2.2 L 필요하다고 합니다. 페인트 1 L의 가격이 4800원일 때 넓이가 81 m²인 벽을 모두 칠하는 데 필요한 페인트의 가격은 얼마인지 구하세요.

(　　　　　　　　)

9 굵기가 일정한 철근이 있습니다. 이 철근 2.7 m의 무게는 10.8 kg입니다. 철근 1 m의 가격이 18000원일 때 철근 34.2 kg의 가격은 얼마인지 구하세요.

(　　　　　　　　)

| A | B | C | **D** 빈 그릇의 무게 구하기 |

10 포도 주스 4.4 L가 들어 있는 병의 무게를 재었더니 5.86 kg이었습니다.
병에 들어 있는 포도 주스 2.6 L를 마시고 다시 무게를 재었더니 3.13 kg이었습니다.
빈 병의 무게는 몇 kg인지 구하세요.

문제해결

❶ 포도 주스 2.6 L의 무게 구하기 😊?

❷ 포도 주스 1 L의 무게 구하기

❸ 빈 병의 무게 구하기

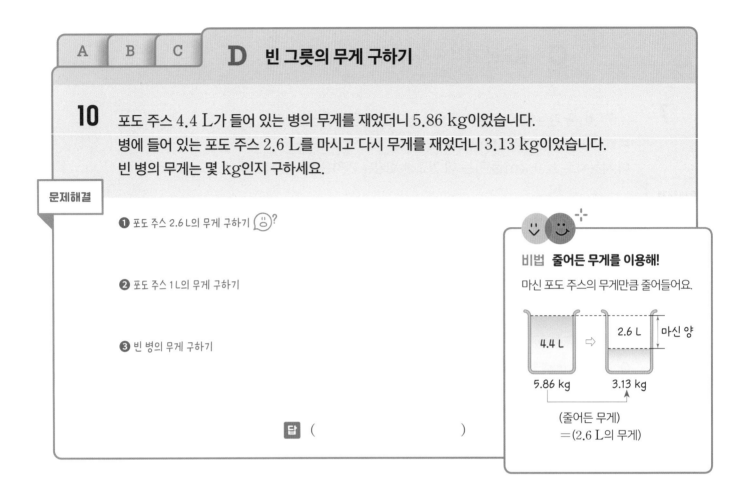

비법 **줄어든 무게를 이용해!**
마신 포도 주스의 무게만큼 줄어들어요.

4.4 L ⇨ 2.6 L 마신 양

5.86 kg   3.13 kg

(줄어든 무게)
=(2.6 L의 무게)

답 (   )

11 식용유 3.8 L가 들어 있는 통의 무게를 재었더니 4.03 kg이었습니다. 통에 들어 있는 식용유 2.4 L를 덜어 내고 다시 무게를 재었더니 1.99 kg이었습니다. 빈 통의 무게는 몇 kg인지 구하세요.

(   )

12 간장 3.5 L가 담긴 병의 무게를 재었더니 5.6 kg이었습니다. 이 병에 간장 2.5 L를 더 담아서 다시 무게를 재었더니 8.7 kg이었습니다. 빈 병의 무게는 몇 kg인지 구하세요.

(   )

단원 2 유형 마스터

어떻게 풀어야 할지 모르겠다면
유형으로 되돌아가 다시 학습해 보세요.

01

유형 01 B

어느 제과점에서 밀가루 154.8 kg을 하루에 10.5 kg씩 사용하려고 합니다. 이 밀가루를 남김없이 모두 사용하려면 밀가루는 적어도 몇 kg 더 필요한지 구하세요.

(　　　　　　　　　　)

02

유형 02 C

어느 가게에서 상추는 300 g에 2400원이고, 고구마는 2.4 kg에 8400원입니다. 이 가게에서 상추 1 kg과 고구마 1 kg을 산다면 얼마를 내야 하는지 구하세요.

(　　　　　　　　　　)

03

유형 04 A

어떤 수를 4.2로 나누어 몫을 자연수 부분까지 구했더니 몫은 6이고, 나머지는 2.3이었습니다. 어떤 수를 1.8로 나누었을 때의 몫을 반올림하여 소수 첫째 자리까지 나타내세요.

(　　　　　　　　　　)

04 다음 나눗셈에서 몫의 소수 88째 자리 숫자를 구하세요.

유형 03 Ⓐ

$$13 \div 5.4$$

(   )

05 어떤 수를 7.8로 나눈 몫을 반올림하여 소수 첫째 자리까지 나타내면 4.3입니다. 어떤 수가 될 수 있는 수 중에서 가장 큰 소수 두 자리 수를 구하세요.

유형 04 Ⓑ

(   )

06 수 카드 5장을 한 번씩 모두 사용하여 몫이 가장 크게 되도록 다음 나눗셈식을 만들었습니다. 만든 나눗셈식의 몫을 반올림하여 소수 첫째 자리까지 나타내세요.

유형 06 Ⓐ

| 1 | 0 | 2 | 8 | 6 | ⇨ | □.□ ÷ □.□□ |

(   )

07

유형 05 A++

어떤 수를 3.4로 나누어야 할 것을 잘못하여 0.34로 나누었더니 바르게 계산한 값과 잘못 계산한 값의 차가 48.6이 되었습니다. 바르게 계산한 값은 얼마인지 구하세요.

(   )

08

유형 07 B

일정한 빠르기로 타는 길이가 21.6 cm인 양초가 있습니다. 이 양초에 불을 붙이고 45분이 지난 후에 길이를 재어 보았더니 13.5 cm였습니다. 남은 양초가 다 타려면 몇 분이 더 걸리는지 구하세요.

(   )

09

유형 07 C

준호네 자동차는 3.6 km를 가는 데 휘발유 0.25 L가 필요합니다. 이 자동차로 93.6 km 떨어진 할머니 댁에 가려고 합니다. 휘발유 1 L의 가격이 1840원일 때 할머니 댁까지 가는 데 필요한 휘발유 가격은 얼마인지 구하세요.

(   )

공간과 입체

학습기록표

유형 01
학습일
학습평가

쌓기나무의 개수

A	만드는 데 필요한 개수
B	각 층의 개수
C	빼낸 개수

유형 02
학습일
학습평가

층별로 쌓은 모양

A	2층 모양이 되는 경우
B	2층과 3층 모양 찾기
C	층별 모양 보고 그리기
D	2층과 3층 모양 그리기

유형 03
학습일
학습평가

위, 앞, 옆에서 본 모양

A	옆에서 본 모양
B	최대 개수
C	최소 개수

유형 04
학습일
학습평가

보이지 않는 쌓기나무의 개수

| A | 위에서 본 모양을 알 때 |
| A+ | 위에서 본 모양을 모를 때 |

유형 05
학습일
학습평가

쌓기나무의 겉면

A	색칠된 개수
B	겉넓이①-가려진 면이 없을 때
B+	겉넓이②-가려진 면이 있을 때

유형 마스터
학습일
학습평가

공간과 입체

쌓기나무의 개수

A 필요한 쌓기나무의 개수 구하기

B   C

1 가와 나 모양과 똑같이 쌓는 데 필요한 쌓기나무의 개수의 합을 구하세요.

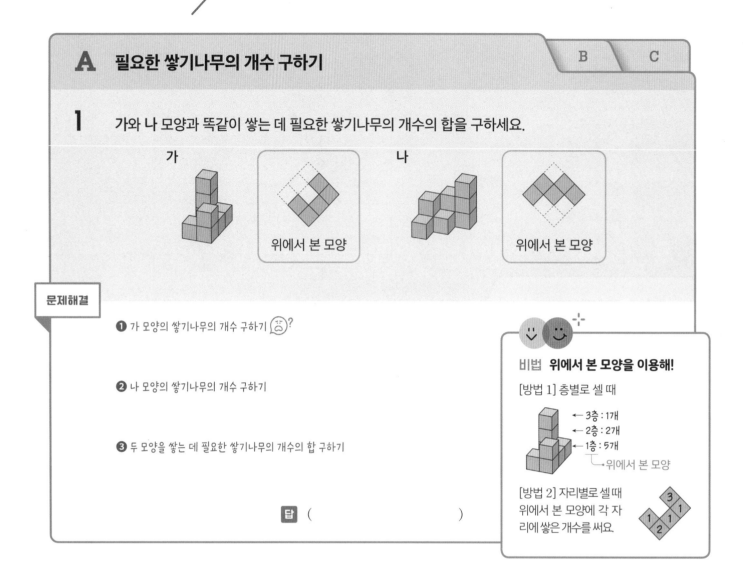

문제해결

❶ 가 모양의 쌓기나무의 개수 구하기 ?

❷ 나 모양의 쌓기나무의 개수 구하기

❸ 두 모양을 쌓는 데 필요한 쌓기나무의 개수의 합 구하기

답 (   )

비법 **위에서 본 모양을 이용해!**

[방법 1] 층별로 셀 때

←3층 : 1개
←2층 : 2개
←1층 : 5개
└→위에서 본 모양

[방법 2] 자리별로 셀 때
위에서 본 모양에 각 자
리에 쌓은 개수를 써요.

2 가와 나 모양과 똑같이 쌓는 데 필요한 쌓기나무의 개수의 합을 구하세요.

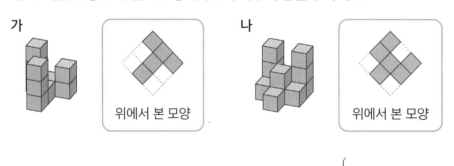

(   )

3 가와 나 모양 중에서 쌓기나무가 더 많이 필요한 모양은 어느 것인지 기호를 쓰세요.

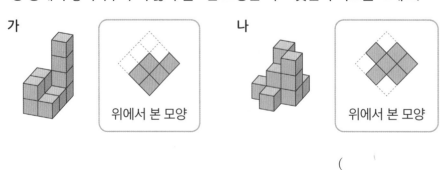

(   )

##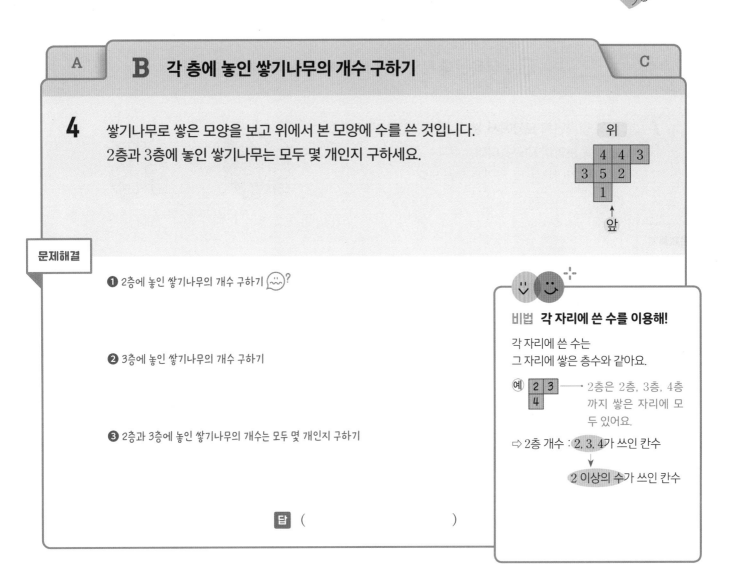

B 각 층에 놓인 쌓기나무의 개수 구하기

A   C

4 쌓기나무로 쌓은 모양을 보고 위에서 본 모양에 수를 쓴 것입니다.
2층과 3층에 놓인 쌓기나무는 모두 몇 개인지 구하세요.

위

	4	4	3
3	5	2	
	1		

↑
앞

문제해결

❶ 2층에 놓인 쌓기나무의 개수 구하기 ?

❷ 3층에 놓인 쌓기나무의 개수 구하기

❸ 2층과 3층에 놓인 쌓기나무의 개수는 모두 몇 개인지 구하기

답 (   )

비법 각 자리에 쓴 수를 이용해!

각 자리에 쓴 수는
그 자리에 쌓은 층수와 같아요.

예 | 2 | 3 | → 2층은 2층, 3층, 4층
   | 4 | | 까지 쌓은 자리에 모
                두 있어요.

⇨ 2층 개수 : 2, 3, 4가 쓰인 칸수
              ↓
         2 이상의 수가 쓰인 칸수

5 쌓기나무로 쌓은 모양을 보고 위에서 본 모양에 수를 쓴 것입니다. 3층과 4층
에 놓인 쌓기나무는 모두 몇 개인지 구하세요.

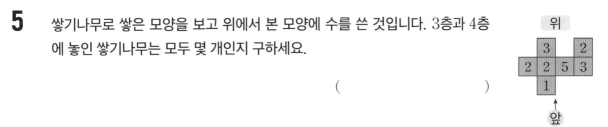

위

	3			2
2	2	5	3	
	1			

↑
앞

(   )

6 쌓기나무로 쌓은 모양을 보고 위에서 본 모양에 수를 쓴 것입니다. 4층과 5층
에 있는 쌓기나무를 빼내면 쌓기나무가 몇 개 남는지 구하세요.

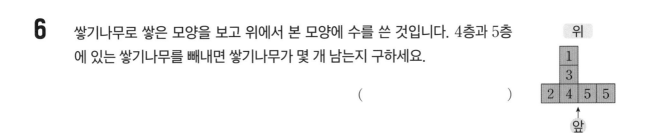

위

	1		
	3		
2	4	5	5

↑
앞

(   )

| A | B | **C** 정육면체 모양에서 빼낸 쌓기나무의 개수 구하기 |

7 왼쪽 정육면체 모양에서 쌓기나무를 몇 개 빼냈더니
오른쪽 모양이 되었습니다.
빼낸 쌓기나무는 몇 개인지 구하세요.

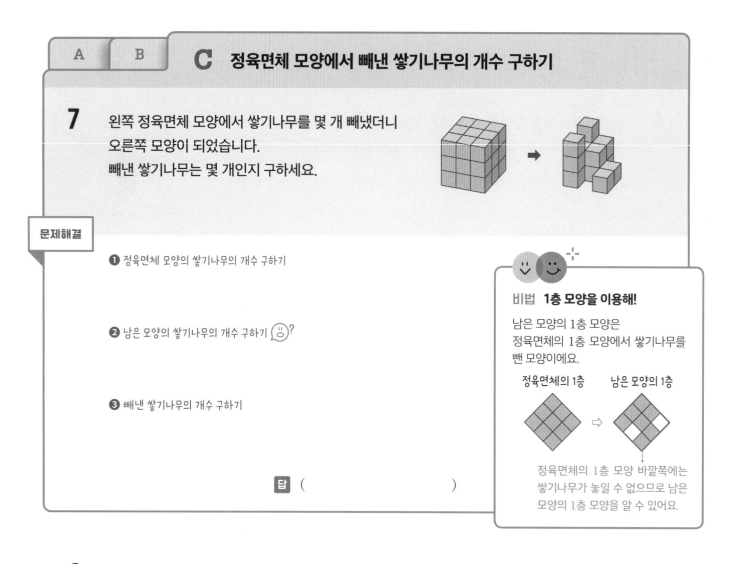

문제해결

❶ 정육면체 모양의 쌓기나무의 개수 구하기

❷ 남은 모양의 쌓기나무의 개수 구하기 😐?

❸ 빼낸 쌓기나무의 개수 구하기

답 (   )

> **비법** **1층 모양을 이용해!**
>
> 남은 모양의 1층 모양은
> 정육면체의 1층 모양에서 쌓기나무를
> 뺀 모양이에요.
>
> 정육면체의 1층   남은 모양의 1층
>
> 정육면체의 1층 모양 바깥쪽에는
> 쌓기나무가 놓일 수 없으므로 남은
> 모양의 1층 모양을 알 수 있어요.

8 왼쪽 정육면체 모양에서 쌓기나무를 몇 개 빼냈더니 오른쪽
모양이 되었습니다. 빼낸 쌓기나무는 몇 개인지 구하세요.

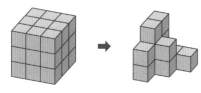

(   )

9 왼쪽 모양에 쌓기나무를 더 쌓아서 오른쪽 정육면체 모양을 만들려고 합니다. 더 쌓아야 할 쌓기
나무는 몇 개인지 구하세요.

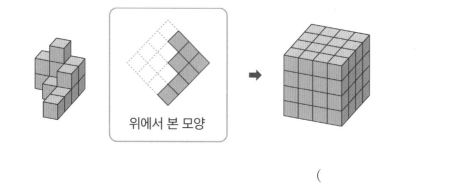

위에서 본 모양

(   )

층별로 쌓은 모양

A 2층 모양이 될 수 있는 경우 그리기   B   C   D

1 쌓기나무를 쌓은 모양의 1층과 3층 모양을 나타낸 것입니다.
2층에 놓인 쌓기나무가 3개일 때 2층 모양이 될 수 있는 경우를 모두 그려 보세요.

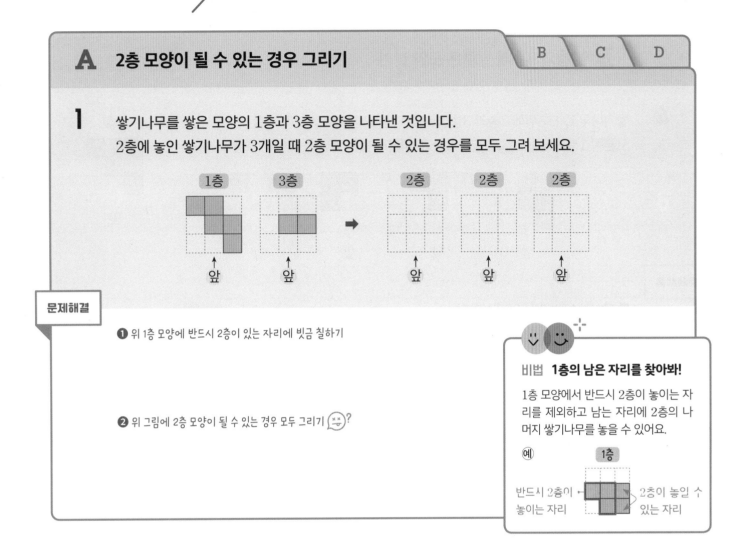

문제해결

❶ 위 1층 모양에 반드시 2층이 있는 자리에 빗금 칠하기

❷ 위 그림에 2층 모양이 될 수 있는 경우 모두 그리기 ☺?

비법 1층의 남은 자리를 찾아봐!

1층 모양에서 반드시 2층이 놓이는 자리를 제외하고 남는 자리에 2층의 나머지 쌓기나무를 놓을 수 있어요.

⟮예⟯   1층

반드시 2층이   2층이 놓일 수
놓이는 자리   있는 자리

2 쌓기나무를 쌓은 모양의 1층과 3층 모양을 나타낸 것입니다. 2층에 놓인 쌓기나무가 4개일 때
2층 모양이 될 수 있는 경우를 모두 그려 보세요.

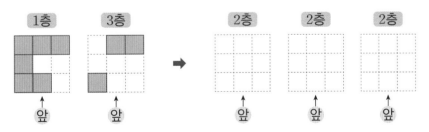

3 쌓기나무를 쌓은 모양의 1층과 3층 모양을 나타낸 것입니다. 2층에 놓인 쌓기나무가 5개일 때
2층 모양이 될 수 있는 경우를 모두 그려 보세요.

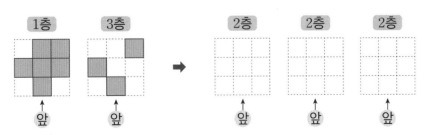

B 2층과 3층에 알맞은 모양 찾기

A ⟍   C ⟍ D

4 쌓기나무로 1층 위에 2층과 3층을 서로 다른 모양으로 쌓으려고 합니다.
오른쪽 1층 모양을 보고 2층과 3층에 쌓을 수 있는 모양을 찾아 기호를 쓰세요.

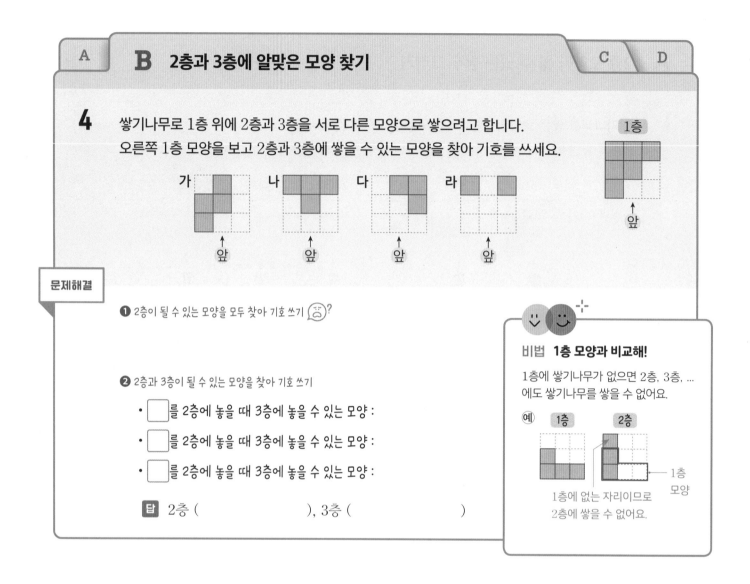

문제해결

❶ 2층이 될 수 있는 모양을 모두 찾아 기호 쓰기 😫?

❷ 2층과 3층이 될 수 있는 모양을 찾아 기호 쓰기

• ☐ 를 2층에 놓을 때 3층에 놓을 수 있는 모양 :

• ☐ 를 2층에 놓을 때 3층에 놓을 수 있는 모양 :

• ☐ 를 2층에 놓을 때 3층에 놓을 수 있는 모양 :

답 2층 (   ), 3층 (   )

비법 1층 모양과 비교해!

1층에 쌓기나무가 없으면 2층, 3층, …
에도 쌓기나무를 쌓을 수 없어요.

예 1층   2층

1층에 없는 자리이므로
2층에 쌓을 수 없어요.

1층 모양

5 쌓기나무로 1층 위에 2층과 3층을 서로 다른 모양으로 쌓으려고 합니다. 오른쪽
1층 모양을 보고 2층과 3층에 쌓을 수 있는 모양을 찾아 기호를 쓰세요.

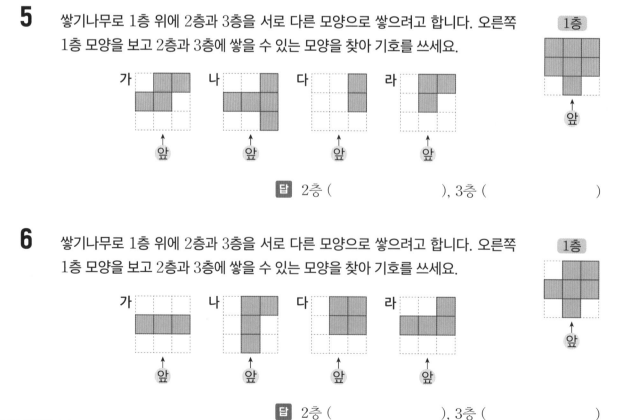

답 2층 (   ), 3층 (   )

6 쌓기나무로 1층 위에 2층과 3층을 서로 다른 모양으로 쌓으려고 합니다. 오른쪽
1층 모양을 보고 2층과 3층에 쌓을 수 있는 모양을 찾아 기호를 쓰세요.

답 2층 (   ), 3층 (   )

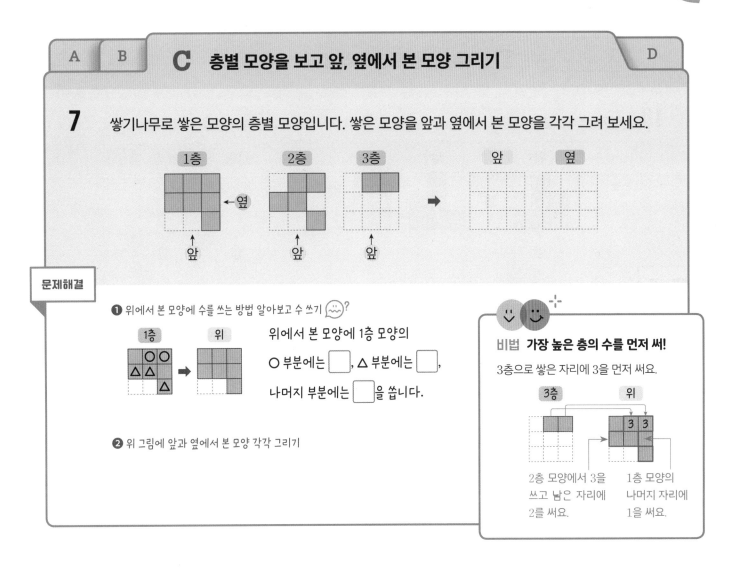

A B **C** 층별 모양을 보고 앞, 옆에서 본 모양 그리기 D

7 쌓기나무로 쌓은 모양의 층별 모양입니다. 쌓은 모양을 앞과 옆에서 본 모양을 각각 그려 보세요.

문제해결

❶ 위에서 본 모양에 수를 쓰는 방법 알아보고 수 쓰기 🙂?

위에서 본 모양에 1층 모양의

◯ 부분에는 □, △ 부분에는 □,

나머지 부분에는 □을 씁니다.

비법 **가장 높은 층의 수를 먼저 써!**

3층으로 쌓은 자리에 3을 먼저 써요.

2층 모양에서 3을 쓰고 남은 자리에 2를 써요.

1층 모양의 나머지 자리에 1을 써요.

❷ 위 그림에 앞과 옆에서 본 모양 각각 그리기

8 쌓기나무로 쌓은 모양의 층별 모양입니다. 쌓은 모양을 앞과 옆에서 본 모양을 각각 그려 보세요.

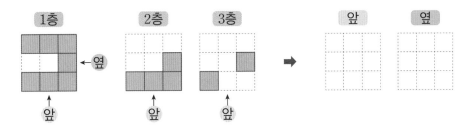

9 쌓기나무로 쌓은 모양의 층별 모양입니다. 쌓은 모양을 앞과 옆에서 본 모양을 각각 그려 보세요.

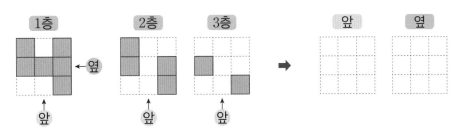

A　B　C
D **2층과 3층 모양 그리기**

10 쌓기나무로 쌓은 모양을 위, 앞, 옆에서 본 모양입니다. 2층과 3층의 모양을 각각 그려 보세요.

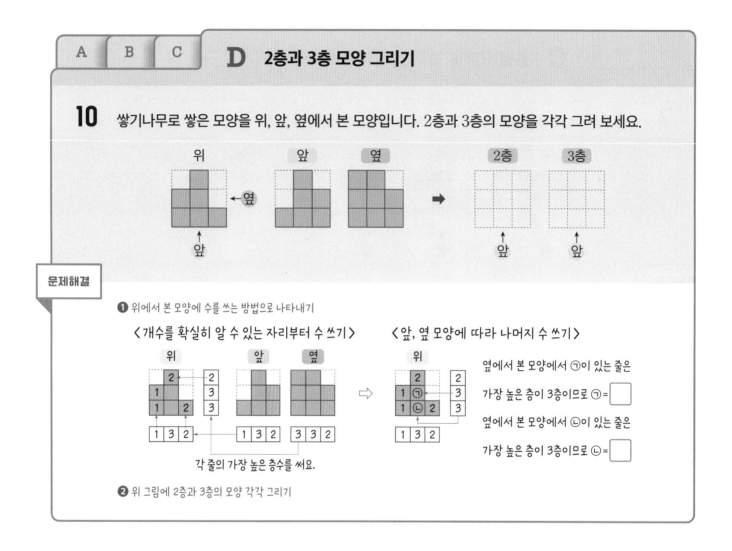

문제해결

❶ 위에서 본 모양에 수를 쓰는 방법으로 나타내기

〈 개수를 확실히 알 수 있는 자리부터 수 쓰기 〉　　　〈 앞, 옆 모양에 따라 나머지 수 쓰기 〉

각 줄의 가장 높은 층수를 써요.

옆에서 본 모양에서 ㉠이 있는 줄은
가장 높은 층이 3층이므로 ㉠ = ☐

옆에서 본 모양에서 ㉡이 있는 줄은
가장 높은 층이 3층이므로 ㉡ = ☐

❷ 위 그림에 2층과 3층의 모양 각각 그리기

11 쌓기나무로 쌓은 모양을 위, 앞, 옆에서 본 모양입니다. 2층과 3층의 모양을 각각 그려 보세요.

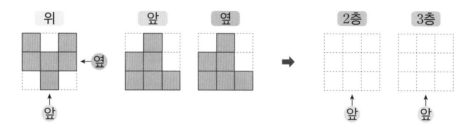

12 쌓기나무로 쌓은 모양을 위, 앞, 옆에서 본 모양입니다. 2층과 3층의 모양을 각각 그려 보세요.

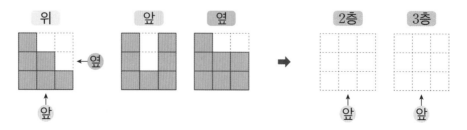

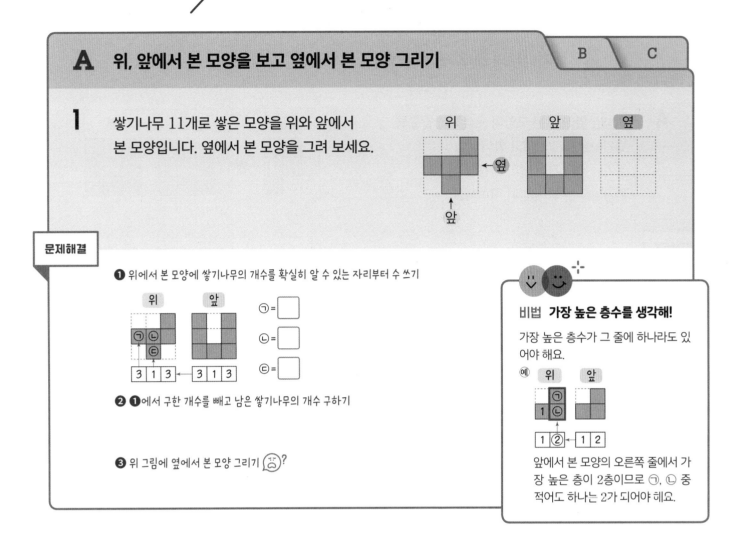

유형 03 위, 앞, 옆에서 본 모양

A 위, 앞에서 본 모양을 보고 옆에서 본 모양 그리기

B C

1 쌓기나무 11개로 쌓은 모양을 위와 앞에서 본 모양입니다. 옆에서 본 모양을 그려 보세요.

위   앞   옆

문제해결

❶ 위에서 본 모양에 쌓기나무의 개수를 확실히 알 수 있는 자리부터 수 쓰기

위   앞

㉠ = [ ]

㉡ = [ ]

㉢ = [ ]

3 1 3 ← 3 1 3

❷ ❶에서 구한 개수를 빼고 남은 쌓기나무의 개수 구하기

❸ 위 그림에 옆에서 본 모양 그리기 ☹?

비법 가장 높은 층수를 생각해!

가장 높은 층수가 그 줄에 하나라도 있어야 해요.

예   위   앞

1   ㉠
     ㉡

1 ② ← 1 2

앞에서 본 모양의 오른쪽 줄에서 가장 높은 층이 2층이므로 ㉠, ㉡ 중 적어도 하나는 2가 되어야 해요.

2 쌓기나무 12개로 쌓은 모양을 위와 앞에서 본 모양입니다. 옆에서 본 모양을 그려 보세요.

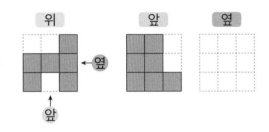

위   앞   옆

3 쌓기나무 9개로 쌓은 모양을 위와 앞에서 본 모양입니다. 옆에서 본 모양은 몇 가지가 될 수 있는지 구하세요.

(   )

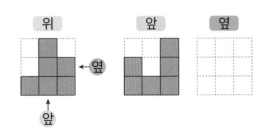

위   앞   옆

| A | **B** 쌓기나무의 최대 개수 구하기 | C |

4 위, 앞, 옆에서 본 모양이 오른쪽과 같도록
쌓기나무를 쌓으려고 합니다.
쌓기나무를 가장 많이 사용할 때
쌓기나무는 몇 개인지 구하세요.

문제해결

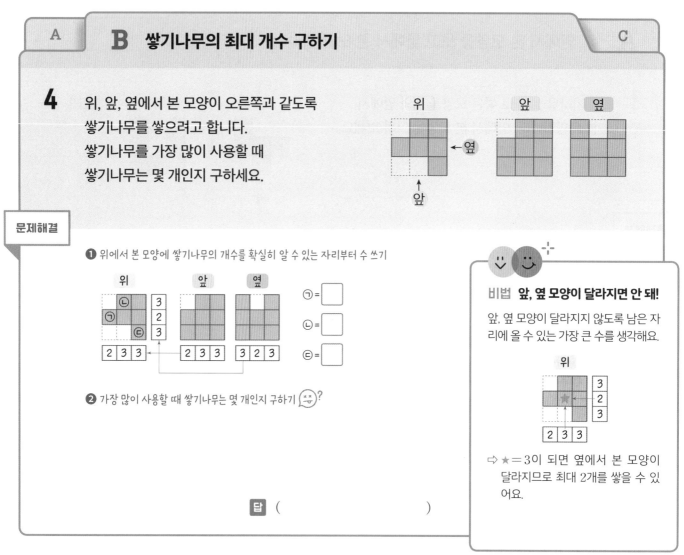

❶ 위에서 본 모양에 쌓기나무의 개수를 확실히 알 수 있는 자리부터 수 쓰기

⊙ = ☐
ⓒ = ☐
ⓒ = ☐

비법 앞, 옆 모양이 달라지면 안 돼!

앞, 옆 모양이 달라지지 않도록 남은 자
리에 올 수 있는 가장 큰 수를 생각해요.

⇨ ★ = 3이 되면 옆에서 본 모양이
달라지므로 최대 2개를 쌓을 수 있
어요.

❷ 가장 많이 사용할 때 쌓기나무는 몇 개인지 구하기 😵?

답 (   )

5 위, 앞, 옆에서 본 모양이 오른쪽과 같도록 쌓기나
무를 쌓으려고 합니다. 쌓기나무를 가장 많이 사
용할 때 쌓기나무는 몇 개인지 구하세요.

(   )

6 위, 앞, 옆에서 본 모양이 오른쪽과 같도록 쌓기나
무를 쌓으려고 합니다. 쌓기나무를 가장 많이 사
용할 때 쌓기나무는 몇 개인지 구하세요.

(   )

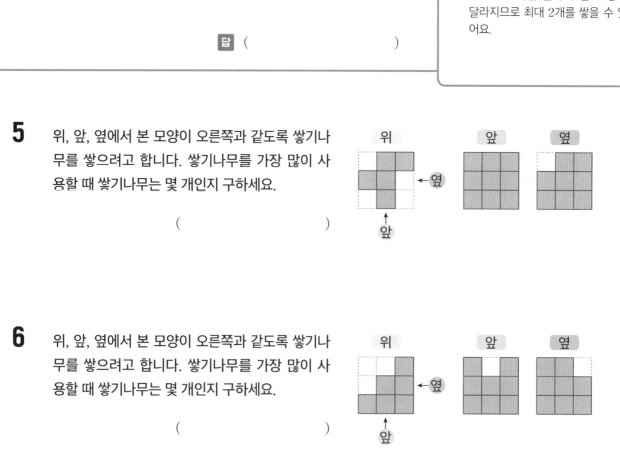

| A | B | **C 쌓기나무의 최소 개수 구하기** |

7 위, 앞, 옆에서 본 모양이 오른쪽과 같도록
쌓기나무를 쌓으려고 합니다.
쌓기나무를 가장 적게 사용할 때
쌓기나무는 몇 개인지 구하세요.

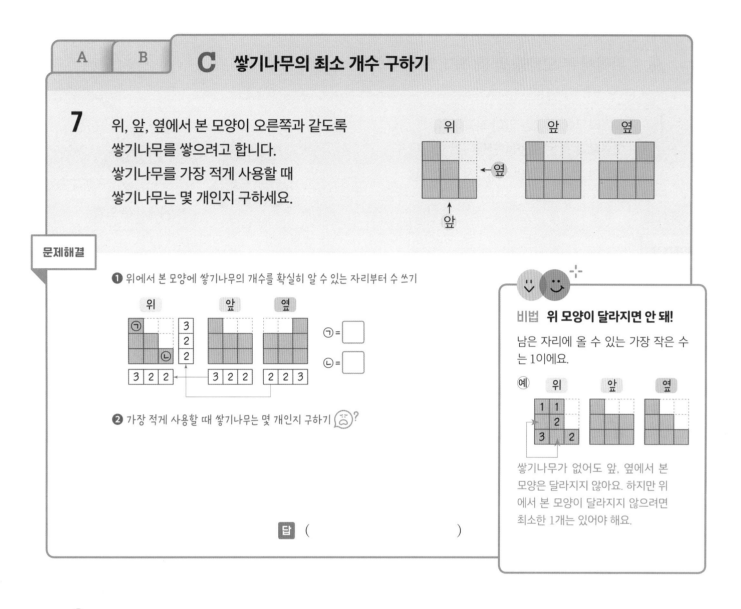

문제해결

❶ 위에서 본 모양에 쌓기나무의 개수를 확실히 알 수 있는 자리부터 수 쓰기

❷ 가장 적게 사용할 때 쌓기나무는 몇 개인지 구하기 ?

비법 위 모양이 달라지면 안 돼!

남은 자리에 올 수 있는 가장 작은 수
는 1이에요.

쌓기나무가 없어도 앞, 옆에서 본
모양은 달라지지 않아요. 하지만 위
에서 본 모양이 달라지지 않으려면
최소한 1개는 있어야 해요.

답 (   )

8 위, 앞, 옆에서 본 모양이 오른쪽과 같도록 쌓기나
무를 쌓으려고 합니다. 쌓기나무를 가장 적게 사
용할 때 쌓기나무는 몇 개인지 구하세요.

(   )

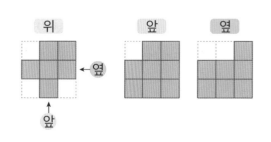

9 위, 앞, 옆에서 본 모양이 오른쪽과 같도록 쌓기나
무를 쌓으려고 합니다. 쌓기나무를 가장 많이 사
용할 때와 가장 적게 사용할 때의 개수의 차를 구
하세요.

(   )

보이지 않는 쌓기나무의 개수

A 위에서 본 모양을 알 때 최대 개수 구하기 A+

1 쌓기나무를 최대한 많이 사용하여
오른쪽과 같은 모양을 만들려고 합니다.
필요한 쌓기나무는 몇 개인지 구하세요.

위에서 본 모양

문제해결

❶ 위에서 본 모양에 쌓기나무의 개수를 확실히 알 수 있는
   자리부터 수 쓰기

❷ ❶의 그림에서 ㉠에 쌓을 수 있는 최대 개수 구하기 😵?

❸ 최대한 많이 사용할 때 필요한 쌓기나무의 개수 구하기

답 (   )

비법 보이지 않는 곳을 찾아!

위에서 본 모양에 자리는 있지만
쌓은 개수를 확실히 알 수 없는 자리를
찾아요.   └→ 보이지 않는 쌓기나무가
                있는 자리

이 자리에 최대 몇 개를
쌓을 수 있는지 구해요.

2 쌓기나무를 최대한 많이 사용하여 오른쪽과 같은 모양을
만들려고 합니다. 필요한 쌓기나무는 몇 개인지 구하세요.

(   )

위에서 본 모양

3 쌓기나무를 최대한 많이 사용하여 오른쪽과 같은 모양
을 만들려고 합니다. 필요한 쌓기나무는 몇 개인지 구하
세요.

(   )

위에서 본 모양

A+ 위에서 본 모양을 모를 때 최소, 최대 개수 구하기

4 오른쪽 모양에서 뒤쪽에 쌓은 쌓기나무는 보이지 않을 수 있습니다.
쌓기나무가 가장 적을 때와 가장 많을 때
쌓기나무는 각각 몇 개인지 차례로 구하세요.

문제해결

❶ 가장 적을 때 위에서 본 모양에 수를 쓰고 전체 개수 구하기

❷ 가장 많을 때 위에서 본 모양을 그리고 각 자리에 수 쓰기 (♨)?

같은 줄에 놓이는 뒷줄은 앞줄의
쌓기나무를 한 개씩 줄이면서 그려요.

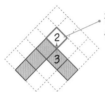

❸ 가장 많을 때 쌓기나무의 개수 구하기

답 (   ), (   )

비법 앞쪽에 많으면 뒤쪽이 안 보여!

보이지 않는 쌓기나무는 앞줄의 개수
가 뒷줄의 개수보다 많을 때 생겨요.

→ 1개가 될 때까지 뒤쪽
에 놓일 수 있어요.

→ 앞쪽이 한 개일 때에는
뒤쪽에 보이지 않는
쌓기나무가 없어요.

5 오른쪽 모양에서 뒤쪽에 쌓은 쌓기나무는 보이지 않을 수 있습니다. 쌓기나무가
가장 적을 때와 가장 많을 때 쌓기나무는 각각 몇 개인지 차례로 구하세요.

(   ), (   )

6 오른쪽 모양에서 뒤쪽에 쌓은 쌓기나무는 보이지 않을 수 있습니다. 쌓기나무가
가장 적을 때와 가장 많을 때 쌓기나무는 각각 몇 개인지 차례로 구하세요.

(   ), (   )

쌓기나무의 겉면

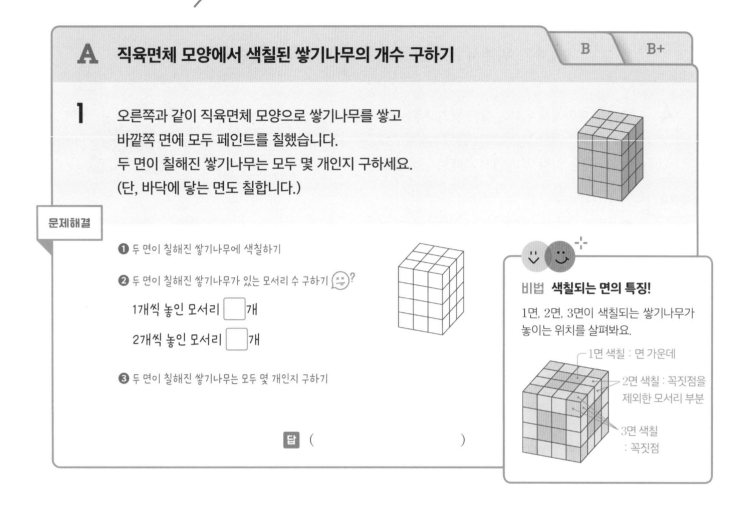

A 직육면체 모양에서 색칠된 쌓기나무의 개수 구하기

B   B+

1 오른쪽과 같이 직육면체 모양으로 쌓기나무를 쌓고
바깥쪽 면에 모두 페인트를 칠했습니다.
두 면이 칠해진 쌓기나무는 모두 몇 개인지 구하세요.
(단, 바닥에 닿는 면도 칠합니다.)

문제해결

❶ 두 면이 칠해진 쌓기나무에 색칠하기

❷ 두 면이 칠해진 쌓기나무가 있는 모서리 수 구하기 ?

1개씩 놓인 모서리 ☐ 개

2개씩 놓인 모서리 ☐ 개

❸ 두 면이 칠해진 쌓기나무는 모두 몇 개인지 구하기

답 (   )

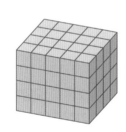

비법 색칠되는 면의 특징!

1면, 2면, 3면이 색칠되는 쌓기나무가
놓이는 위치를 살펴봐요.

―1면 색칠 : 면 가운데

―2면 색칠 : 꼭짓점을
제외한 모서리 부분

―3면 색칠
: 꼭짓점

2 오른쪽과 같이 직육면체 모양으로 쌓기나무를 쌓고 바깥쪽 면에 모두 페
인트를 칠했습니다. 두 면이 칠해진 쌓기나무는 모두 몇 개인지 구하세
요.(단, 바닥에 닿는 면도 칠합니다.)

(   )

3 오른쪽과 같이 정육면체 모양으로 쌓기나무를 쌓고 바깥쪽 면에 모두 페인트
를 칠했습니다. 한 면이 칠해진 쌓기나무는 모두 몇 개인지 구하세요.(단, 바
닥에 닿는 면도 칠합니다.)

(   )

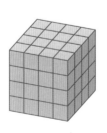

| A | **B** 쌓은 모양의 겉넓이 구하기 ①-가려진 면이 없을 때 | B+ |

4 오른쪽은 한 모서리의 길이가 1 cm인 쌓기나무 8개로 쌓은 모양입니다.
쌓은 모양의 겉넓이는 몇 cm²인지 구하세요.

문제해결

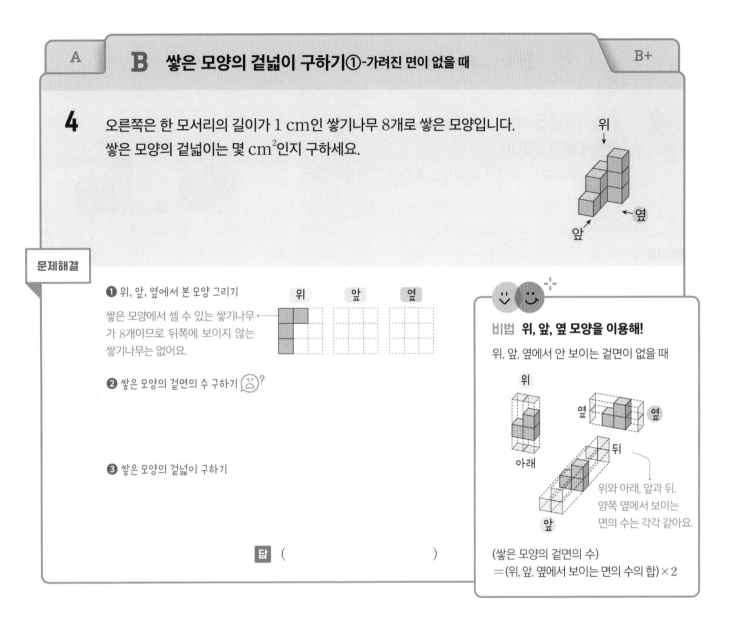

❶ 위, 앞, 옆에서 본 모양 그리기

쌓은 모양에서 셀 수 있는 쌓기나무
가 8개이므로 뒤쪽에 보이지 않는
쌓기나무는 없어요.

❷ 쌓은 모양의 겉면의 수 구하기

❸ 쌓은 모양의 겉넓이 구하기

답 (   )

비법 위, 앞, 옆 모양을 이용해!

위, 앞, 옆에서 안 보이는 겉면이 없을 때

위와 아래, 앞과 뒤,
양쪽 옆에서 보이는
면의 수는 각각 같아요.

(쌓은 모양의 겉면의 수)
＝(위, 앞, 옆에서 보이는 면의 수의 합)×2

5 오른쪽은 한 모서리의 길이가 1 cm인 쌓기나무 9개로 쌓은 모양입니다. 쌓
은 모양의 겉넓이는 몇 cm²인지 구하세요.

(   )

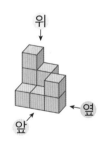

6 오른쪽은 한 모서리의 길이가 2 cm인 쌓기나무 10개로 쌓은 모양입니다.
쌓은 모양의 겉넓이는 몇 cm²인지 구하세요.

(   )

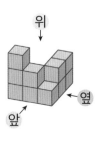

A	B

B+ **쌓은 모양의 겉넓이 구하기②**-가려진 면이 있을 때

7 한 모서리의 길이가 1 cm인 쌓기나무로 쌓은 모양과
위에서 본 모양입니다.
쌓기나무로 쌓은 모양의 겉넓이는 몇 cm^2인지 구하세요.

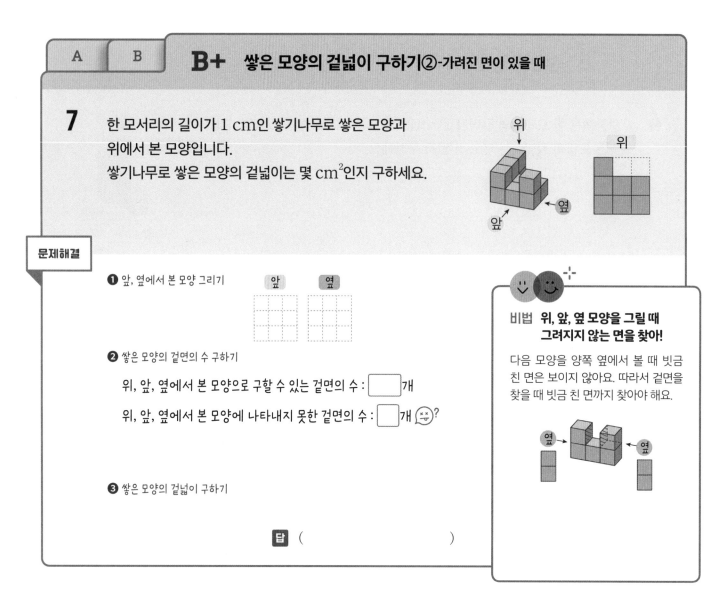

문제해결

❶ 앞, 옆에서 본 모양 그리기   앞   옆

❷ 쌓은 모양의 겉면의 수 구하기

위, 앞, 옆에서 본 모양으로 구할 수 있는 겉면의 수 : ☐ 개

위, 앞, 옆에서 본 모양에 나타내지 못한 겉면의 수 : ☐ 개 😵?

❸ 쌓은 모양의 겉넓이 구하기

답 (   )

😊 😊 ✦

비법 **위, 앞, 옆 모양을 그릴 때
그려지지 않는 면을 찾아!**

다음 모양을 양쪽 옆에서 볼 때 빗금
친 면은 보이지 않아요. 따라서 겉면을
찾을 때 빗금 친 면까지 찾아야 해요.

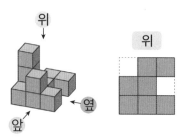

8 한 모서리의 길이가 1 cm인 쌓기나무로 쌓은 모양과 위에서
본 모양입니다. 쌓기나무로 쌓은 모양의 겉넓이는 몇 cm^2인
지 구하세요.

(   )

9 한 모서리의 길이가 1 cm인 쌓기나무로 쌓은 모양과 위에서
본 모양입니다. 쌓기나무로 쌓은 모양의 겉넓이는 몇 cm^2인
지 구하세요.

(   )

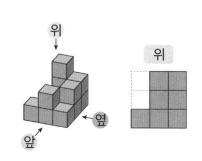

01

유형 01 Ⓐ

가와 나 모양과 똑같이 쌓는 데 필요한 쌓기나무의 개수의 차를 구하세요.

가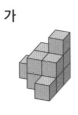

위에서 본 모양

나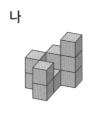

위에서 본 모양

(   )

02

유형 01 Ⓒ

왼쪽 정육면체 모양에서 쌓기나무를 몇 개 빼냈더니 오른쪽 모양이 되었습니다. 빼낸 쌓기나무는 몇 개인지 구하세요.

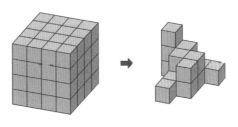

(   )

03

유형 02 Ⓐ

쌓기나무로 쌓은 1층과 3층 모양을 나타낸 것입니다. 2층에 놓인 쌓기나무가 5개일 때 2층 모양이 될 수 있는 경우를 모두 그려 보세요.

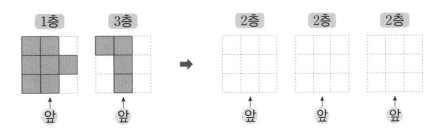

04 쌓기나무로 쌓은 모양을 층별로 나타낸 모양입니다. 쌓은 모양을 앞과 옆에서 본 모양을 각각 그려 보세요.

유형 02 **C**

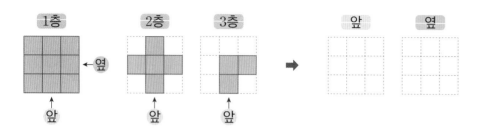

05 쌓기나무로 쌓은 모양을 위, 앞, 옆에서 본 모양입니다. 2층과 3층의 모양을 각각 그려 보세요.

유형 02 **D**

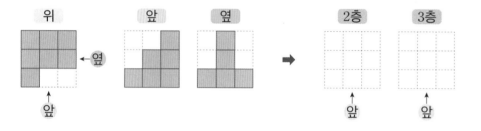

06 쌓기나무 11개로 쌓은 모양을 위와 앞에서 본 모양입니다. 옆에서 본 모양을 그려 보세요.

유형 03 **A**

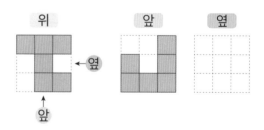

07 위, 앞, 옆에서 본 모양이 다음과 같도록 쌓기나무를 쌓으려고 합니다. 쌓기나무를 가장 많이 사용할 때와 가장 적게 사용할 때 쌓기나무의 개수를 각각 구하세요.

유형 03 **C**

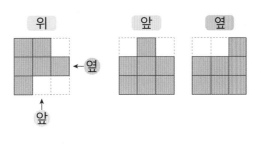

가장 많이 사용할 때 (   )

가장 적게 사용할 때 (   )

08 오른쪽과 같이 정육면체 모양으로 쌓기나무를 쌓고 바깥쪽 면에 모두 페인트를 칠했습니다. 세 면이 칠해진 쌓기나무는 모두 몇 개인지 구하세요.(단, 바닥에 닿는 면도 칠합니다.)

유형 05 **A**

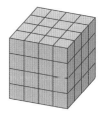

(   )

09 위, 앞, 옆에서 본 모양이 다음과 같도록 쌓기나무를 쌓으려고 합니다. 만들 수 있는 모양은 모두 몇 가지인지 구하세요.

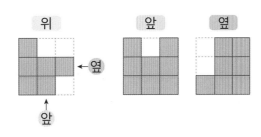

(   )

비례식과 비례배분

학습기록표

유형 01	학습일
	학습평가

비율이 같은 비

A	조건에 알맞은 비
B	전항과 후항의 합(차)
B+	전항과 후항의 합(차) 이용

유형 02	학습일
	학습평가

간단한 자연수의 비로 나타내기

A	길이의 비
B	겹친 도형의 넓이의 비
C	원래 가격의 비

유형 03	학습일
	학습평가

비례식의 활용

A	비가 주어질 때
A+	비가 주어지지 않을 때

유형 04	학습일
	학습평가

실생활에서 비례식의 활용

A	걸린 시간
B	실제 거리
C	회전수
D	잘못된 시각

유형 05	학습일
	학습평가

비례배분의 활용

A	남은 양 이용
B	자연수의 비 이용
C	곱셈식 이용
D	달라진 비 이용

유형 06	학습일
	학습평가

도형에서 비례식과 비례배분의 활용

A	넓이의 비 이용
B	넓이 구하기
B+	길이 구하기
B++	길이의 비 이용

유형 07	학습일
	학습평가

비례배분하기 전의 양 구하기

A	어떤 수
B	전체 이익금

유형 마스터	학습일
	학습평가

비례식과 비례배분

A 조건에 알맞은 비 구하기

B　B+

1 12 : 30과 비율이 같은 비를 구하려고 합니다.
각 항이 자연수로 이루어진 비 중에서 전항이 10보다 작은 비를 모두 구하세요.

문제해결

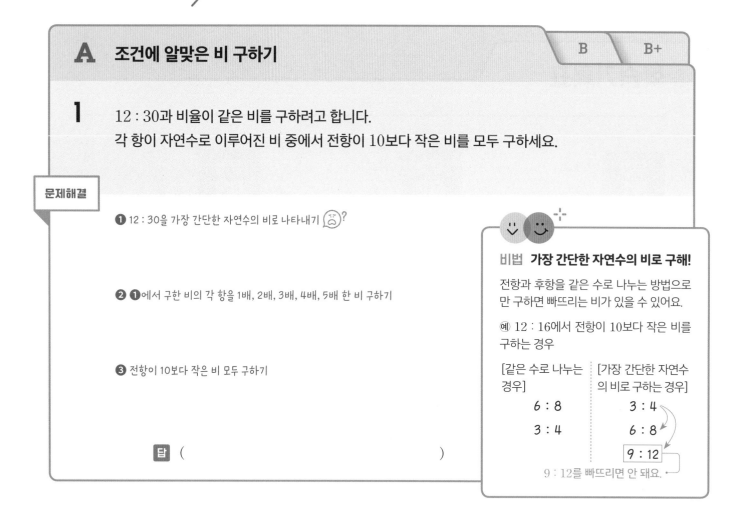

❶ 12 : 30을 가장 간단한 자연수의 비로 나타내기 😖?

❷ ❶에서 구한 비의 각 항을 1배, 2배, 3배, 4배, 5배 한 비 구하기

❸ 전항이 10보다 작은 비 모두 구하기

답 (　　　　　　　　　　　　　)

비법 가장 간단한 자연수의 비로 구해!

전항과 후항을 같은 수로 나누는 방법으로
만 구하면 빠뜨리는 비가 있을 수 있어요.

예 12 : 16에서 전항이 10보다 작은 비를
구하는 경우

[같은 수로 나누는　　[가장 간단한 자연수
경우]　　　　　　　의 비로 구하는 경우]

6 : 8　　　　　　　3 : 4

3 : 4　　　　　　　6 : 8

9 : 12

9 : 12를 빠뜨리면 안 돼요.

2 20 : 45와 비율이 같은 비를 구하려고 합니다. 각 항이 자연수로 이루어진 비 중에서 후항이 30
보다 작은 비를 모두 구하세요.

(　　　　　　　　　　　　　)

3 56 : 24와 비율이 같은 비를 구하려고 합니다. 각 항이 자연수로 이루어진 비 중에서 전항이 15
보다 크고 25보다 작은 비를 구하세요.

(　　　　　　　　　　　　　)

B 전항과 후항의 합(차)을 만족하는 비 구하기

A   B+

4 9 : 7과 비율이 같은 비 중에서 전항과 후항의 차가 8인 비를 구하세요.

문제해결

❶ 비의 성질을 이용하여 9 : 7과 비율이 같은 비 구하기

18 : [   ], [   ] : 21, 36 : [   ], …

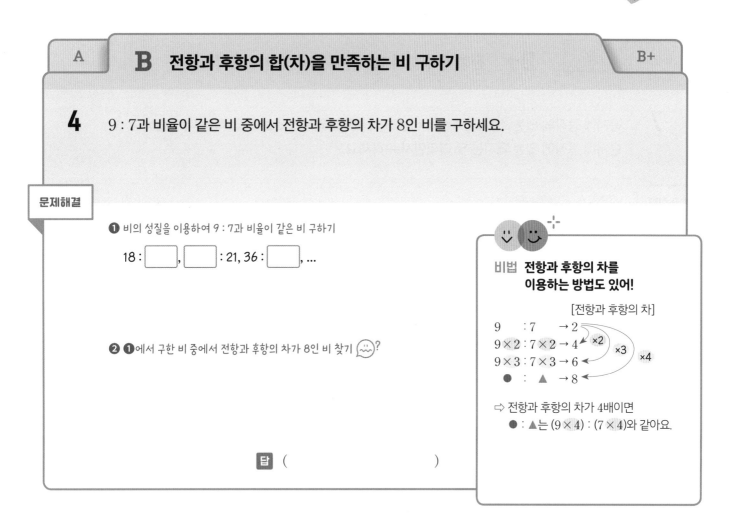

비법 전항과 후항의 차를
이용하는 방법도 있어!

[전항과 후항의 차]

$9 \quad : 7 \quad \rightarrow 2$
$9 \times 2 : 7 \times 2 \rightarrow 4$ ×2
$9 \times 3 : 7 \times 3 \rightarrow 6$ ×3 ×4
$● \quad : \quad ▲ \quad \rightarrow 8$

⇨ 전항과 후항의 차가 4배이면
● : ▲는 $(9 \times 4) : (7 \times 4)$와 같아요.

❷ ❶에서 구한 비 중에서 전항과 후항의 차가 8인 비 찾기 ?

답 (   )

5 6 : 13과 비율이 같은 비 중에서 전항과 후항의 합이 76인 비를 구하세요.

(   )

6 5 : 8과 비율이 같은 비 중에서 전항과 후항의 차가 9인 비가 있습니다. 이 비의 전항과 후항의 합을 구하세요.

(   )

A　　B　　**B+**　　**전항과 후항의 합(차)을 이용하여 구하기**

7　윤서네 농장에 있는 소와 돼지 수의 비는 3 : 10이고 돼지가 소보다 21마리 더 많습니다.
윤서네 농장에 있는 돼지는 몇 마리인지 구하세요.

문제해결

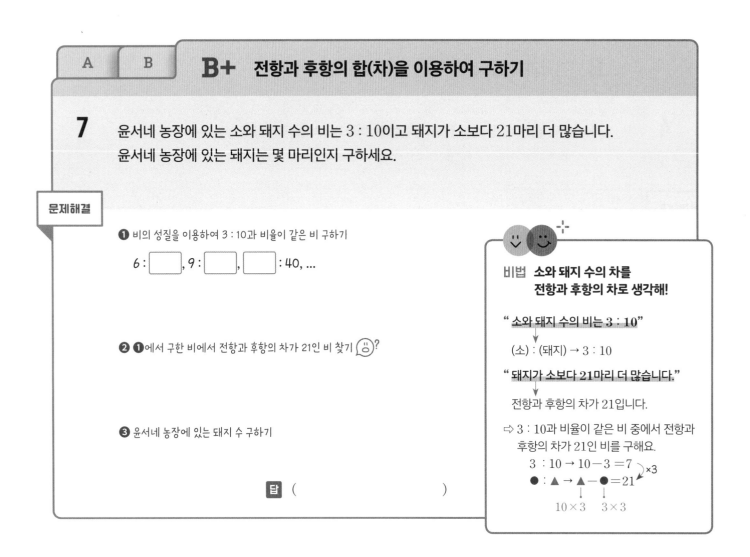

❶ 비의 성질을 이용하여 3 : 10과 비율이 같은 비 구하기

6 : [　　], 9 : [　　], [　　] : 40, ...

❷ ❶에서 구한 비에서 전항과 후항의 차가 21인 비 찾기 😅?

❸ 윤서네 농장에 있는 돼지 수 구하기

답 (　　　　　　　　　　)

비법　소와 돼지 수의 차를
전항과 후항의 차로 생각해!

" 소와 돼지 수의 비는 3 : 10"
　　↓
(소) : (돼지) → 3 : 10

" 돼지가 소보다 21마리 더 많습니다."
　　↓
전항과 후항의 차가 21입니다.

⇨ 3 : 10과 비율이 같은 비 중에서 전항과
후항의 차가 21인 비를 구해요.

3 : 10 → 10−3 =7 ⎞ ×3
● : ▲ → ▲−● =21 ⎠
　　　↓　　↓
　10×3　3×3

8　솔이의 몸무게와 고양이의 무게의 비는 11 : 2입니다. 솔이와 고양이가 같이 저울에 올라가 무게
를 쟀더니 52 kg입니다. 고양이의 무게는 몇 kg인지 구하세요.

(　　　　　　　　　　)

9　올해 하준이와 삼촌의 나이의 비는 3 : 7이고, 나이의 합은 40살입니다. 올해 하준이와 삼촌의 나
이의 차는 몇 살인지 구하세요.

(　　　　　　　　　　)

간단한 자연수의 비로 나타내기

A 길이의 비 구하기

B   C

1 도하가 가진 끈의 길이는 수아가 가진 끈의 길이의 4.5배입니다.
수아가 가진 끈과 도하가 가진 끈의 길이의 비를 간단한 자연수의 비로 나타내세요.

문제해결

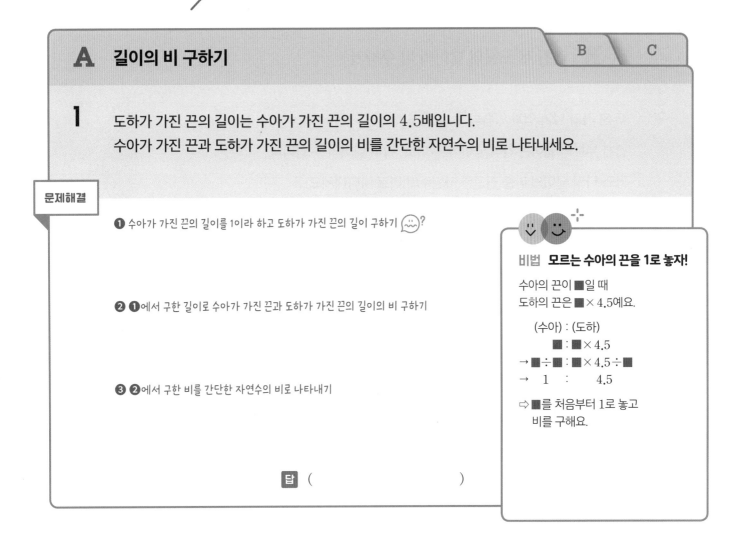

❶ 수아가 가진 끈의 길이를 1이라 하고 도하가 가진 끈의 길이 구하기 😴?

❷ ❶에서 구한 길이로 수아가 가진 끈과 도하가 가진 끈의 길이의 비 구하기

❸ ❷에서 구한 비를 간단한 자연수의 비로 나타내기

비법 모르는 수아의 끈을 1로 놓자!

수아의 끈이 ■일 때
도하의 끈은 ■ × 4.5예요.

(수아) : (도하)
■ : ■ × 4.5
→ ■ ÷ ■ : ■ × 4.5 ÷ ■
→   1 :   4.5

⇨ ■를 처음부터 1로 놓고
비를 구해요.

답 (   )

2 초록색 수수깡의 길이는 파란색 수수깡 길이의 3.25배입니다. 파란색 수수깡과 초록색 수수깡의 길이의 비를 간단한 자연수의 비로 나타내세요.

(   )

3 직사각형 모양 교통 카드의 가로는 세로의 1.6배입니다. 이 교통 카드의 세로와 둘레의 비를 간단한 자연수의 비로 나타내세요.

(   )

B 겹친 두 도형의 넓이의 비 구하기

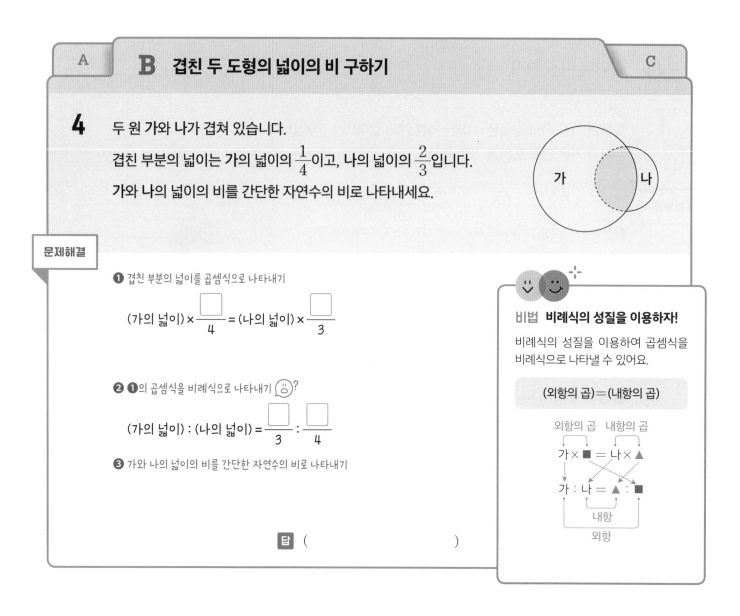

4 두 원 **가**와 **나**가 겹쳐 있습니다.

겹친 부분의 넓이는 **가**의 넓이의 $\frac{1}{4}$이고, **나**의 넓이의 $\frac{2}{3}$입니다.

가와 **나**의 넓이의 비를 간단한 자연수의 비로 나타내세요.

문제해결

❶ 겹친 부분의 넓이를 곱셈식으로 나타내기

(가의 넓이) × $\dfrac{\boxed{}}{4}$ = (나의 넓이) × $\dfrac{\boxed{}}{3}$

❷ ❶의 곱셈식을 비례식으로 나타내기

(가의 넓이) : (나의 넓이) = $\dfrac{\boxed{}}{3}$: $\dfrac{\boxed{}}{4}$

❸ 가와 나의 넓이의 비를 간단한 자연수의 비로 나타내기

답 (   )

비법 비례식의 성질을 이용하자!

비례식의 성질을 이용하여 곱셈식을
비례식으로 나타낼 수 있어요.

(외항의 곱)=(내항의 곱)

외항의 곱   내항의 곱

가 × ■ = 나 × ▲

가 : 나 = ▲ : ■

내항

외항

5 두 직사각형 **가**와 **나**가 겹쳐 있습니다. 겹친 부분의 넓이는 **가**의 넓이의 $\frac{3}{5}$이고, **나**의 넓이의 $\frac{2}{7}$입니다. **가**와 **나**의 넓이의 비를 간단한 자연수의 비로 나타내세요.

(   )

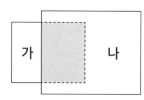

6 원 **가**와 직사각형 **나**가 겹쳐 있습니다. 겹친 부분의 넓이는 **가**의 넓이의 $\frac{1}{3}$이고, **나**의 넓이의 $40\,\%$입니다. **가**와 **나**의 넓이의 비를 간단한 자연수의 비로 나타내세요. $\dfrac{40}{100}=\dfrac{2}{5}$

(   )

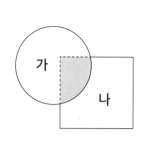

A	B	**C** 원래 가격의 비 구하기

7 선물 가게에서 곰 인형 한 개를 원래 가격의 20 %만큼 할인하여 판매한 가격과
강아지 로봇 한 개를 원래 가격의 5 %만큼 인상하여 판매한 가격이 같습니다.
곰 인형 한 개와 강아지 로봇 한 개의 원래 가격의 비를 간단한 자연수의 비로 나타내세요.

문제해결

❶ 할인하여 판매한 금액과 인상하여 판매한 금액을 곱셈식으로 나타내기

(곰 인형의 원래 가격) × 0.8 = (강아지 로봇의 원래 가격) × ☐

❷ ❶의 곱셈식을 비례식으로 나타내기

(곰 인형의 원래 가격) : (강아지 로봇의 원래 가격) = ☐ : ☐

❸ 곰 인형과 강아지 로봇의 원래 가격의 비를 간단한 자연수의 비로 나타내기

답 (   )

> **비법** 원래 가격을 100 %로 하자!
>
> 원래 가격을 100 %라 하고,
> 판매 가격을 원래 가격의 ■ %로
> 나타내요.
>
> [20 % 할인]   [5 % 인상]
>
> 원래 가격의 80 %
>
> 원래 가격의 105 %

8 어느 빵집에서 소금빵 한 개를 원래 가격의 20 %만큼 인상하여 판매한 금액과 크림빵 한 개를
원래 가격의 25 %만큼 할인하여 판매한 금액이 같습니다. 소금빵 한 개와 크림빵 한 개의 원래
가격의 비를 간단한 자연수의 비로 나타내세요.

(   )

9 어느 서점에서 소설책 한 권은 원래 가격의 10 %만큼 할인하고, 동화책 한 권은 원래 가격의
30 %만큼 할인했더니 두 책의 판매 가격이 같아졌습니다. 소설책 한 권과 동화책 한 권의 원래
가격의 비를 간단한 자연수의 비로 나타내세요.

(   )

비례식의 활용

A 비를 알 때 비례식 활용하기   A+

1 동물원에 있는 얼룩말 수와 펭귄 수의 비가 $\frac{1}{4} : \frac{2}{5}$입니다.

펭귄이 32마리일 때 얼룩말은 몇 마리인지 구하세요.

문제해결

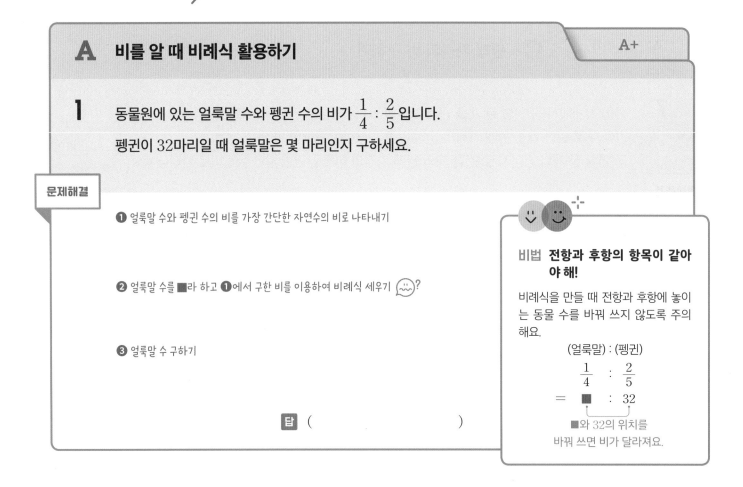

❶ 얼룩말 수와 펭귄 수의 비를 가장 간단한 자연수의 비로 나타내기

❷ 얼룩말 수를 ■라 하고 ❶에서 구한 비를 이용하여 비례식 세우기 🙂?

❸ 얼룩말 수 구하기

답 (   )

비법 **전항과 후항의 항목이 같아야 해!**

비례식을 만들 때 전항과 후항에 놓이는 동물 수를 바꿔 쓰지 않도록 주의해요.

(얼룩말) : (펭귄)

$$\frac{1}{4} : \frac{2}{5}$$
$$= \ ■ \ : \ 32$$

■와 32의 위치를
바꿔 쓰면 비가 달라져요.

2 봉지에 들어 있는 사탕 수와 캐러멜 수의 비가 1.4 : 1.05입니다. 캐러멜이 27개일 때 사탕은 몇 개인지 구하세요.

(   )

3 건하와 연우가 붙임딱지를 $2\frac{4}{5} : 3.6$으로 나누어 가졌습니다. 건하가 붙임딱지를 42장 가졌다면 연우가 가진 붙임딱지는 몇 장인지 구하세요.

(   )

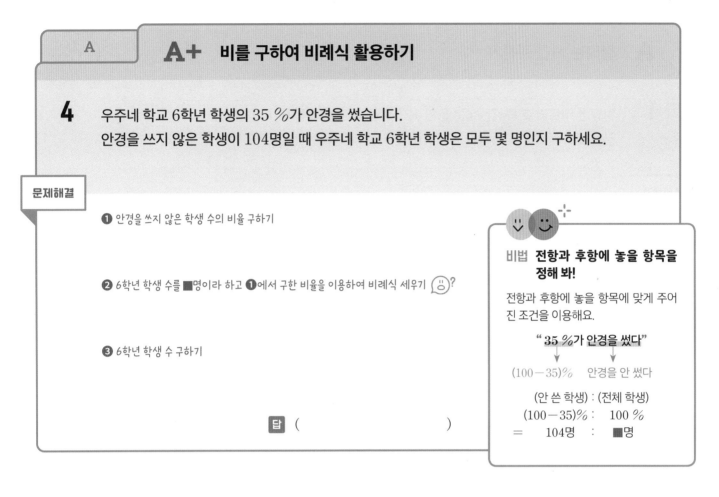

A A+ 비를 구하여 비례식 활용하기

4 우주네 학교 6학년 학생의 35 %가 안경을 썼습니다.
안경을 쓰지 않은 학생이 104명일 때 우주네 학교 6학년 학생은 모두 몇 명인지 구하세요.

문제해결

❶ 안경을 쓰지 않은 학생 수의 비율 구하기

❷ 6학년 학생 수를 ■명이라 하고 ❶에서 구한 비율을 이용하여 비례식 세우기

❸ 6학년 학생 수 구하기

답 (   )

비법 전항과 후항에 놓을 항목을 정해 봐!

전항과 후항에 놓을 항목에 맞게 주어진 조건을 이용해요.

" 35 %가 안경을 썼다"

(100−35)% 안경을 안 썼다

(안 쓴 학생) : (전체 학생)
(100−35)% : 100 %
= 104명 : ■명

---

5 설아는 가지고 있던 구슬의 20 %를 동생에게 주었습니다. 동생에게 주고 남은 구슬이 36개일 때 설아가 처음에 가지고 있던 구슬은 몇 개인지 구하세요.

(   )

---

6 꽃집에 있는 빨간 장미 수에 대한 노란 장미 수의 비율이 $\frac{6}{7}$입니다. 빨간 장미가 98송이 있을 때 빨간 장미와 노란 장미는 모두 몇 송이인지 구하세요.

(   )

A 걸리는 시간 구하기

B C D

1 일정한 빠르기로 1시간 24분 동안 126 km를 가는 자동차가 있습니다.
같은 빠르기로 이 자동차가 177 km를 가는 데 걸리는 시간은 몇 시간 몇 분인지 구하세요.

문제해결

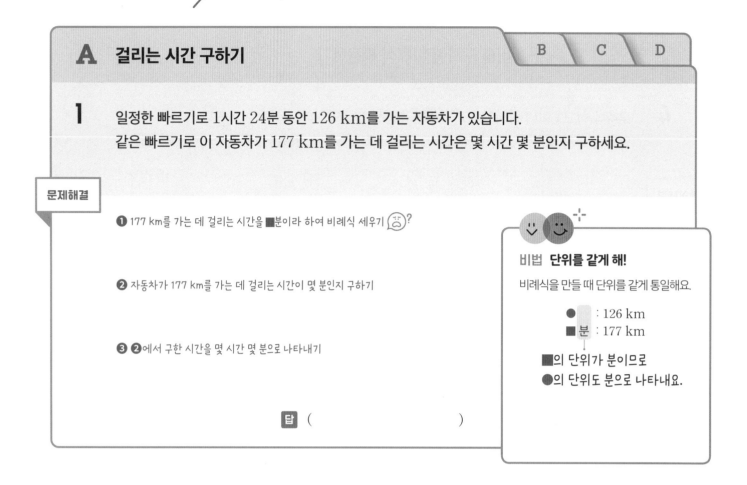

❶ 177 km를 가는 데 걸리는 시간을 ■분이라 하여 비례식 세우기 (☺)?

❷ 자동차가 177 km를 가는 데 걸리는 시간이 몇 분인지 구하기

❸ ❷에서 구한 시간을 몇 시간 몇 분으로 나타내기

답 (   )

비법 단위를 같게 해!

비례식을 만들 때 단위를 같게 통일해요.

●　　 : 126 km
■ 분 : 177 km

■의 단위가 분이므로
●의 단위도 분으로 나타내요.

2 일정한 빠르기로 1시간 15분 동안 105 km를 가는 버스가 있습니다. 같은 빠르기로 이 버스가 196 km를 가는 데 걸리는 시간은 몇 시간 몇 분인지 구하세요.

(   )

3 일정한 빠르기로 36분 동안 84 km를 가는 기차가 있습니다. 같은 빠르기로 이 기차가 1시간 45분 동안 가는 거리는 몇 km인지 구하세요.

(   )

| A | **B** 실제 거리 구하기 | C | D |

4
↱ 실제 거리를 지도에 줄여서 나타낸 비율
축척이 1 : 5000인 지도에서 자로 거리를 재어 보면
학교에서 문구점까지는 4 cm, 문구점에서 마트까지는 3 cm입니다.
학교에서 출발하여 문구점을 거쳐 마트까지 가는 실제 거리는 몇 m인지 구하세요.

문제해결

❶ 학교에서 출발하여 문구점을 거쳐 마트까지 가는 지도에서의 거리 구하기

❷ 학교에서 출발하여 문구점을 거쳐 마트까지 가는 실제 거리는 몇 cm인지 구하기

❸ 학교에서 출발하여 문구점을 거쳐 마트까지 가는 실제 거리는 몇 m인지 구하기

답 (   )

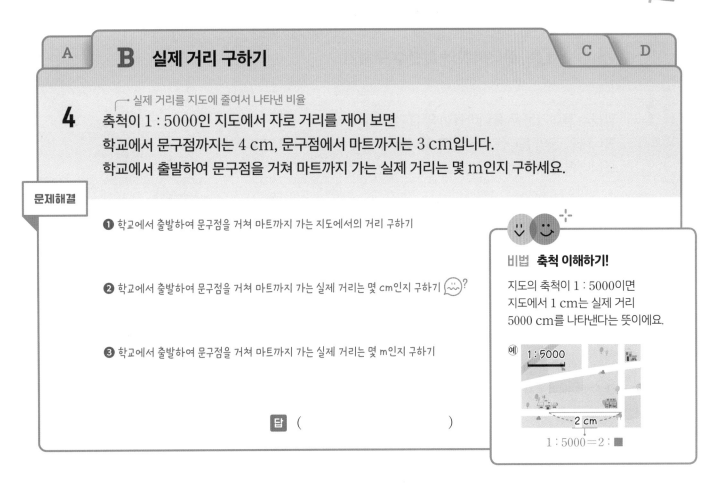

비법 축척 이해하기!

지도의 축척이 1 : 5000이면
지도에서 1 cm는 실제 거리
5000 cm를 나타낸다는 뜻이에요.

예
1 : 5000
2 cm
1 : 5000 = 2 : ■

5 축척이 1 : 25000인 지도에서 자로 거리를 재어 보면 버스 정류장에서 영화관까지는 2 cm, 영화관에서 공원까지는 7 cm입니다. 버스 정류장에서 출발하여 영화관을 거쳐 공원까지 가는 실제 거리는 몇 km인지 구하세요.

(   )

6 오른쪽은 축척이 1 : 50000인 지도에서 도서관, 우체국, 병원 사이의 거리를 자로 재어 나타낸 것입니다. 도서관에서 출발하여 우체국을 거쳐 병원까지 가는 실제 거리와 도서관에서 병원까지 바로 가는 실제 거리의 차는 몇 km인지 구하세요.

(   )

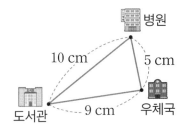

병원
10 cm
5 cm
도서관
9 cm
우체국

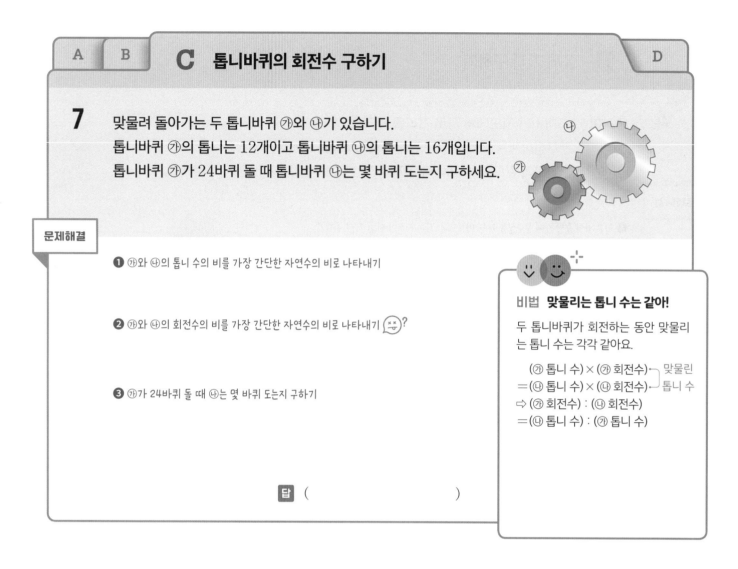

C 톱니바퀴의 회전수 구하기

A B D

7 맞물려 돌아가는 두 톱니바퀴 ㉮와 ㉯가 있습니다.
톱니바퀴 ㉮의 톱니는 12개이고 톱니바퀴 ㉯의 톱니는 16개입니다.
톱니바퀴 ㉮가 24바퀴 돌 때 톱니바퀴 ㉯는 몇 바퀴 도는지 구하세요.

문제해결

❶ ㉮와 ㉯의 톱니 수의 비를 가장 간단한 자연수의 비로 나타내기

❷ ㉮와 ㉯의 회전수의 비를 가장 간단한 자연수의 비로 나타내기

❸ ㉮가 24바퀴 돌 때 ㉯는 몇 바퀴 도는지 구하기

답 (   )

비법 맞물리는 톱니 수는 같아!

두 톱니바퀴가 회전하는 동안 맞물리
는 톱니 수는 각각 같아요.

(㉮ 톱니 수) × (㉮ 회전수) ┐ 맞물린
= (㉯ 톱니 수) × (㉯ 회전수) ┘ 톱니 수
⇨ (㉮ 회전수) : (㉯ 회전수)
= (㉯ 톱니 수) : (㉮ 톱니 수)

8 맞물려 돌아가는 두 톱니바퀴 ㉮와 ㉯가 있습니다. 톱니바퀴 ㉮의 톱니는 40개이고 톱니바퀴 ㉯의
톱니는 25개입니다. 톱니바퀴 ㉯가 32바퀴 돌 때 톱니바퀴 ㉮는 몇 바퀴 도는지 구하세요.

(   )

9 맞물려 돌아가는 두 톱니바퀴 ㉮와 ㉯가 있습니다. 톱니바퀴 ㉮가 21바퀴 돌 때 톱니바퀴 ㉯는
27바퀴 돕니다. 톱니바퀴 ㉮의 톱니가 45개일 때 톱니바퀴 ㉯의 톱니는 몇 개인지 구하세요.

(   )

| A | B | C | **D 느리거나 빠른 시계의 시각 구하기** |

문제해결

10 하루에 8분씩 느려지는 시계가 있습니다.
이 시계를 오전 9시에 정확히 맞추었다면
다음 날 오후 3시에 이 시계가 가리키는 시각은 오후 몇 시 몇 분인지 구하세요.

❶ 오전 9시부터 다음 날 오후 3시까지는 몇 시간인지 구하기

❷ 오전 9시부터 다음 날 오후 3시까지 느려지는 시간 구하기 😳?

❸ 다음 날 오후 3시에 이 시계가 가리키는 시각 구하기

🄳 오후 (   )

비법 단위를 같게 만들어!

비례식을 세울 때 시간의 단위를 같게 맞춰야 해요.

하루에	오전 9시에서 다음 날 오후 3시까지
8분	□분
↓	↓

1일 : 8분 = 30시간 : □분
24시간 : 8분 = 30시간 : □분

하루를 시간으로 바꿔요.

11 하루에 3분씩 빨라지는 시계가 있습니다. 이 시계를 오후 3시에 정확히 맞추었다면 다음 날 오후 11시에 이 시계가 가리키는 시각은 오후 몇 시 몇 분인지 구하세요.

오후 (   )

12 2일에 12분씩 느려지는 시계가 있습니다. 이 시계를 오후 6시 30분에 정확히 맞추었다면 다음 날 오전 10시 30분에 이 시계가 가리키는 시각은 오전 몇 시 몇 분인지 구하세요.

오전 (   )

비례배분의 활용

A 남은 양을 비례배분하기

B C D

1 은채는 공책을 27권 가지고 있었는데 그중 $\frac{1}{3}$을 지유에게 주고,
남은 공책을 건이와 은채가 4 : 5로 나누어 가졌습니다.
건이와 은채가 나누어 가진 공책은 각각 몇 권인지 구하세요.

문제해결

❶ 은채가 지유에게 주고 남은 공책 수 구하기

❷ 건이와 은채가 나누어 가진 공책 수 구하기 ?

답 건이 (   ), 은채 (   )

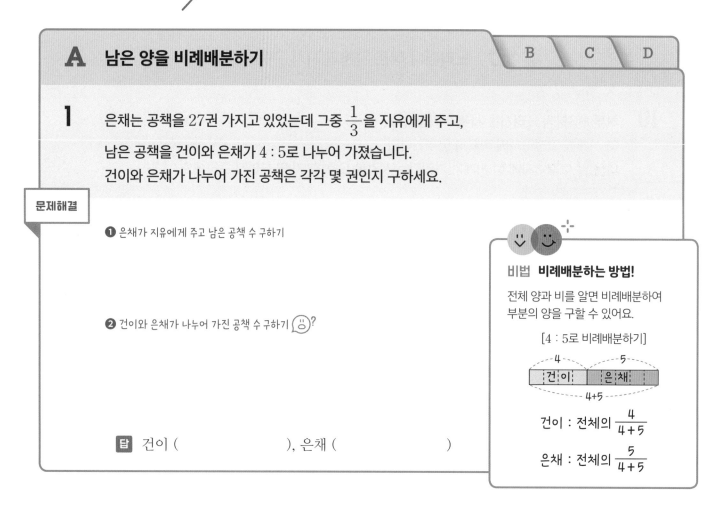

비법 비례배분하는 방법!

전체 양과 비를 알면 비례배분하여
부분의 양을 구할 수 있어요.

[4 : 5로 비례배분하기]

건이 : 전체의 $\frac{4}{4+5}$

은채 : 전체의 $\frac{5}{4+5}$

2 수현이는 젤리를 52개 가지고 있었는데 그중 $\frac{1}{4}$을 먹고, 남은 젤리를 누나와 동생에게 6 : 7로 나누어 주었습니다. 누나와 동생에게 준 젤리는 각각 몇 개인지 구하세요.

누나 (   ), 동생 (   )

3 다온이는 연필을 10상자 가지고 있었는데 그중 $\frac{1}{5}$을 선호에게 주고, 남은 연필을 민지와 소이에게 5 : 3으로 나누어 주었습니다. 다온이는 민지와 소이에게 연필을 각각 몇 자루씩 주었는지 구하세요.(단, 연필 1상자에는 12자루씩 들어 있습니다.)

민지 (   ), 소이 (   )

| A | **B** 비례배분을 이용하여 두 양의 차 구하기 | C | D |

4 태오네 가족이 한 달 동안 마신 물과 우유의 양의 비는 3.6 : 2입니다.
태오네 가족이 한 달 동안 마신 물과 우유의 양이 모두 238 L일 때
한 달 동안 마신 우유의 양은 물의 양보다 몇 L 더 적은지 구하세요.

문제해결

❶ 물과 우유의 양의 비를 가장 간단한 자연수의 비로 나타내기

❷ 우유의 양은 물의 양보다 몇 L 더 적은지 구하기 😖?

답 (   )

비법 두 비율의 차를 이용해!

전체를 ● : ▲(● > ▲)로 비례배분할 때

두 양의 차는 $\dfrac{●-▲}{●+▲}$ 로 구할 수 있어요.

예 7 : 5로 비례배분할 때

부분의 비율은 $\dfrac{7}{7+5}$, $\dfrac{5}{7+5}$ 이므로

두 항의 차

두 양의 차는 전체의 $\dfrac{7-5}{7+5}$ 예요.

두 항의 합

5 햇살 농장에서 수확한 감자와 고구마의 양의 비는 $7 : 9\dfrac{4}{5}$ 입니다. 수확한 감자와 고구마의 양이

모두 192 kg일 때 수확한 고구마의 양은 감자의 양보다 몇 kg 더 많은지 구하세요.

(   )

6 현서가 일주일 동안 식사한 시간과 잠을 잔 시간의 비는 $2\dfrac{1}{4} : 7.5$ 입니다. 현서가 일주일 동안 식

사하고 잠을 잔 시간이 모두 91시간일 때 식사한 시간은 잠을 잔 시간보다 몇 시간 더 적은지 구

하세요.

(   )

| A | B | **C 곱셈식을 비례식으로 나타내어 비례배분하기** | D |

7 색종이 132장을 연아와 준수가 모두 나누어 가졌습니다.

연아가 가진 색종이 수는 준수가 가진 색종이 수의 $\frac{4}{7}$입니다.

준수가 가진 색종이는 몇 장인지 구하세요.

문제해결

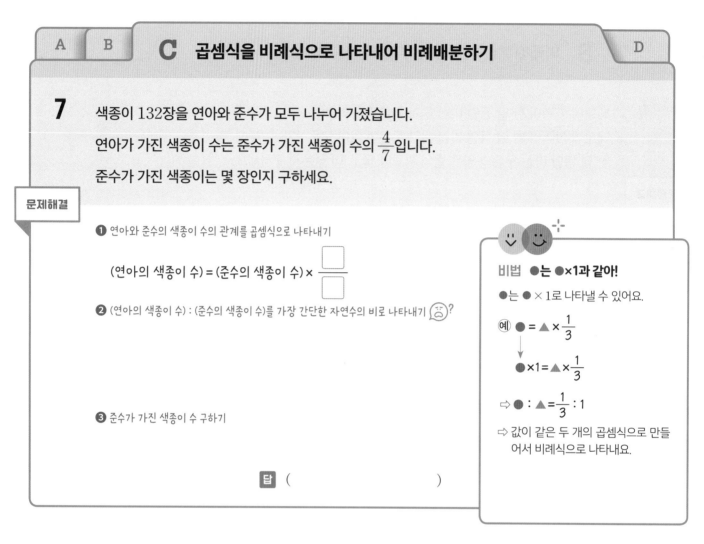

❶ 연아와 준수의 색종이 수의 관계를 곱셈식으로 나타내기

(연아의 색종이 수) = (준수의 색종이 수) × $\dfrac{\square}{\square}$

❷ (연아의 색종이 수) : (준수의 색종이 수)를 가장 간단한 자연수의 비로 나타내기 ?

❸ 준수가 가진 색종이 수 구하기

답 (   )

비법 ●는 ●×1과 같아!

●는 ● × 1로 나타낼 수 있어요.

예 ● = ▲ × $\dfrac{1}{3}$

↓

● × 1 = ▲ × $\dfrac{1}{3}$

⇨ ● : ▲ = $\dfrac{1}{3}$: 1

⇨ 값이 같은 두 개의 곱셈식으로 만들어서 비례식으로 나타내요.

8 ┌→ (소금의 양) + (물의 양)

소금물 260 g이 있습니다. 이 중에서 소금의 양은 물의 양의 $\frac{5}{8}$입니다. 소금물에 들어 있는 물의 양은 몇 g인지 구하세요.

(   )

9 민지와 동생의 나이의 합은 16살이고, 민지의 나이는 동생의 나이의 3배입니다. 언니의 나이는 민지의 나이보다 5살 더 많습니다. 언니의 나이는 몇 살인지 구하세요.

(   )

A	B	C	**D** 달라진 비를 이용하여 비례배분하기

10 작은 어항과 큰 어항에 물고기가 각각 16마리씩 있었습니다.
작은 어항에 있는 물고기 몇 마리를 큰 어항으로 옮겼더니
작은 어항과 큰 어항에 있는 물고기 수의 비가 3 : 5가 되었습니다.
작은 어항에서 큰 어항으로 옮긴 물고기는 몇 마리인지 구하세요.

문제해결

❶ 전체 물고기 수 구하기

❷ 물고기를 옮긴 후 작은 어항에 있는 물고기 수 구하기

❸ 작은 어항에서 큰 어항으로 옮긴 물고기 수 구하기

답 (   )

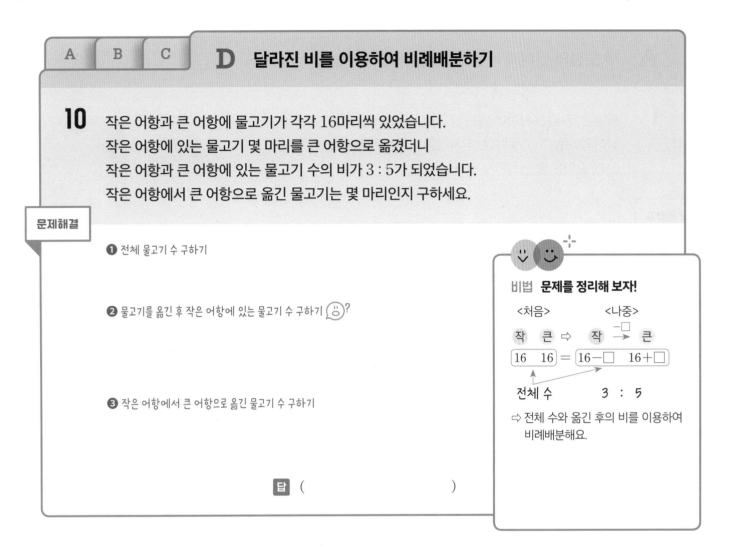

비법 **문제를 정리해 보자!**

<처음>   <나중>

작 큰 ⇨ 작 →□ 큰

| 16 | 16 | = | 16−□ | 16+□ |

전체 수   3 : 5

⇨ 전체 수와 옮긴 후의 비를 이용하여 비례배분해요.

11 이수와 동하는 초콜릿을 각각 30개씩 가지고 있었습니다. 동하가 이수에게 초콜릿을 몇 개 주었더니 이수와 동하가 가진 초콜릿 수의 비가 8 : 7이 되었습니다. 동하가 이수에게 준 초콜릿은 몇 개인지 구하세요.

(   )

12 기우네 마을의 소나무 수와 은행나무 수의 비는 6 : 7이었습니다. 오늘 은행나무를 몇 그루 더 심어서 소나무 수와 은행나무 수의 비가 4 : 5가 되었고, 소나무와 은행나무를 합하여 모두 270그루가 되었습니다. 오늘 더 심은 은행나무는 몇 그루인지 구하세요.

(   )

은행나무만 더 심었으므로
소나무 수는 그대로예요.

A 두 도형의 넓이의 비를 알 때 길이 구하기 · B · B+ · B++

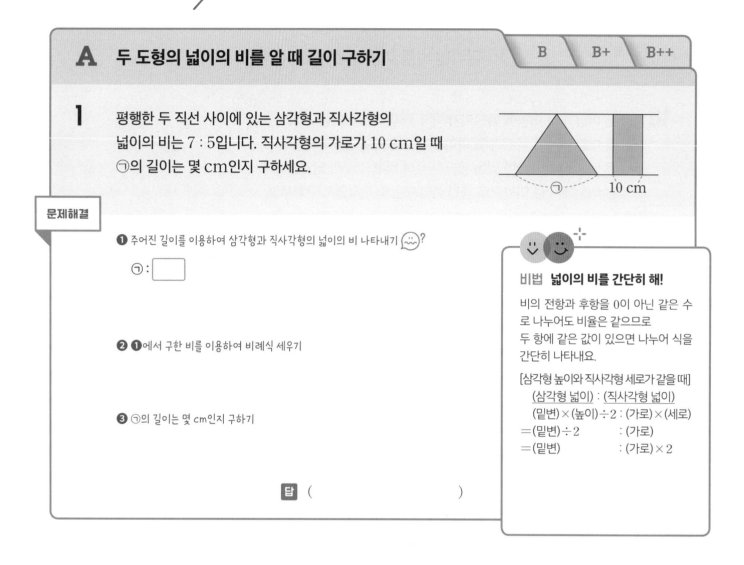

1 평행한 두 직선 사이에 있는 삼각형과 직사각형의 넓이의 비는 7 : 5입니다. 직사각형의 가로가 10 cm일 때 ㉠의 길이는 몇 cm인지 구하세요.

문제해결

❶ 주어진 길이를 이용하여 삼각형과 직사각형의 넓이의 비 나타내기 (ㅡㅡ)?

㉠ : ☐

❷ ❶에서 구한 비를 이용하여 비례식 세우기

❸ ㉠의 길이는 몇 cm인지 구하기

답 ( )

비법 넓이의 비를 간단히 해!

비의 전항과 후항을 0이 아닌 같은 수로 나누어도 비율은 같으므로
두 항에 같은 값이 있으면 나누어 식을 간단히 나타내요.

[삼각형 높이와 직사각형 세로가 같을 때]
(삼각형 넓이) : (직사각형 넓이)
(밑변)×(높이)÷2 : (가로)×(세로)
=(밑변)÷2 : (가로)
=(밑변) : (가로)×2

---

2 평행한 두 직선 사이에 있는 삼각형과 평행사변형의 넓이의 비는 2 : 3입니다. 삼각형의 밑변의 길이가 16 cm일 때 ㉠의 길이는 몇 cm인지 구하세요.

( )

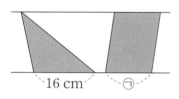

---

3 평행한 두 직선 사이에 있는 사다리꼴과 삼각형의 넓이의 비는 6 : 7입니다. ㉠의 길이는 몇 cm인지 구하세요.

( )

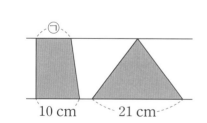

B 비례배분하여 도형의 넓이 구하기

4 평행한 두 직선 사이에 있는
평행사변형과 삼각형의 넓이의 합이 150 cm²입니다.
평행사변형의 넓이는 몇 cm²인지 구하세요.

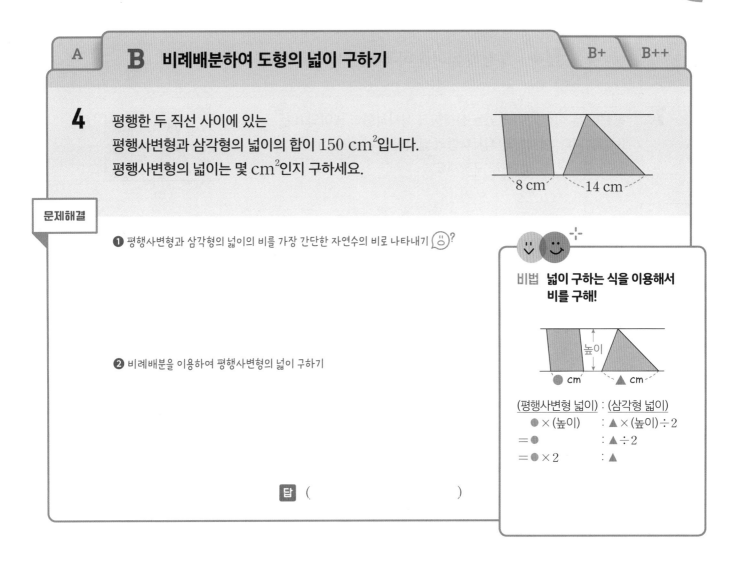

문제해결

❶ 평행사변형과 삼각형의 넓이의 비를 가장 간단한 자연수의 비로 나타내기 ?

비법 넓이 구하는 식을 이용해서
비를 구해!

(평행사변형 넓이) : (삼각형 넓이)
● × (높이) : ▲ × (높이) ÷ 2
= ●   : ▲ ÷ 2
= ● × 2   : ▲

❷ 비례배분을 이용하여 평행사변형의 넓이 구하기

답 (   )

5 평행한 두 직선 사이에 있는 삼각형과 직사각형의 넓이의 합이
644 cm²입니다. 삼각형의 넓이는 몇 cm²인지 구하세요.

(   )

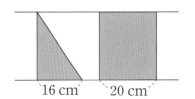

6 삼각형과 평행사변형의 넓이의 합이 297 cm²일 때 평행사변
형의 넓이는 몇 cm²인지 구하세요.

(   )

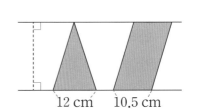

B+ 도형의 넓이를 비례배분하여 길이 구하기

A B   B++

7 평행한 두 직선 사이에 있는 삼각형과 직사각형의 넓이의 비는 3 : 4입니다. 삼각형과 직사각형의 넓이의 합이 420 cm²일 때 ㉠의 길이는 몇 cm인지 구하세요.

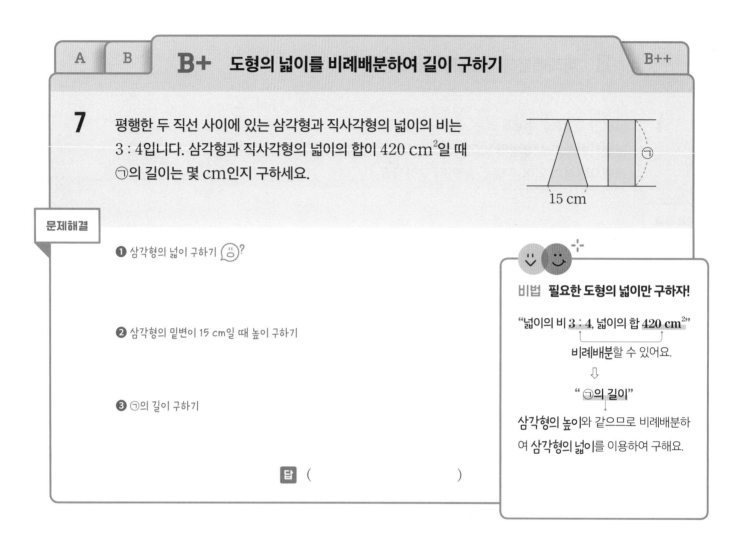

15 cm

문제해결

❶ 삼각형의 넓이 구하기 😆?

❷ 삼각형의 밑변이 15 cm일 때 높이 구하기

❸ ㉠의 길이 구하기

답 (   )

비법 **필요한 도형의 넓이만 구하자!**

"넓이의 비 3 : 4, 넓이의 합 420 cm²"

비례배분할 수 있어요.

⇩

"㉠의 길이"

삼각형의 높이와 같으므로 비례배분하여 **삼각형의 넓이**를 이용하여 구해요.

8 평행한 두 직선 사이에 있는 평행사변형과 삼각형의 넓이의 비는 8 : 5입니다. 평행사변형과 삼각형의 넓이의 합이 117 cm²일 때 ㉠의 길이는 몇 cm인지 구하세요.

(   )

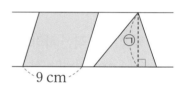

9 cm

9 평행한 두 직선 사이에 있는 평행사변형 가와 사다리꼴 나의 넓이의 비는 7 : 9입니다. 평행사변형 가와 사다리꼴 나의 넓이의 합이 304 cm²일 때 ㉠의 길이는 몇 cm인지 구하세요.

(   )

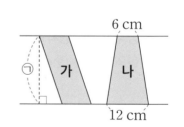

6 cm

㉠ 가   나

12 cm

A B B+ **B++** **길이를 비례배분하여 길이 구하기**

10 삼각형 ㄱㄴㄷ을 넓이의 비가 5 : 7이 되도록
두 삼각형 가와 나로 나누려고 합니다.
삼각형 ㄱㄴㄷ의 넓이가 144 cm²일 때
선분 ㄹㄷ의 길이는 몇 cm로 해야 하는지 구하세요.

문제해결

❶ 삼각형 ㄱㄴㄷ에서 변 ㄴㄷ의 길이 구하기

❷ 선분 ㄴㄹ과 선분 ㄹㄷ의 길이의 비 구하기 ?

❸ 선분 ㄹㄷ의 길이는 몇 cm인지 구하기

답 (   )

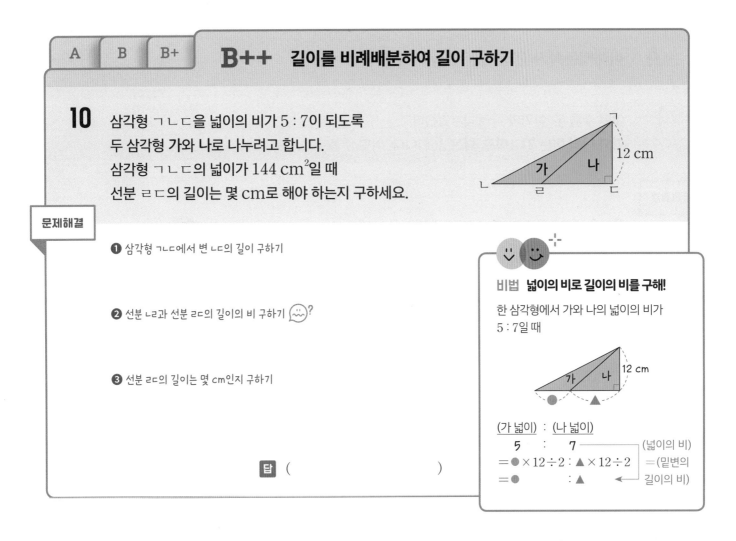

비법 넓이의 비로 길이의 비를 구해!

한 삼각형에서 가와 나의 넓이의 비가
5 : 7일 때

(가 넓이) : (나 넓이)
　5　　:　　7 ──── (넓이의 비)
= ● × 12 ÷ 2 : ▲ × 12 ÷ 2 　=(밑변의
= ●　　　 : ▲ ◀──── 길이의 비)

11 직사각형 ㄱㄴㄷㄹ을 넓이의 비가 2 : 3이 되도록 두 직사각형 가
와 나로 나누었습니다. 직사각형 ㄱㄴㄷㄹ의 넓이가 320 cm²일
때 선분 ㄴㅂ의 길이는 몇 cm인지 구하세요.

(   )

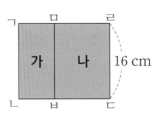

12 평행사변형을 사다리꼴 가와 나로 나누었습니다. 사다리꼴 가와 나
의 넓이의 비가 5 : 4일 때 ㉠의 길이는 몇 cm인지 구하세요.

사다리꼴의 넓이의 비는
(윗변+아랫변)의 비와 같아요.

(   )

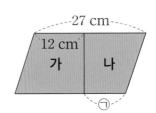

A 비례배분하기 전의 어떤 수 구하기

B

1 어떤 수를 두 수 **가**와 **나**로 나누었습니다.
가와 **나**의 비는 3 : 4이고, **나**는 36입니다. 어떤 수를 구하세요.

문제해결

❶ 어떤 수를 ■라 할 때 나는 ■의 얼마인지 곱셈식으로 나타내기 😊?

$$ \blacksquare \times \frac{\boxed{}}{\boxed{}} = 36 $$

❷ ❶의 식에서 어떤 수 구하기

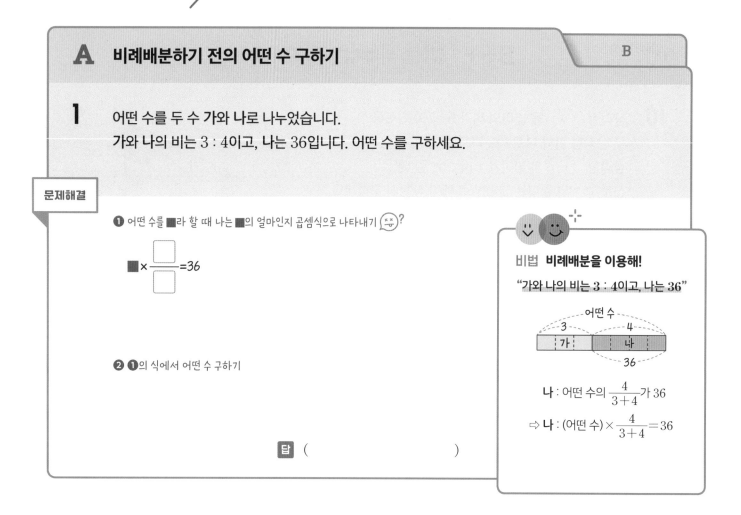

비법 **비례배분을 이용해!**

"가와 나의 비는 3 : 4이고, 나는 36"

나 : 어떤 수의 $\dfrac{4}{3+4}$가 36

⇨ **나** : (어떤 수) $\times \dfrac{4}{3+4} = 36$

답 (   )

2 어떤 수를 두 수 **가**와 **나**로 나누었습니다. **가**와 **나**의 비는 5 : 8이고, **가**는 40입니다. 어떤 수를 구하세요.

(   )

3 어떤 수를 두 수 **가**와 **나**로 나누었습니다. **가**와 **나**의 비는 7 : 2이고, **나**는 28입니다. 이 어떤 수를 4 : 5로 다시 나누면 나눈 수 중 작은 수는 얼마인지 구하세요.

(   )

| A | **B** 전체 이익금 구하기 |

4 윤지와 준서가 각각 50만 원, 75만 원을 투자하여 얻은 이익금을
투자한 금액의 비로 나누어 가졌습니다.
윤지가 가진 이익금이 10만 원이라면 두 사람이 얻은 전체 이익금은 얼마인지 구하세요.

문제해결

❶ 윤지와 준서가 투자한 금액의 비를 가장 간단한 자연수의 비로 나타내기

❷ 두 사람이 얻은 전체 이익금 구하기 🙁 ?

비법 문장에서 비례배분 찾기!

" 이익금을 투자한 금액의 비로 나누기 "

전체 (50만) : (75만) 비례배분

⇨ 비례배분을 이용하여 윤지가 가진 이익금을 구하는 식을 세워요.

답 (   )

5 민재와 현수가 각각 160만 원, 280만 원을 투자하여 얻은 이익금을 투자한 금액의 비로 나누어
가졌습니다. 현수가 가진 이익금이 70만 원이라면 두 사람이 얻은 전체 이익금은 얼마인지 구하
세요.

(   )

6 가 회사와 나 회사가 각각 1500만 원, 1200만 원을 투자하여 얻은 이익금을 투자한 금액의 비
로 나누어 가졌습니다. 가 회사가 가진 이익금이 300만 원이라면 두 회사가 얻은 전체 이익금은
얼마인지 구하세요.

(   )

단원 4 유형 마스터

01

유형 03 Ⓐ

마트에 있는 야구공 수와 테니스공 수의 비가 $\frac{4}{7}$: $\frac{1}{2}$입니다. 테니스공이 35개일 때 야구공은 몇 개인지 구하세요.

(　　　　　　　　　　)

02

유형 04 Ⓐ

일정한 빠르기로 30분 동안 42 km를 가는 오토바이가 있습니다. 같은 빠르기로 이 오토바이가 105 km를 가는 데 걸리는 시간은 몇 시간 몇 분인지 구하세요.

(　　　　　　　　　　)

03

유형 01 Ⓑ

비율이 $\frac{11}{5}$인 자연수의 비 중에서 전항과 후항의 합이 64인 비가 있습니다. 이 비의 전항과 후항의 차를 구하세요.

(　　　　　　　　　　)

어떻게 풀어야 할지 모르겠다면 ⌘유형으로 되돌아가 다시 학습해 보세요.

04

⌘ 유형 02 **B**

삼각형 **가**와 원 **나**가 겹쳐 있습니다. 겹친 부분의 넓이는 가의 넓이의 $\frac{2}{9}$이고, 나의 넓이의 $\frac{1}{8}$입니다. 가와 나의 넓이의 비를 간단한 자연수의 비로 나타내세요.

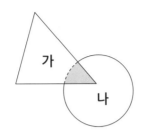

(   )

05

⌘ 유형 05 **B**

밥을 짓는 데 사용한 쌀과 콩의 양의 비는 $9\frac{1}{3} : 4$입니다. 사용한 쌀과 콩을 합한 양이 $520\,\mathrm{g}$일 때 사용한 쌀의 양은 콩의 양보다 몇 g 더 많은지 구하세요.

(   )

06

⌘ 유형 04 **D**

하루에 6분씩 빨라지는 시계가 있습니다. 이 시계를 오전 10시에 정확히 맞추었다면 다음 날 오후 6시에 이 시계가 가리키는 시각은 오후 몇 시 몇 분인지 구하세요.

오후 (   )

07

유형 05 ⓒ

공연장에 관람객이 649명 있습니다. 이 중에서 남자 관람객 수는 여자 관람객 수의 $\frac{5}{6}$입니다. 공연장에 있는 여자 관람객은 몇 명인지 구하세요.

(   )

08

유형 04 ⓒ

맞물려 돌아가는 두 톱니바퀴 ㉮와 ㉯가 있습니다. 톱니바퀴 ㉮가 26바퀴 돌 때 톱니바퀴 ㉯는 14바퀴 돕니다. 톱니바퀴 ㉯의 톱니가 39개일 때 톱니바퀴 ㉮의 톱니는 몇 개인지 구하세요.

(   )

09

유형 06 Ⓑ

평행한 두 직선 사이에 있는 직사각형 **가**와 사다리꼴 **나**의 넓이의 합이 486 cm²입니다. 직사각형 **가**와 사다리꼴 **나**의 넓이는 각각 몇 cm²인지 구하세요.

가 (   )
나 (   )

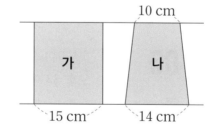

10

유형 07 B

가 회사와 나 회사가 각각 800만 원, 2000만 원을 투자하여 얻은 이익금을 투자한 금액의 비로 나누어 가졌습니다. 나 회사가 가진 이익금이 700만 원이라면 두 회사가 얻은 전체 이익금은 얼마인지 구하세요.

(   )

11

유형 05 D

상자에 들어 있는 사과와 배의 수의 비는 6 : 5였습니다. 그중에서 사과를 몇 개 먹었더니 사과와 배의 수의 비가 8 : 7이 되었고, 사과와 배의 수를 합하여 75개였습니다. 먹은 사과는 몇 개인지 구하세요.

(   )

12

물건 가의 원래 가격에서 5 % 인상한 금액과 물건 나의 원래 가격에서 25 % 할인한 금액이 같습니다. 물건 가와 나의 원래 가격을 더하면 모두 2040원입니다. 물건 나의 원래 가격은 얼마인지 구하세요.

(   )

5

원의 넓이

학습기록표

유형 01	학습일
	학습평가

색칠한 부분의 넓이

A	옮겨서 구하기
B	부분을 빼서 구하기
C	선을 그어 구하기

유형 02	학습일
	학습평가

색칠한 부분의 둘레

A	곡선 부분
B	곡선과 직선 부분
C	각의 크기를 알 때
D	원을 둘러싼 끈 길이

유형 03	학습일
	학습평가

원주와 원의 넓이

A	원주를 알 때
B	원의 넓이를 알 때

유형 04	학습일
	학습평가

원이 지나간 자리

A	원이 굴러간 거리
A+	직선을 따라 지나간 넓이
A++	도형을 따라 지나간 넓이

유형 마스터	학습일
	학습평가

원의 넓이

색칠한 부분의 넓이

A 색칠한 부분을 옮겨서 넓이 구하기

B C

1 오른쪽 도형에서 색칠한 부분의 넓이는 몇 cm²인지 구하세요.

(원주율 : 3)

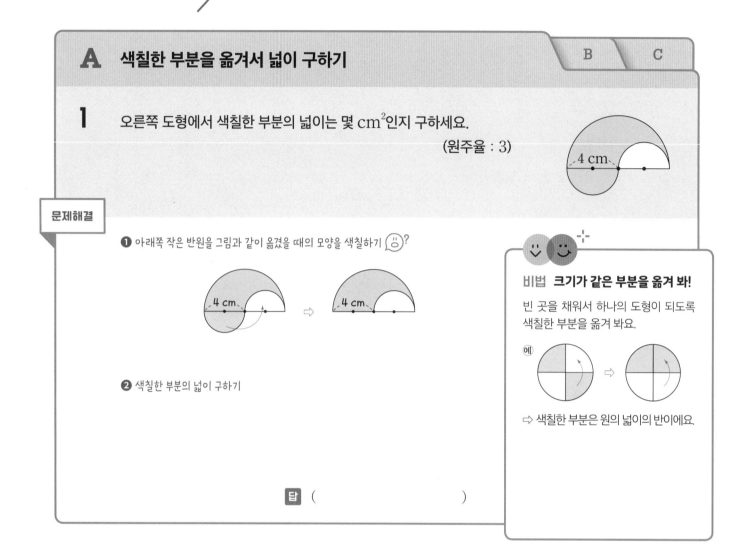

문제해결

❶ 아래쪽 작은 반원을 그림과 같이 옮겼을 때의 모양을 색칠하기 😊?

비법 크기가 같은 부분을 옮겨 봐!

빈 곳을 채워서 하나의 도형이 되도록 색칠한 부분을 옮겨 봐요.

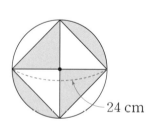

⇨ 색칠한 부분은 원의 넓이의 반이에요.

❷ 색칠한 부분의 넓이 구하기

답 (   )

2 오른쪽 그림은 지름이 24 cm인 원 안에 정사각형을 그려 색칠한 것입니다. 색칠한 부분의 넓이는 몇 cm²인지 구하세요.(원주율 : 3.1)

(   )

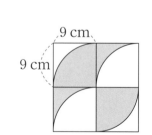

3 오른쪽 그림은 정사각형 4개를 겹치지 않게 이어 붙인 다음 원의 일부를 그려 색칠한 것입니다. 색칠한 부분의 넓이는 몇 cm²인지 구하세요.(원주율 : 3.14)

(   )

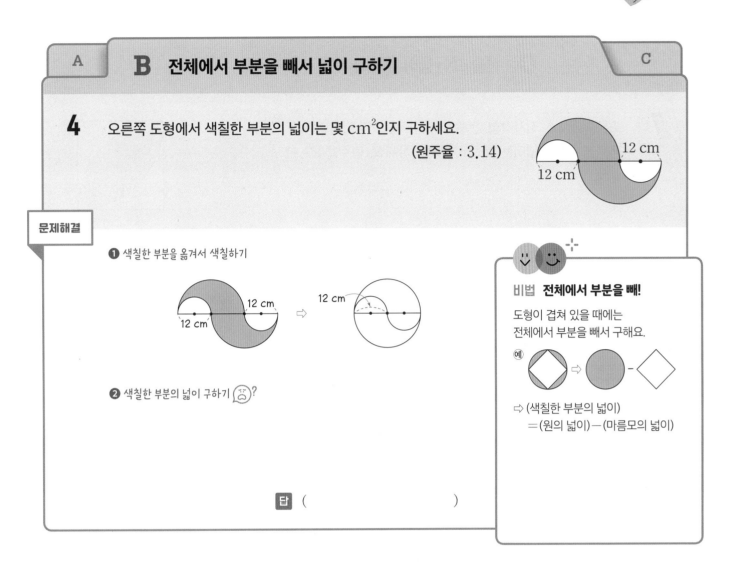

| A | **B** 전체에서 부분을 빼서 넓이 구하기 | C |

4 오른쪽 도형에서 색칠한 부분의 넓이는 몇 cm²인지 구하세요.

(원주율 : 3.14)

문제해결

❶ 색칠한 부분을 옮겨서 색칠하기

❷ 색칠한 부분의 넓이 구하기

비법 전체에서 부분을 빼!

도형이 겹쳐 있을 때에는 전체에서 부분을 빼서 구해요.

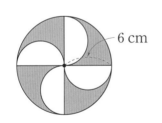

⇨ (색칠한 부분의 넓이)
= (원의 넓이) − (마름모의 넓이)

답 ( )

5 오른쪽 그림은 원 안에 반원 4개를 그린 것입니다. 색칠한 부분의 넓이는 몇 cm²인지 구하세요.(원주율 : 3.1)

( )

6 오른쪽 그림은 정사각형 안에 정사각형의 한 변을 지름으로 하는 원의 일부를 그린 것입니다. 색칠한 부분의 넓이는 몇 cm²인지 구하세요.(원주율 : 3)

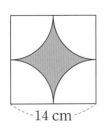

( )

14 cm

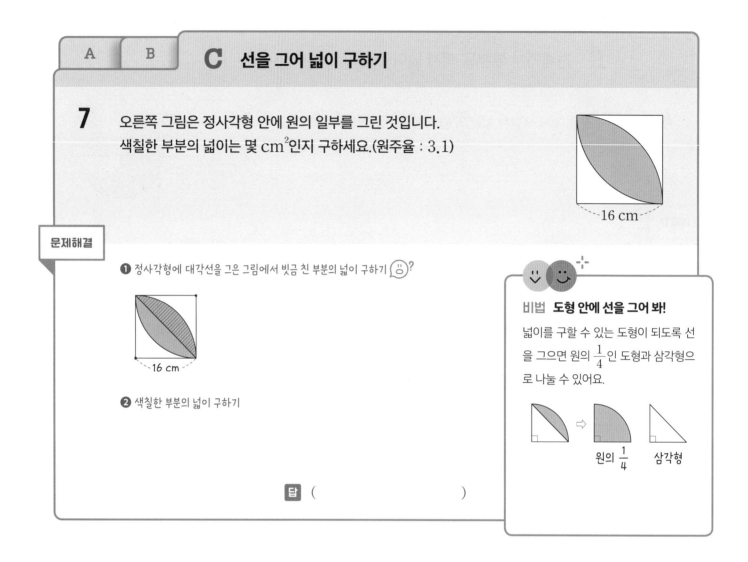

C 선을 그어 넓이 구하기

A B

7 오른쪽 그림은 정사각형 안에 원의 일부를 그린 것입니다.
색칠한 부분의 넓이는 몇 cm²인지 구하세요.(원주율 : 3.1)

문제해결

❶ 정사각형에 대각선을 그은 그림에서 빗금 친 부분의 넓이 구하기

❷ 색칠한 부분의 넓이 구하기

답 (   )

비법 도형 안에 선을 그어 봐!

넓이를 구할 수 있는 도형이 되도록 선을 그으면 원의 $\frac{1}{4}$인 도형과 삼각형으로 나눌 수 있어요.

원의 $\frac{1}{4}$ 삼각형

8 오른쪽 그림은 한 변의 길이가 40 cm인 정사각형 안에 원과 원의 일부를 그린 것입니다. 색칠한 부분의 넓이는 몇 cm²인지 구하세요.(원주율 : 3)

40 cm

(   )

9 오른쪽 그림은 직사각형 안에 반원 2개를 그린 것입니다.
색칠한 부분의 넓이는 몇 cm²인지 구하세요.

(원주율 : 3.14)

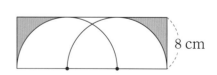

8 cm

(   )

색칠한 부분의 둘레

| A 곡선으로만 이루어진 도형의 둘레 구하기 | B | C | D |

1 오른쪽 도형에서 색칠한 부분의 둘레는 몇 cm인지 구하세요.

(원주율 : 3.1)

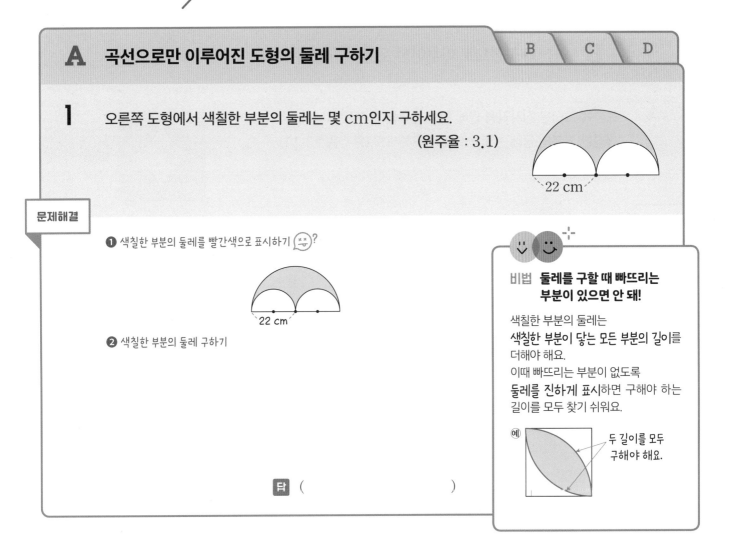

문제해결

❶ 색칠한 부분의 둘레를 빨간색으로 표시하기 😶?

❷ 색칠한 부분의 둘레 구하기

비법 **둘레를 구할 때 빠뜨리는 부분이 있으면 안 돼!**

색칠한 부분의 둘레는
색칠한 부분이 닿는 모든 부분의 길이를 더해야 해요.
이때 빠뜨리는 부분이 없도록
둘레를 진하게 표시하면 구해야 하는 길이를 모두 찾기 쉬워요.

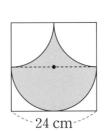

예) 두 길이를 모두 구해야 해요.

답 ( )

2 오른쪽 도형에서 색칠한 부분의 둘레는 몇 cm인지 구하세요.

(원주율 : 3.1)

( )

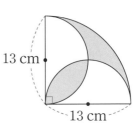

3 오른쪽 도형에서 색칠한 부분의 둘레는 몇 cm인지 구하세요.

(원주율 : 3.14)

( )

B 곡선과 직선으로 이루어진 도형의 둘레 구하기

A ⟍ C ⟍ D

4 오른쪽 그림은 정사각형 안에 원의 일부를 그린 것입니다.
색칠한 부분의 둘레는 몇 cm인지 구하세요.(원주율 : 3.14)

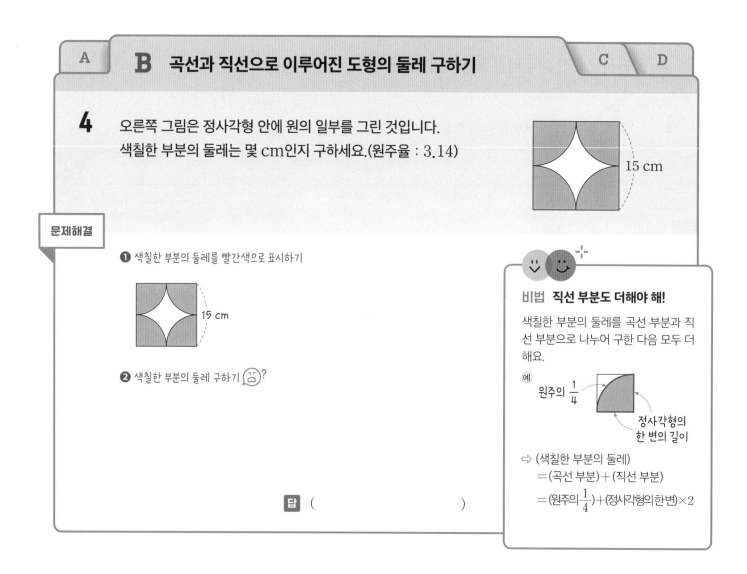

문제해결

❶ 색칠한 부분의 둘레를 빨간색으로 표시하기

15 cm

❷ 색칠한 부분의 둘레 구하기 🙁?

비법 직선 부분도 더해야 해!

색칠한 부분의 둘레를 곡선 부분과 직선 부분으로 나누어 구한 다음 모두 더해요.

⑼ 원주의 $\frac{1}{4}$

정사각형의 한 변의 길이

⇨ (색칠한 부분의 둘레)
  =(곡선 부분)+(직선 부분)
  =(원주의 $\frac{1}{4}$)+(정사각형의 한 변)×2

답 (   )

5 오른쪽 그림은 정사각형 안에 원의 일부를 그린 것입니다. 색칠한 부분의 둘레는 몇 cm인지 구하세요.(원주율 : 3)

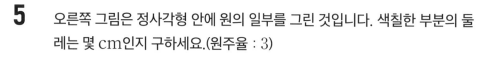

(   )

18 cm

6 오른쪽 도형에서 작은 반원 2개의 크기가 같을 때 색칠한 부분의 둘레는 몇 cm인지 구하세요.(원주율 : 3.1)

(   )

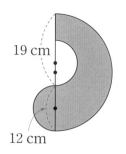

19 cm

12 cm

C 각의 크기가 주어진 도형의 둘레 구하기

7 오른쪽 도형에서 색칠한 부분의 둘레는 몇 cm인지 구하세요.

(원주율 : 3)

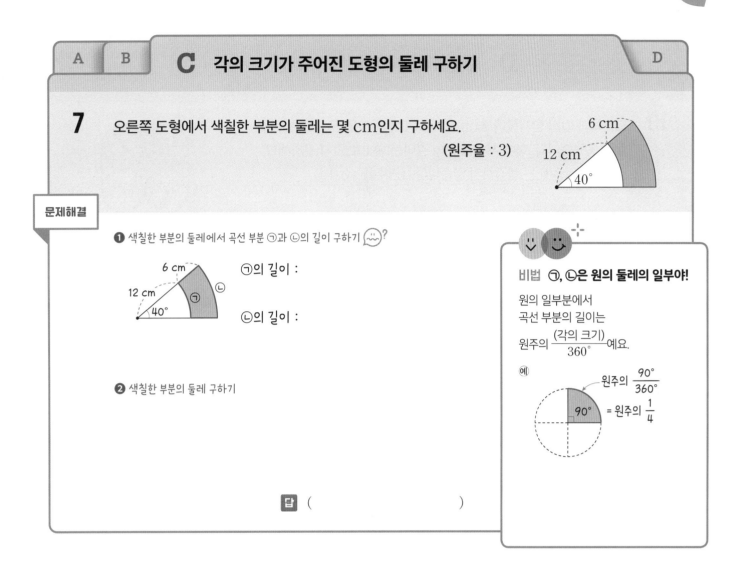

문제해결

❶ 색칠한 부분의 둘레에서 곡선 부분 ㉠과 ㉡의 길이 구하기 ?

㉠의 길이 :

㉡의 길이 :

❷ 색칠한 부분의 둘레 구하기

비법 ㉠, ㉡은 원의 둘레의 일부야!

원의 일부분에서
곡선 부분의 길이는
원주의 $\dfrac{(각의 크기)}{360°}$예요.

예

원주의 $\dfrac{90°}{360°}$
= 원주의 $\dfrac{1}{4}$

답 (   )

8 오른쪽 도형에서 색칠한 부분의 둘레는 몇 cm인지 구하세요.

(원주율 : 3.1)

(   )

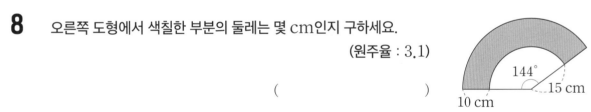

9 오른쪽 그림은 정삼각형과 원을 겹쳐서 그린 것입니다. 색칠한 부분의 둘레는 몇 cm인지 구하세요.(원주율 : 3.14)

(   )

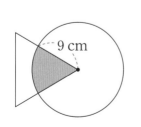

A **B** **C** **D** **원을 둘러싼 끈의 길이 구하기**

10 오른쪽과 같이 반지름이 5 cm인 음료수 캔 4개를 끈으로 한 바퀴 둘러 묶었습니다. 이때 사용한 끈의 길이는 몇 cm인지 구하세요. (단, 매듭의 길이는 생각하지 않습니다.)(원주율 : 3.14)

5 cm

문제해결

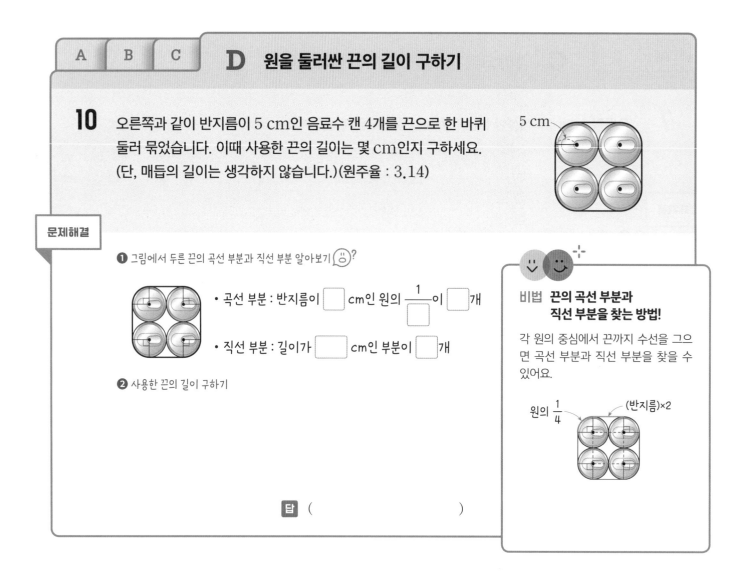

❶ 그림에서 두른 끈의 곡선 부분과 직선 부분 알아보기 😊 ?

• 곡선 부분 : 반지름이 ☐ cm인 원의 $\frac{1}{☐}$ 이 ☐ 개

• 직선 부분 : 길이가 ☐ cm인 부분이 ☐ 개

❷ 사용한 끈의 길이 구하기

비법 **끈의 곡선 부분과 직선 부분을 찾는 방법!**

각 원의 중심에서 끈까지 수선을 그으면 곡선 부분과 직선 부분을 찾을 수 있어요.

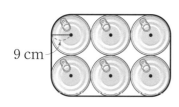

원의 $\frac{1}{4}$ (반지름)×2

답 (   )

11 오른쪽과 같이 반지름이 9 cm인 통조림 캔 6개를 끈으로 한 바퀴 둘러 묶었습니다. 이때 사용한 끈의 길이는 몇 cm인지 구하세요.(단, 매듭의 길이는 생각하지 않습니다.)(원주율 : 3.1)

9 cm

(   )

12 오른쪽과 같이 반지름이 8 cm인 페인트 통 3개를 끈으로 한 바퀴 둘러 묶었습니다. 이때 사용한 끈의 길이는 몇 cm인지 구하세요.(단, 매듭의 길이는 생각하지 않습니다.)(원주율 : 3)

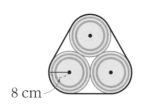

8 cm

(   )

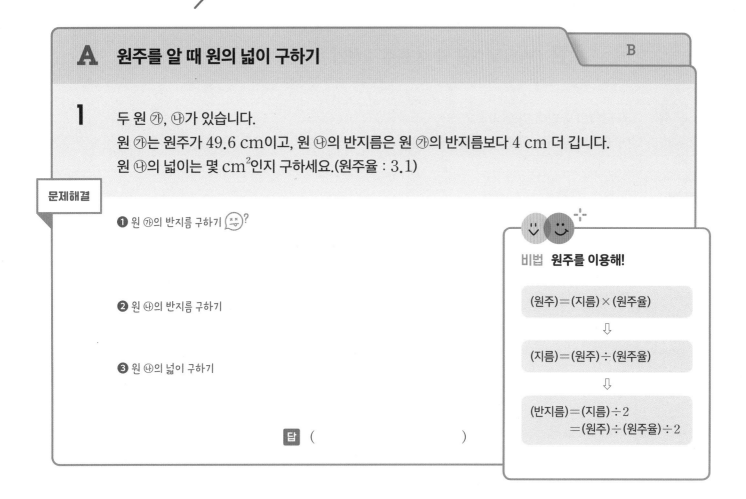

A 원주를 알 때 원의 넓이 구하기   B

1 두 원 ㉮, ㉯가 있습니다.
원 ㉮는 원주가 49.6 cm이고, 원 ㉯의 반지름은 원 ㉮의 반지름보다 4 cm 더 깁니다.
원 ㉯의 넓이는 몇 cm²인지 구하세요.(원주율 : 3.1)

문제해결

❶ 원 ㉮의 반지름 구하기 😵?

❷ 원 ㉯의 반지름 구하기

❸ 원 ㉯의 넓이 구하기

답 (   )

비법 **원주를 이용해!**

(원주)=(지름)×(원주율)
⇩
(지름)=(원주)÷(원주율)
⇩
(반지름)=(지름)÷2
　　　　=(원주)÷(원주율)÷2

2 두 원 ㉮, ㉯가 있습니다. 원 ㉮는 원주가 12.56 cm이고, 원 ㉯의 지름은 원 ㉮의 지름의 3배입니다. 원 ㉯의 넓이는 몇 cm²인지 구하세요.(원주율 : 3.14)

(   )

3 오른쪽 도형에서 큰 원의 원주는 54 cm입니다. 작은 원의 넓이는 몇 cm²인지 구하세요.(원주율 : 3)

(   )

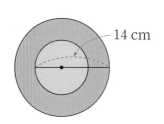

14 cm

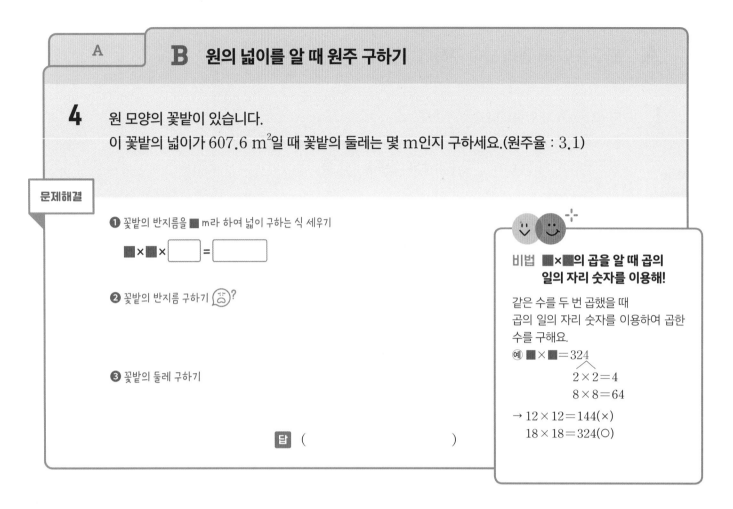

| A | **B** 원의 넓이를 알 때 원주 구하기 |

4 원 모양의 꽃밭이 있습니다.
이 꽃밭의 넓이가 607.6 m^2일 때 꽃밭의 둘레는 몇 m인지 구하세요.(원주율 : 3.1)

문제해결

❶ 꽃밭의 반지름을 ■ m라 하여 넓이 구하는 식 세우기

$$■ × ■ × \boxed{} = \boxed{}$$

❷ 꽃밭의 반지름 구하기 ☹?

❸ 꽃밭의 둘레 구하기

답 (   )

비법 ■×■의 곱을 알 때 곱의
일의 자리 숫자를 이용해!

같은 수를 두 번 곱했을 때
곱의 일의 자리 숫자를 이용하여 곱한
수를 구해요.
예) ■×■＝324
   2×2＝4
   8×8＝64
→ 12×12＝144(×)
   18×18＝324(○)

5 원 모양의 호수가 있습니다. 이 호수의 넓이가 1587 m^2일 때 호수의 둘레는 몇 m인지 구하세요.(원주율 : 3)

(   )

6 직사각형과 원의 넓이가 같을 때 원의 둘레는 몇 cm인지 구하세요.(원주율 : 3)

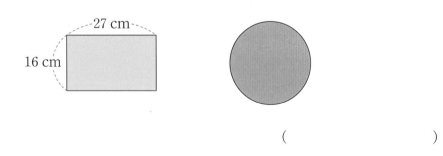

27 cm

16 cm

(   )

원이 지나간 자리

A 원이 굴러간 거리 구하기

A+   A++

1 지름이 80 cm인 원 모양의 훌라후프를 3바퀴 굴렸습니다.
훌라후프가 움직인 거리는 몇 cm인지 구하세요.(원주율 : 3.1)

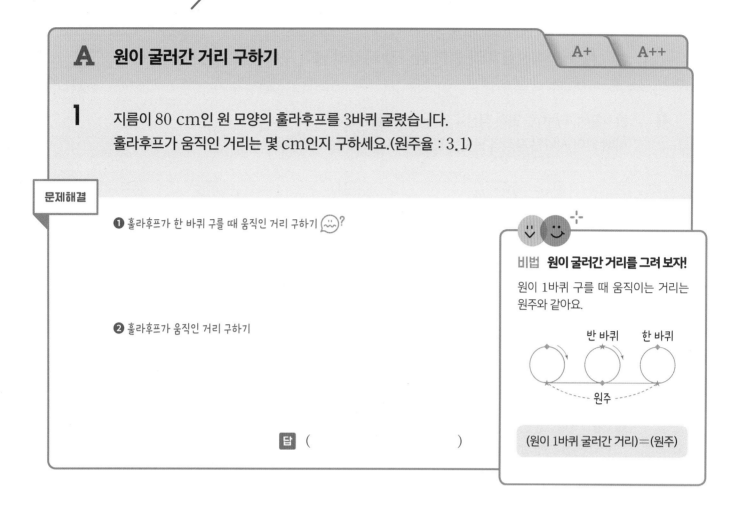

문제해결

❶ 훌라후프가 한 바퀴 구를 때 움직인 거리 구하기 🙁?

❷ 훌라후프가 움직인 거리 구하기

비법 **원이 굴러간 거리를 그려 보자!**
원이 1바퀴 구를 때 움직이는 거리는 원주와 같아요.

반 바퀴   한 바퀴

원주

(원이 1바퀴 굴러간 거리)=(원주)

답 (   )

2 지름이 22 cm인 원 모양의 고리를 5바퀴 굴렸습니다. 고리가 움직인 거리는 몇 cm인지 구하세요.(원주율 : 3.14)

(   )

3 반지름이 12 cm인 원 모양의 굴렁쇠를 6바퀴 반 굴렸습니다. 굴렁쇠가 움직인 거리는 몇 cm인지 구하세요.(원주율 : 3)

(   )

A+ 직선을 따라 원이 지나간 자리의 넓이 구하기

A

A++

4 반지름이 4 cm인 원이 직선을 따라 2바퀴 굴렀습니다.
이때 원이 지나간 자리의 넓이는 몇 cm^2인지 구하세요.(원주율 : 3)

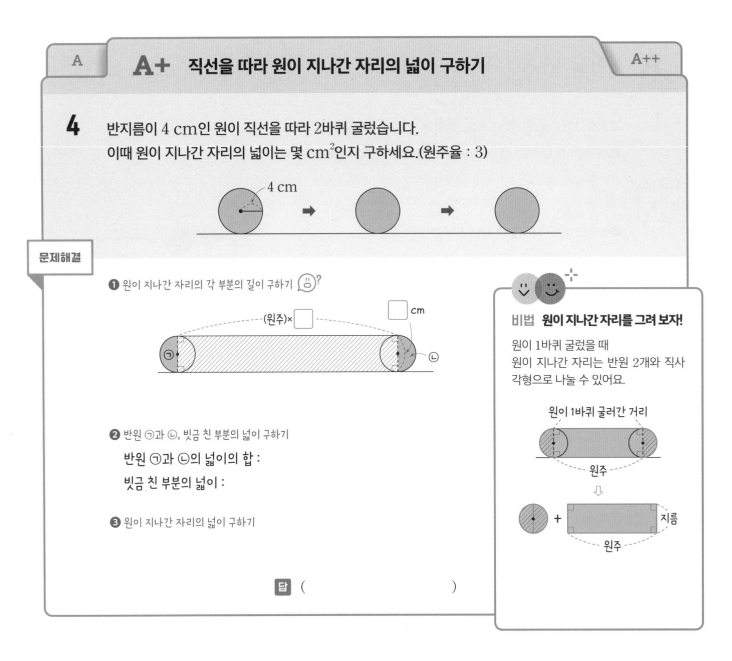

문제해결

❶ 원이 지나간 자리의 각 부분의 길이 구하기 ?

(원주)×☐   ☐ cm

ⓐ   ⓑ

비법 원이 지나간 자리를 그려 보자!

원이 1바퀴 굴렀을 때
원이 지나간 자리는 반원 2개와 직사
각형으로 나눌 수 있어요.

원이 1바퀴 굴러간 거리

원주

⇩

+   지름

원주

❷ 반원 ⓐ과 ⓑ, 빗금 친 부분의 넓이 구하기

반원 ⓐ과 ⓑ의 넓이의 합 :

빗금 친 부분의 넓이 :

❸ 원이 지나간 자리의 넓이 구하기

답 (   )

5 반지름이 5 cm인 원이 직선을 따라 3바퀴 굴렀습니다. 이때 원이 지나간 자리의 넓이는 몇
cm^2인지 구하세요.(원주율 : 3.14)

(   )

6 반지름이 2 cm인 원이 직선을 따라 5바퀴 굴렀습니다. 이때 원이 지나간 자리의 넓이는 몇
cm^2인지 구하세요.(원주율 : 3.1)

(   )

A　A+

A++　도형을 따라 원이 지나간 자리의 넓이 구하기

7 반지름이 3 cm인 원이 오른쪽과 같이 한 변이 9 cm인 정사각형의 둘레를 따라 한 바퀴 돌았습니다. 이때 원이 지나간 자리의 넓이는 몇 cm²인지 구하세요.

(원주율 : 3.1)

9 cm

3 cm

문제해결

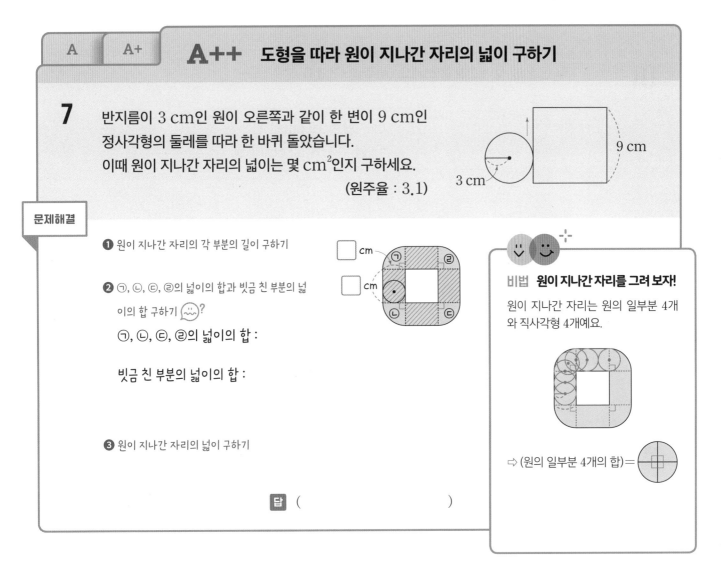

❶ 원이 지나간 자리의 각 부분의 길이 구하기

☐ cm

☐ cm

❷ ㉠, ㉡, ㉢, ㉣의 넓이의 합과 빗금 친 부분의 넓이의 합 구하기 (◡◡)?

㉠, ㉡, ㉢, ㉣의 넓이의 합 :

빗금 친 부분의 넓이의 합 :

❸ 원이 지나간 자리의 넓이 구하기

답 (　　　　　　　　　　)

비법 원이 지나간 자리를 그려 보자!

원이 지나간 자리는 원의 일부분 4개와 직사각형 4개예요.

⇨ (원의 일부분 4개의 합)＝

8 반지름이 8 cm인 원이 오른쪽과 같이 한 변이 32 cm인 정사각형의 둘레를 따라 한 바퀴 돌았습니다. 이때 원이 지나간 자리의 넓이는 몇 cm²인지 구하세요.(원주율 : 3)

（　　　　　　　　）

32 cm

8 cm

9 지름이 4 cm인 원이 오른쪽과 같이 한 변이 12 cm인 정삼각형의 둘레를 따라 한 바퀴 돌았습니다. 이때 원이 지나간 자리의 넓이는 몇 cm²인지 구하세요.(원주율 : 3.1)

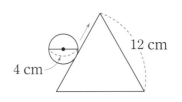

（　　　　　　　　）

12 cm

4 cm

01 더 큰 원을 찾아 기호를 쓰세요.(원주율 : 3.14)

> ㉠ 지름이 19 cm인 원
> ㉡ 원주가 56.52 cm인 원

( )

02

🔗 유형 01 Ⓐ

오른쪽 그림은 정사각형 4개를 겹치지 않게 이어 붙인 다음 원의 일부를 그린 것입니다. 색칠한 부분의 넓이는 몇 cm²인지 구하세요.(원주율 : 3)

( )

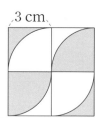

3 cm

03

🔗 유형 02 Ⓑ

오른쪽 그림은 정사각형 안에 원을 꼭 맞게 그린 것입니다. 색칠한 부분의 둘레는 몇 cm인지 구하세요.(원주율 : 3.14)

( )

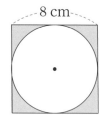

8 cm

04 오른쪽 블록의 구멍은 원통 모양입니다. 이 구멍의 둘레가 37.2 cm일 때 이 구멍을 빠져 나갈 수 없는 블록을 찾아 기호를 쓰세요.(원주율 : 3.1)

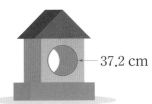

37.2 cm

10 cm
가

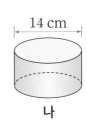
14 cm
나

12 cm
다

(   )

05

🔗 유형 01 **B**

오른쪽 도형에서 색칠한 부분의 넓이는 몇 cm²인지 구하세요.

(원주율 : 3.1)

(   )

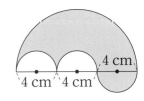

4 cm
4 cm 4 cm

06

🔗 유형 02 **A**

오른쪽 그림은 직각삼각형 ㄱㄴㄷ의 각 변을 지름으로 하는 반원을 그린 것입니다. 색칠한 부분의 둘레는 몇 cm인지 구하세요.(원주율 : 3)

(   )

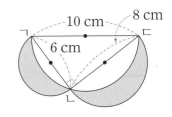

10 cm   8 cm
6 cm

07

유형 03 Ⓐ

원 모양의 뚜껑이 있습니다. 이 뚜껑의 둘레가 72 cm일 때 이 뚜껑의 넓이는 몇 cm²인지 구하세요.(원주율 : 3)

(   )

08

유형 02 Ⓒ

오른쪽 도형은 크기가 같은 2개의 정삼각형을 겹치지 않게 이어 붙인 다음 정삼각형의 한 변을 반지름으로 하는 원의 일부를 그린 것입니다. 색칠한 부분의 둘레는 몇 cm인지 구하세요.

(원주율 : 3.14)

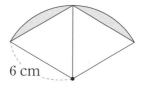

(   )

09

유형 01 Ⓒ

한 변이 12 cm인 정사각형 안에 반원을 그린 것입니다. 색칠한 부분의 넓이는 몇 cm²인지 구하세요.(원주율 : 3.1)

(   )

10

유형 02 D

그림과 같이 지름이 8 cm인 통조림 캔 4개를 끈으로 한 바퀴 둘러 묶었습니다. 매듭을 짓는 데 끈 18 cm를 사용했다면 사용한 끈은 모두 몇 cm인지 구하세요.(원주율 : 3.14)

8 cm

(   )

11

정환이는 반지름이 15 cm인 원 모양의 굴렁쇠를 굴렸습니다. 굴렁쇠가 움직인 거리가 540 cm라면 굴렁쇠는 몇 바퀴 굴렀는지 구하세요.(원주율 : 3)

(   )

12

유형 04 A++

지름이 5 cm인 원이 오른쪽과 같이 한 변이 14 cm인 정삼각형의 둘레를 따라 한 바퀴 돌았습니다. 이때 원이 지나간 자리의 넓이는 몇 cm²인지 구하세요.(원주율 : 3.1)

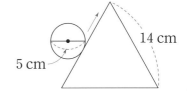

14 cm

5 cm

(   )

원기둥, 원뿔, 구

학습기록표

유형 01	학습일
	학습평가

원기둥의 전개도의 둘레

A	한 밑면의 둘레 이용
B	밑면의 지름 이용
C	밑면의 지름 구하기
D	높이 구하기

유형 02	학습일
	학습평가

원기둥의 옆면의 넓이

A	옆면의 넓이
A+	페인트 칠한 부분의 넓이
B	옆면의 둘레
B+	밑면의 반지름

유형 03	학습일
	학습평가

원뿔에서 모선의 길이

A	밑면의 둘레
B	모선의 길이
C	각도 이용

유형 04	학습일
	학습평가

위, 앞, 옆에서 본 모양

A	위에서 본 모양의 넓이
B	앞, 옆에서 본 모양의 넓이

유형 05	학습일
	학습평가

돌리기 전 평면도형

A	원기둥, 원뿔, 구
B	복잡한 입체도형

유형 06	학습일
	학습평가

입체도형 자르기

A	직선을 품은 평면으로 자른 단면
B	직선에 수직인 평면으로 자른 단면
A+B	복잡한 입체도형의 단면

유형 마스터	학습일
	학습평가

원기둥, 원뿔, 구

원기둥의 전개도의 둘레

1 오른쪽 원기둥의 전개도에서 한 밑면의 둘레가 31 cm일 때 전개도의 둘레는 몇 cm인지 구하세요.

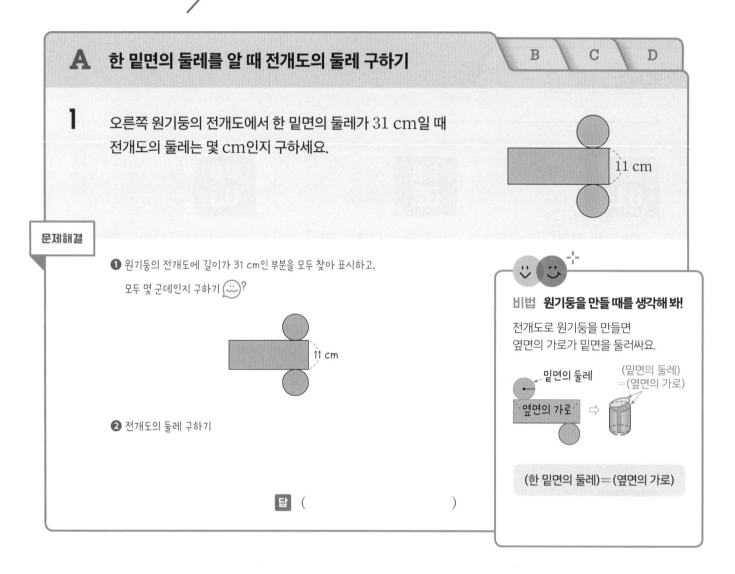

문제해결

❶ 원기둥의 전개도에 길이가 31 cm인 부분을 모두 찾아 표시하고, 모두 몇 군데인지 구하기 (ᵕᴗᵕ)?

❷ 전개도의 둘레 구하기

답 (   )

비법 원기둥을 만들 때를 생각해 봐!

전개도로 원기둥을 만들면 옆면의 가로가 밑면을 둘러싸요.

(한 밑면의 둘레)=(옆면의 가로)

2 오른쪽 원기둥의 전개도에서 한 밑면의 둘레가 12.56 cm일 때 전개도의 둘레는 몇 cm인지 구하세요.

(   )

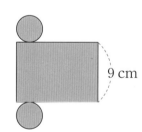

3 오른쪽 원기둥의 전개도에서 옆면의 둘레는 42 cm이고, 옆면의 세로는 6 cm입니다. 전개도의 둘레는 몇 cm인지 구하세요.

(   )

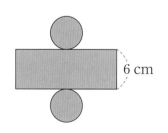

| A | **B** 밑면의 지름을 알 때 전개도의 둘레 구하기 | C | D |

4 오른쪽 원기둥의 전개도의 둘레는 몇 cm인지 구하세요.

(원주율 : 3)

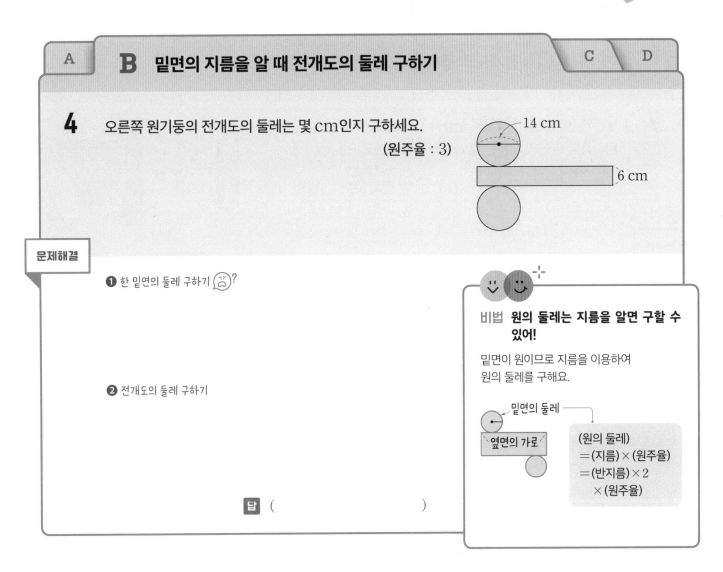

문제해결

❶ 한 밑면의 둘레 구하기 ?

❷ 전개도의 둘레 구하기

비법 원의 둘레는 지름을 알면 구할 수 있어!

밑면이 원이므로 지름을 이용하여 원의 둘레를 구해요.

밑면의 둘레

옆면의 가로

(원의 둘레)
＝(지름)×(원주율)
＝(반지름)×2
　×(원주율)

답 (　　　　　　　　　)

5 오른쪽 원기둥의 전개도의 둘레는 몇 cm인지 구하세요.

(원주율 : 3.1)

(　　　　　　　　)

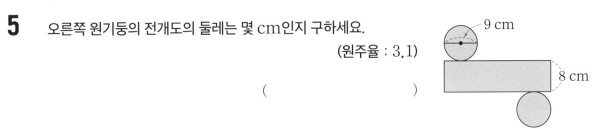

6 원기둥의 전개도의 둘레는 몇 cm인지 구하세요.(원주율 : 3.14)

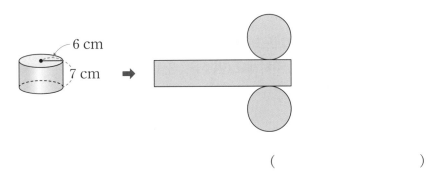

(　　　　　　　　)

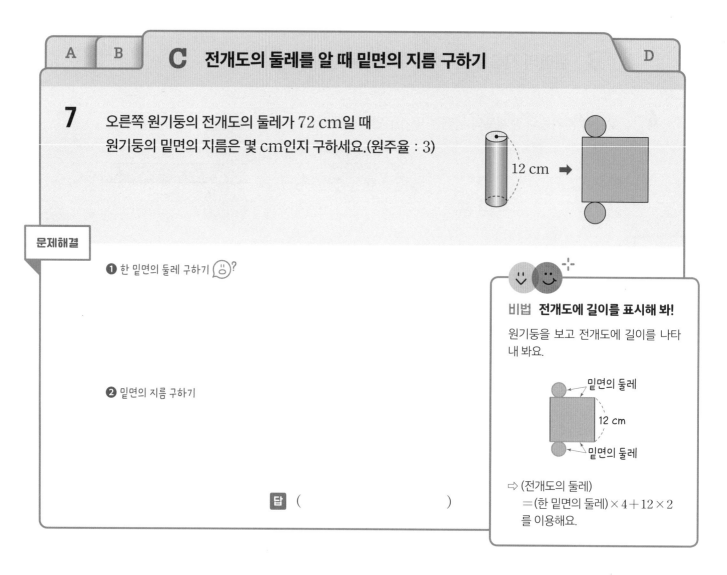

A B **C 전개도의 둘레를 알 때 밑면의 지름 구하기** D

7 오른쪽 원기둥의 전개도의 둘레가 72 cm일 때
원기둥의 밑면의 지름은 몇 cm인지 구하세요.(원주율 : 3)

12 cm ➡

문제해결

❶ 한 밑면의 둘레 구하기 😊?

❷ 밑면의 지름 구하기

답 (   )

비법 전개도에 길이를 표시해 봐!

원기둥을 보고 전개도에 길이를 나타
내 봐요.

밑면의 둘레
12 cm
밑면의 둘레

⇨ (전개도의 둘레)
＝(한 밑면의 둘레)×4＋12×2
를 이용해요.

8 오른쪽 원기둥의 전개도의 둘레가 122.48 cm일 때
원기둥의 밑면의 지름은 몇 cm인지 구하세요.
(원주율 : 3.14)

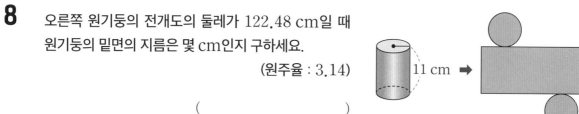

11 cm ➡

(   )

9 오른쪽 원기둥의 전개도의 둘레가 214.4 cm일 때 원기둥의 밑면의 반
지름은 몇 cm인지 구하세요.(원주율 : 3.1)

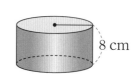

8 cm

(   )

A **B** **C** **D** 원기둥의 높이 구하기

10 오른쪽은 한 변이 18.84 cm인 정사각형 모양의 종이에
원기둥의 전개도를 그린 것입니다.
이 원기둥의 높이는 몇 cm인지 구하세요.(원주율 : 3.14)

18.84 cm

문제해결

❶ 한 밑면의 둘레 구하기 😐?

❷ 밑면의 지름 구하기

❸ 원기둥의 높이 구하기

😊 😊 ✧

비법 **정사각형의 한 변을 이용해!**

정사각형의 한 변의 길이는
옆면의 가로와 같으므로
밑면의 둘레도 정사각형의 한 변의 길
이와 같아요.

길이가 같아요.

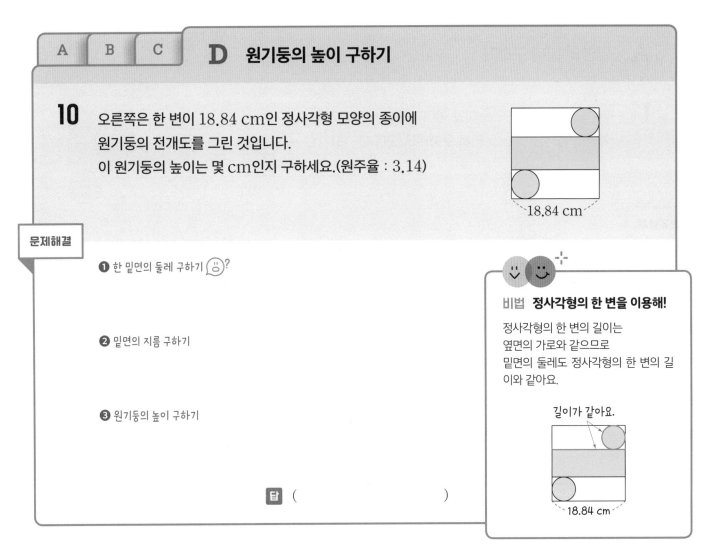

18.84 cm

답 (   )

11 오른쪽은 한 변이 30 cm인 정사각형 모양의 종이에 원기둥의 전개
도를 그린 것입니다. 이 원기둥의 높이는 몇 cm인지 구하세요.
(원주율 : 3)

(   )

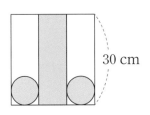

30 cm

12 오른쪽과 같은 직사각형 모양의 종이에 원기둥의 전개도를 그려서
원기둥 모양의 상자를 만들려고 합니다. 밑면의 반지름을 4 cm로
하여 높이는 최대한 높게 만든다면 상자의 높이는 몇 cm가 되는지
구하세요.(원주율 : 3)

(   )

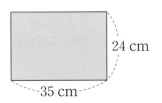

24 cm

35 cm

원기둥의 옆면의 넓이

A 옆면의 넓이 구하기

A+ B B+

1 밑면의 반지름이 3 cm이고 높이가 5 cm인 원기둥의
옆면의 넓이는 몇 cm²인지 구하세요.(원주율 : 3)

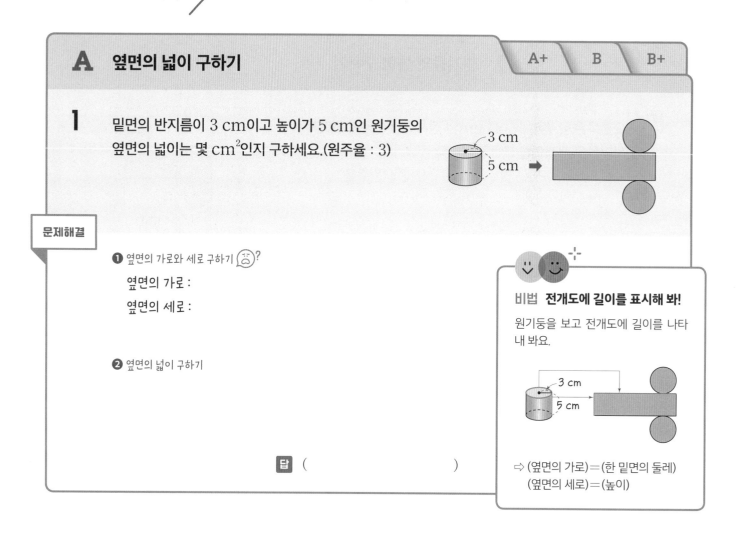

문제해결

❶ 옆면의 가로와 세로 구하기 ☺?

옆면의 가로 :

옆면의 세로 :

❷ 옆면의 넓이 구하기

비법 전개도에 길이를 표시해 봐!

원기둥을 보고 전개도에 길이를 나타
내 봐요.

⇨ (옆면의 가로)＝(한 밑면의 둘레)
(옆면의 세로)＝(높이)

답 ( )

2 밑면의 반지름이 7 cm이고 높이가 10 cm인 원
기둥의 옆면의 넓이는 몇 cm²인지 구하세요.

(원주율 : 3.1)

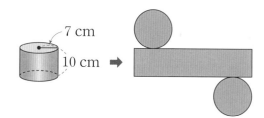

( )

3 밑면의 반지름이 2 cm이고 높이가 12 cm인 원기둥의 옆면의 넓이는 몇
cm²인지 구하세요.(원주율 : 3.14)

( )

| A | **A+** 페인트가 칠해진 부분의 넓이 구하기 | B | B+ |

4 오른쪽과 같은 원기둥 모양의 롤러에 페인트를 묻혀서
벽에 2바퀴를 굴려 칠했습니다.
벽에 페인트를 칠한 부분의 넓이는 몇 cm^2인지 구하세요.(원주율 : 3.14)

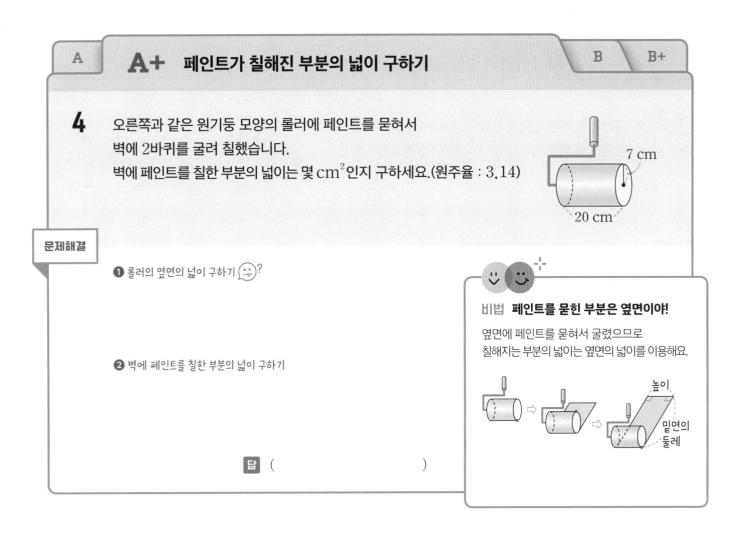

문제해결

❶ 롤러의 옆면의 넓이 구하기 ?

❷ 벽에 페인트를 칠한 부분의 넓이 구하기

답 (   )

비법 **페인트를 묻힌 부분은 옆면이야!**

옆면에 페인트를 묻혀서 굴렸으므로
칠해지는 부분의 넓이는 옆면의 넓이를 이용해요.

높이
밑면의
둘레

5 오른쪽과 같은 원기둥 모양의 롤러에 페인트를 묻혀서 벽에 3바퀴를 굴려
칠했습니다. 벽에 페인트를 칠한 부분의 넓이는 몇 cm^2인지 구하세요.

(원주율 : 3)

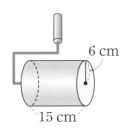

(   )

6 오른쪽과 같은 원기둥 모양의 롤러에 페인트를 묻혀서 벽에 몇 바퀴 굴
렸더니 페인트를 칠한 부분의 넓이가 2232 cm^2였습니다. 롤러를 몇
바퀴 굴렸는지 구하세요.(원주율 : 3.1)

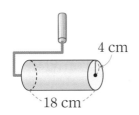

(   )

A   A+   **B** **옆면의 둘레 구하기**   B+

7 원기둥의 옆면의 넓이가 $694.4\ cm^2$일 때
옆면의 둘레는 몇 cm인지 구하세요.(원주율 : 3.1)

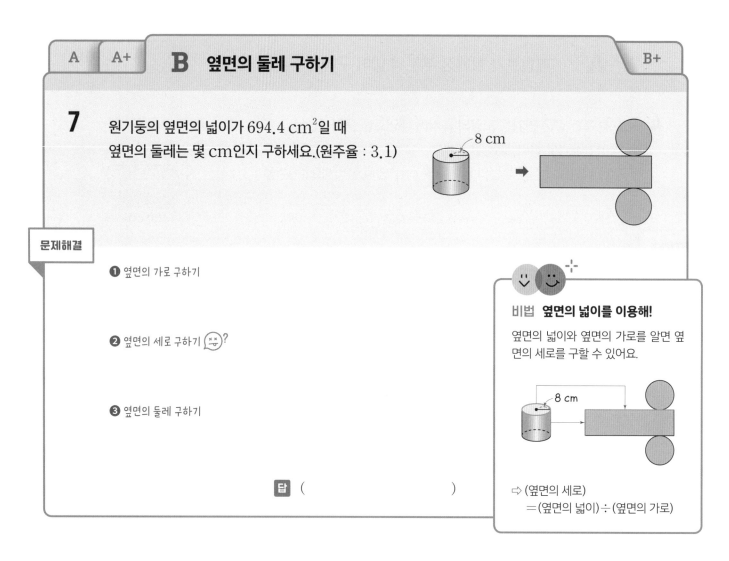

문제해결

❶ 옆면의 가로 구하기

❷ 옆면의 세로 구하기 ?

❸ 옆면의 둘레 구하기

비법 **옆면의 넓이를 이용해!**

옆면의 넓이와 옆면의 가로를 알면 옆면의 세로를 구할 수 있어요.

⇨ (옆면의 세로)
　＝(옆면의 넓이)÷(옆면의 가로)

답 (　　　　　　　　　　　)

8 원기둥의 옆면의 넓이가 $210\ cm^2$일 때 옆면의 둘레는 몇 cm인지 구하세요.(원주율 : 3)

(　　　　　　　　)

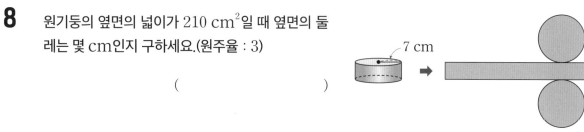

9 원기둥의 옆면의 넓이가 $282.6\ cm^2$입니다. 이 원기둥의 전개도의 둘레는 몇 cm인지 구하세요.(원주율 : 3.14)

(　　　　　　　　)

5 cm

| A | A+ | B | **B+** 밑면의 반지름 구하기 |

10 원기둥의 옆면의 넓이가 234 cm²일 때
밑면의 반지름은 몇 cm인지 구하세요.(원주율 : 3)

13 cm

문제해결

❶ 한 밑면의 둘레 구하기 😐?

❷ 밑면의 반지름 구하기

답 (   )

비법 **전개도에서 옆면을 생각해 봐!**

옆면의 넓이와 원기둥의 높이를 알면
한 밑면의 둘레를 알 수 있어요.

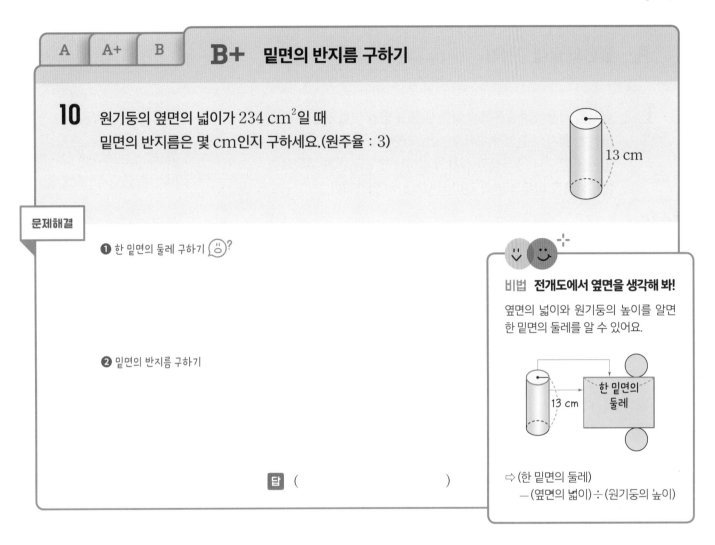

13 cm → 한 밑면의 둘레

⇨ (한 밑면의 둘레)
  =(옆면의 넓이)÷(원기둥의 높이)

11 원기둥의 옆면의 넓이가 276.32 cm²일 때 밑면의 반지름은 몇 cm인지
구하세요.(원주율 : 3.14)

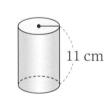

11 cm

(   )

12 높이가 8 cm이고 옆면의 넓이가 396.8 cm²인 원기둥이 있습니다. 이 원기둥의 밑면의 반지
름은 몇 cm인지 구하세요.(원주율 : 3.1)

(   )

A 밑면의 둘레 구하기

B C

1 철사를 사용하여 오른쪽과 같은 원뿔 모양을 만들었습니다.
사용한 철사의 길이가 모두 78 cm라면
밑면을 만드는 데 사용한 철사의 길이는 몇 cm인지 구하세요.
(단, 철사를 이은 부분의 길이는 생각하지 않습니다.)

문제해결

❶ 모선을 만드는 데 사용한 철사의 길이의 합 구하기

❷ 밑면을 만드는 데 사용한 철사의 길이 구하기

답 (   )

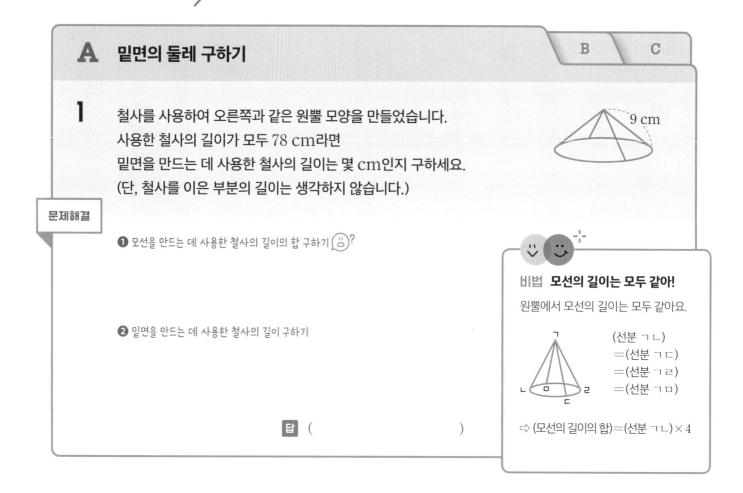

> **비법** **모선의 길이는 모두 같아!**
>
> 원뿔에서 모선의 길이는 모두 같아요.
>
> (선분 ㄱㄴ)
> =(선분 ㄱㄷ)
> =(선분 ㄱㄹ)
> =(선분 ㄱㅁ)
>
> ⇨ (모선의 길이의 합)=(선분 ㄱㄴ)×4

2 철사를 사용하여 오른쪽과 같은 원뿔 모양을 만들었습니다. 사용한 철사의 길
이가 모두 96 cm라면 밑면을 만드는 데 사용한 철사의 길이는 몇 cm인지 구
하세요.(단, 철사를 이은 부분의 길이는 생각하지 않습니다.)

(   )

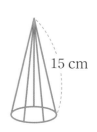

15 cm

3 철사를 사용하여 오른쪽과 같은 원뿔 모양을 만들었습니다. 사용한 철사의
길이가 모두 101 cm라면 밑면의 반지름은 몇 cm인지 구하세요.
(단, 철사를 이은 부분의 길이는 생각하지 않습니다.) (원주율 : 3)

(   )

13 cm

B **모선의 길이 구하기**

4 길이가 93 cm인 철사를 모두 사용하여
오른쪽과 같이 밑면의 지름이 11 cm인 원뿔 모양을 만들었습니다.
선분 ㄱㅁ의 길이는 몇 cm인지 구하세요.
  (단, 철사를 이은 부분의 길이는 생각하지 않습니다.) (원주율 : 3)

문제해결

❶ 밑면을 만드는 데 사용한 철사의 길이 구하기

❷ 모선을 만드는 데 사용한 철사의 길이의 합 구하기

❸ 선분 ㄱㅁ의 길이 구하기 ☺?

답 (   )

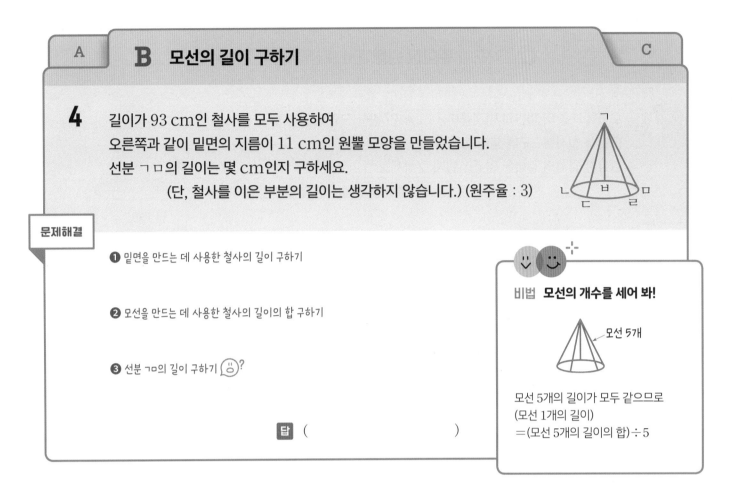

비법 **모선의 개수를 세어 봐!**

모선 5개

모선 5개의 길이가 모두 같으므로
(모선 1개의 길이)
=(모선 5개의 길이의 합)÷5

5 길이가 110 cm인 철사를 모두 사용하여 오른쪽과 같이 밑면의 지름이
10 cm인 원뿔 모양을 만들었습니다. 선분 ㄱㄷ의 길이는 몇 cm인지 구하세
요.(단, 철사를 이은 부분의 길이는 생각하지 않습니다.) (원주율 : 3)

(   )

6 길이가 84 cm인 철사를 모두 사용하여 오른쪽과 같이 밑면의 반
지름이 8 cm인 원뿔 모양을 만들었습니다. 선분 ㄱㄷ의 길이는
몇 cm인지 구하세요.(단, 철사를 이은 부분의 길이는 생각하지
않습니다.) (원주율 : 3)

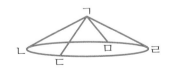

(   )

A | B | **C** 각도가 주어진 원뿔에서 모선의 길이 구하기

7 오른쪽과 같이 밑면의 반지름이 11 cm인 원뿔 모양의 고깔에
빨간색 철사를 2군데 붙이려고 합니다.
필요한 철사의 길이는 몇 cm인지 구하세요.

(단, 철사의 두께는 생각하지 않습니다.)

문제해결

❶ 삼각형 ㄱㄴㄷ에서 각 ㄱㄷㄴ, 각 ㄴㄱㄷ의 크기 구하기 😵?

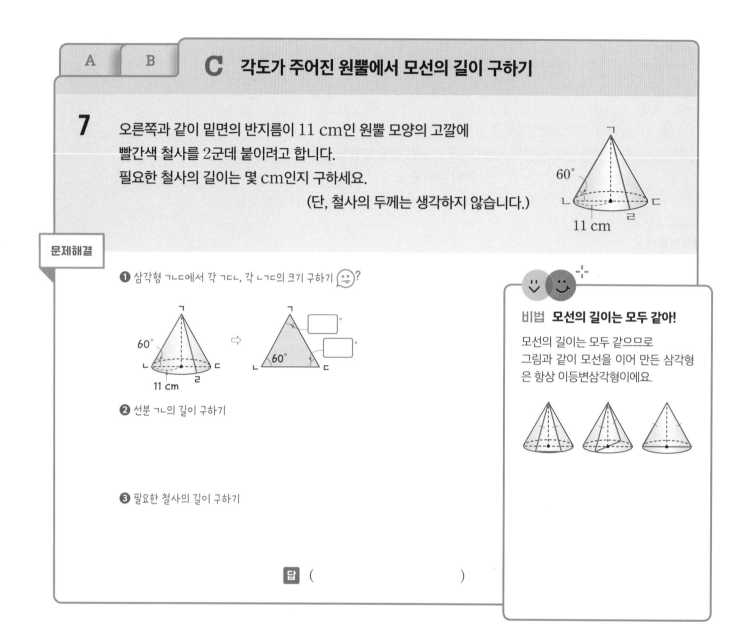

❷ 선분 ㄱㄴ의 길이 구하기

❸ 필요한 철사의 길이 구하기

답 (   )

비법 모선의 길이는 모두 같아!

모선의 길이는 모두 같으므로
그림과 같이 모선을 이어 만든 삼각형
은 항상 이등변삼각형이에요.

---

8 오른쪽과 같이 밑면의 반지름이 8 cm인 원뿔 모양의 고깔에 빨간색 철
사를 2군데 붙이려고 합니다. 필요한 철사의 길이는 몇 cm인지 구하세
요.(단, 철사의 두께는 생각하지 않습니다.)

(   )

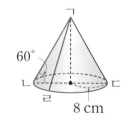

9 개미가 밑면의 반지름이 20 cm인 원뿔을 오른쪽과 같이 빨간색 선분을
따라 올라갔다가 내려왔습니다. 개미가 움직인 거리는 몇 cm인지 구하
세요.(단, 개미의 크기는 생각하지 않습니다.)

(   )

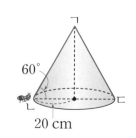

위, 앞, 옆에서 본 모양

A 위에서 본 모양의 넓이 구하기

B

1 오른쪽은 원기둥의 한가운데에
원기둥 모양으로 구멍을 뚫은 것입니다.
이 입체도형을 위에서 본 모양의 넓이는 몇 cm^2인지 구하세요.
(원주율 : 3)

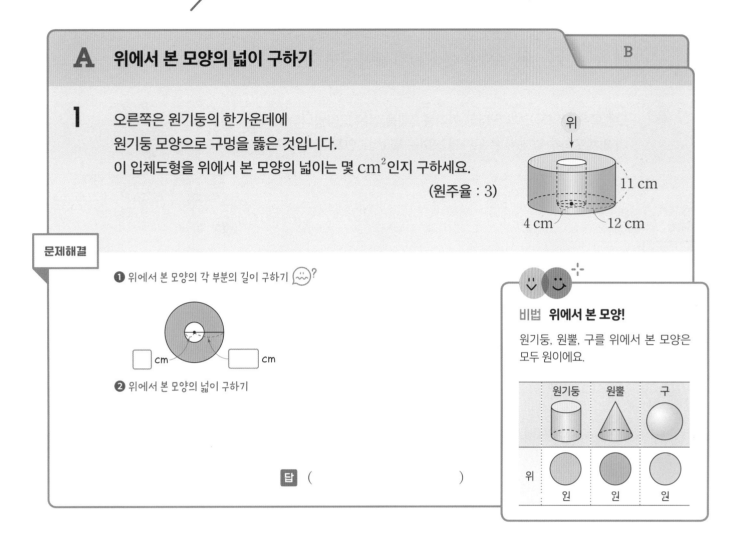

위
11 cm
4 cm   12 cm

문제해결

❶ 위에서 본 모양의 각 부분의 길이 구하기 😵?

□ cm   □ cm

❷ 위에서 본 모양의 넓이 구하기

비법 위에서 본 모양!

원기둥, 원뿔, 구를 위에서 본 모양은 모두 원이에요.

	원기둥	원뿔	구
위	원	원	원

답 (   )

2 오른쪽은 정육면체의 한가운데에 원기둥 모양으로 구멍을 뚫은 것입니다. 이 입체도형을 위에서 본 모양의 넓이는 몇 cm^2인지 구하세요.
(원주율 : 3.14)

(   )

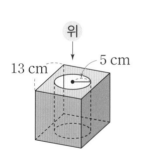

위
5 cm
13 cm

3 오른쪽은 원기둥을 똑같이 반으로 나눈 것 중의 하나입니다. 이 입체도형을 위에서 본 모양의 넓이는 몇 cm^2인지 구하세요.(원주율 : 3.1)

(   )

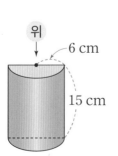

위
6 cm
15 cm

A		**B** 앞, 옆에서 본 모양의 넓이 구하기

4 오른쪽은 모양과 크기가 다른 원기둥 2개를 쌓은 모양입니다.
이 입체도형을 앞에서 본 모양의 넓이는 몇 cm^2인지 구하세요.

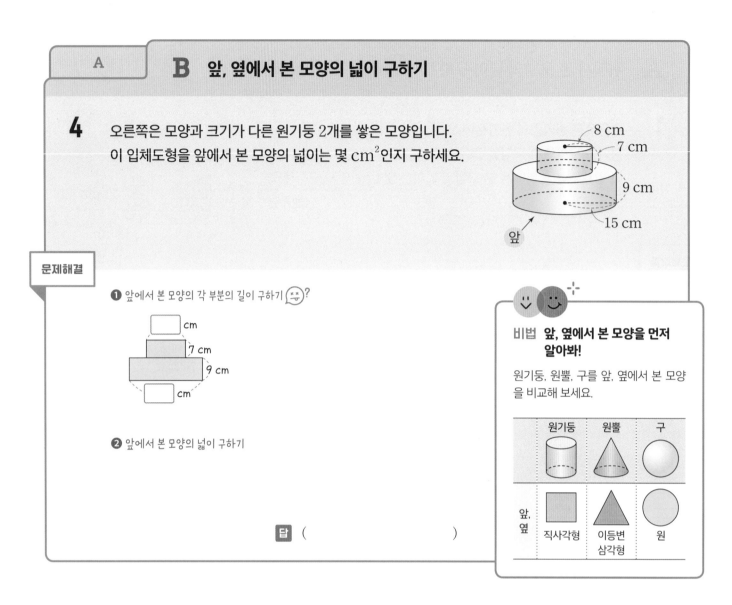

문제해결

❶ 앞에서 본 모양의 각 부분의 길이 구하기 😕?

☐ cm
7 cm
9 cm
☐ cm

❷ 앞에서 본 모양의 넓이 구하기

비법 앞, 옆에서 본 모양을 먼저 알아봐!

원기둥, 원뿔, 구를 앞, 옆에서 본 모양을 비교해 보세요.

	원기둥	원뿔	구
앞, 옆	직사각형	이등변 삼각형	원

답 (   )

5 오른쪽은 원기둥 위에 원뿔을 쌓은 모양입니다. 이 입체도형을
앞에서 본 모양의 넓이는 몇 cm^2인지 구하세요.

(   )

6 cm
5 cm   3 cm
앞

6 ┌─ 구를 똑같이 반으로 나눈 것 중의 하나
오른쪽은 반구 위에 원기둥을 쌓은 모양입니다. 이 입체도형을 옆
에서 본 모양의 넓이는 몇 cm^2인지 구하세요.(원주율 : 3)

(   )

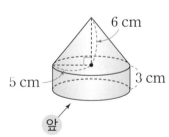

10 cm
7 cm

돌리기 전 평면도형

A 원기둥, 원뿔, 구의 돌리기 전 평면도형의 넓이 구하기

B

1 오른쪽은 어떤 평면도형을 한 변을 기준으로 한 바퀴 돌렸을 때

회전축 : 평면도형을 돌릴 때 기준이 되는 선

만들어지는 원기둥입니다.
돌리기 전 평면도형의 넓이는 몇 cm^2인지 구하세요.

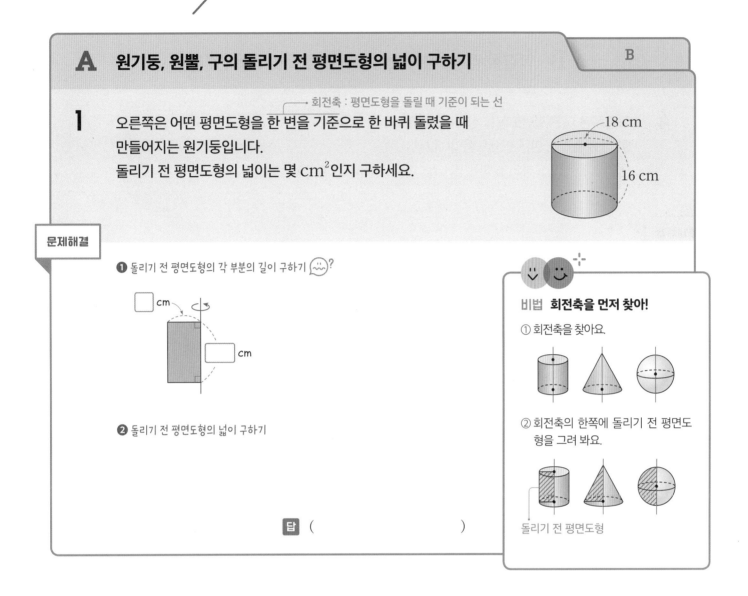

18 cm

16 cm

문제해결

❶ 돌리기 전 평면도형의 각 부분의 길이 구하기 (͡ ͜ʖ ͡)?

☐ cm

☐ cm

❷ 돌리기 전 평면도형의 넓이 구하기

비법 회전축을 먼저 찾아!

① 회전축을 찾아요.

② 회전축의 한쪽에 돌리기 전 평면도형을 그려 봐요.

돌리기 전 평면도형

답 (   )

2 오른쪽은 어떤 평면도형을 한 변을 기준으로 한 바퀴 돌렸을 때 만들어지는 원뿔입니다. 돌리기 전 평면도형의 넓이는 몇 cm^2인지 구하세요.

(   )

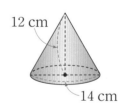

12 cm

14 cm

3 오른쪽은 반원을 지름을 기준으로 한 바퀴 돌렸을 때 만들어지는 구입니다. 구의 반지름이 10 cm일 때 돌리기 전 반원의 넓이는 몇 cm^2인지 구하세요.(원주율 : 3)

(   )

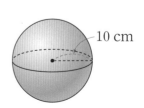

10 cm

B 복잡한 입체도형의 돌리기 전 평면도형의 넓이 구하기

기적의 문제해결법 · 8권

4 오른쪽은 어떤 평면도형을 한 변을 기준으로
한 바퀴 돌려서 만든 입체도형입니다.
돌리기 전 평면도형의 넓이는 몇 cm^2인지 구하세요.(원주율 : 3)

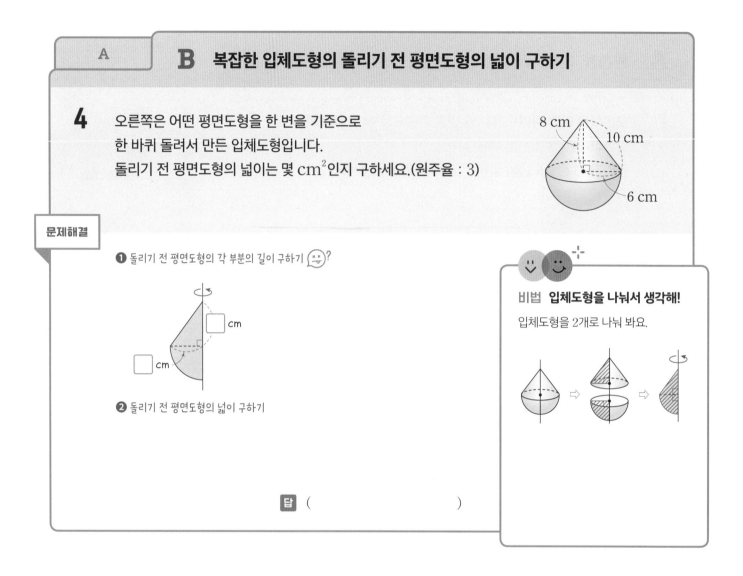

문제해결

❶ 돌리기 전 평면도형의 각 부분의 길이 구하기 😕?

❷ 돌리기 전 평면도형의 넓이 구하기

비법 **입체도형을 나눠서 생각해!**

입체도형을 2개로 나눠 봐요.

답 (   )

5 오른쪽은 어떤 평면도형을 한 변을 기준으로 한 바퀴 돌려서 만든 입체도형
입니다. 돌리기 전 평면도형의 넓이는 몇 cm^2인지 구하세요.(원주율 : 3.1)

(   )

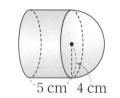

6 오른쪽은 어떤 평면도형을 한 변을 기준으로 한 바퀴 돌려서 만든
입체도형입니다. 돌리기 전 평면도형의 넓이는 몇 cm^2인지 구하
세요.

(   )

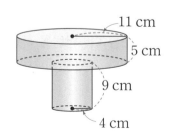

입체도형 자르기

A 직선을 품은 평면으로 자른 단면의 넓이 구하기   B   A+B

1 오른쪽은 삼각형 ㄱㄴㄷ을 직선 가를 기준으로
한 바퀴 돌려서 만든 입체도형입니다.
이 입체도형을 직선 가를 품은 평면으로 자른 단면의 넓이는
몇 cm^2인지 구하세요.

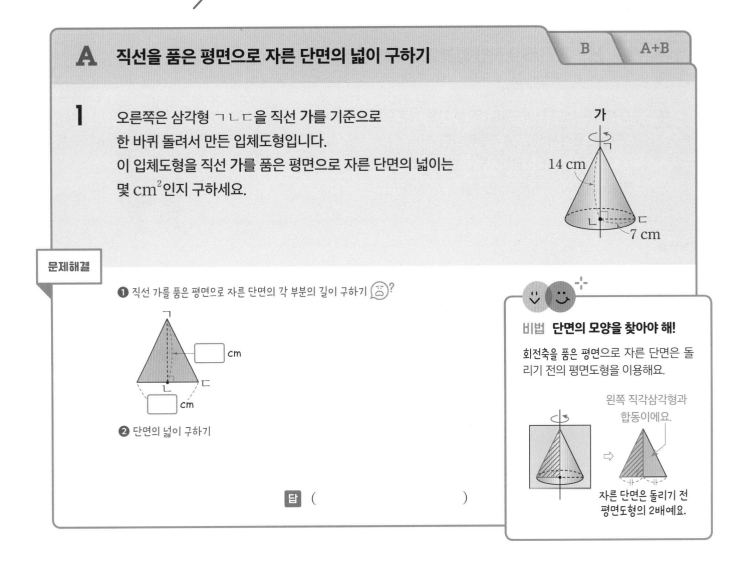

문제해결

❶ 직선 가를 품은 평면으로 자른 단면의 각 부분의 길이 구하기

cm

cm

❷ 단면의 넓이 구하기

답 (   )

비법 **단면의 모양을 찾아야 해!**

회전축을 품은 평면으로 자른 단면은 돌
리기 전의 평면도형을 이용해요.

왼쪽 직각삼각형과
합동이에요.

자른 단면은 돌리기 전
평면도형의 2배예요.

2 오른쪽은 삼각형 ㄱㄴㄷ을 직선 **가**를 기준으로 한 바퀴 돌려서 만든 입
체도형입니다. 이 입체도형을 직선 **가**를 품은 평면으로 자른 단면의 넓
이는 몇 cm^2인지 구하세요.

(   )

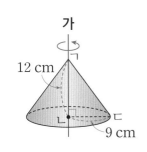

3 오른쪽은 어떤 평면도형을 직선 가를 기준으로 한 바퀴 돌려서 만든
원기둥입니다. 이 원기둥을 직선 가를 품은 평면으로 자른 단면의 넓
이는 몇 cm^2인지 구하세요.

(   )

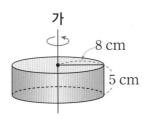

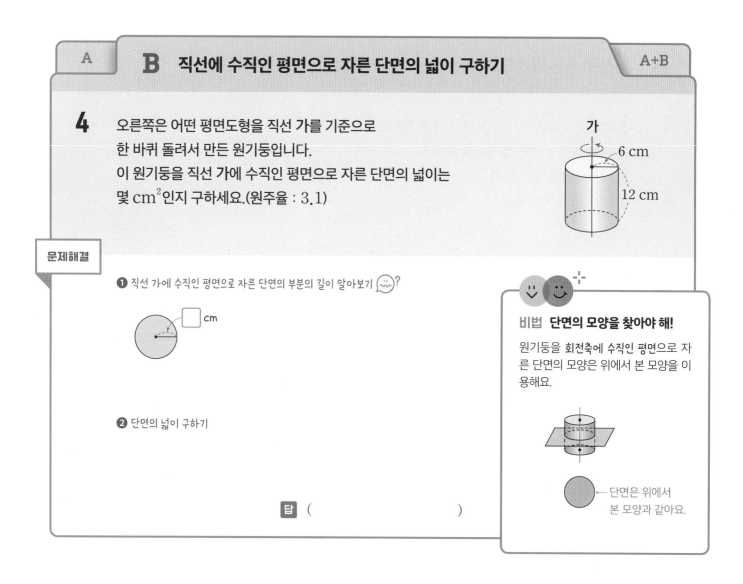

| A | **B** 직선에 수직인 평면으로 자른 단면의 넓이 구하기 | A+B |

4 오른쪽은 어떤 평면도형을 직선 가를 기준으로 한 바퀴 돌려서 만든 원기둥입니다. 이 원기둥을 직선 가에 수직인 평면으로 자른 단면의 넓이는 몇 cm^2인지 구하세요.(원주율 : 3.1)

문제해결

❶ 직선 가에 수직인 평면으로 자른 단면의 부분의 길이 알아보기 ☺?

☐ cm

❷ 단면의 넓이 구하기

답 ( )

비법 단면의 모양을 찾아야 해!

원기둥을 회전축에 수직인 평면으로 자른 단면의 모양은 위에서 본 모양을 이용해요.

단면은 위에서 본 모양과 같아요.

---

5 오른쪽은 어떤 평면도형을 직선 **가**를 기준으로 한 바퀴 돌려서 만든 원기둥입니다. 이 원기둥을 직선 **가**에 수직인 평면으로 자른 단면의 넓이는 몇 cm^2인지 구하세요.(원주율 : 3.14)

( )

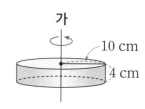

---

6 오른쪽은 어떤 평면도형을 직선 **가**를 기준으로 한 바퀴 돌려서 만든 구입니다. 이 구를 직선 **가**에 수직인 평면으로 자를 때 가장 넓은 단면의 넓이는 몇 cm^2인지 구하세요.(원주율 : 3)

구를 잘랐을 때 가장 큰 단면은 구의 중심을 지나는 원이에요.

( )

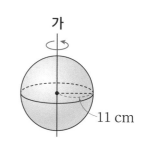

A+B 복잡한 입체도형에서 자른 단면의 넓이 구하기

A B

7 오른쪽은 어떤 평면도형을 직선 가를 기준으로
한 바퀴 돌려서 만든 입체도형입니다.
이 입체도형을 직선 가를 품은 평면으로 자른 단면의 넓이는
몇 cm^2인지 구하세요.

가

7 cm
6 cm

문제해결

❶ 직선 가를 품은 평면으로 자른 단면의 각 부분의 길이 구하기 ?

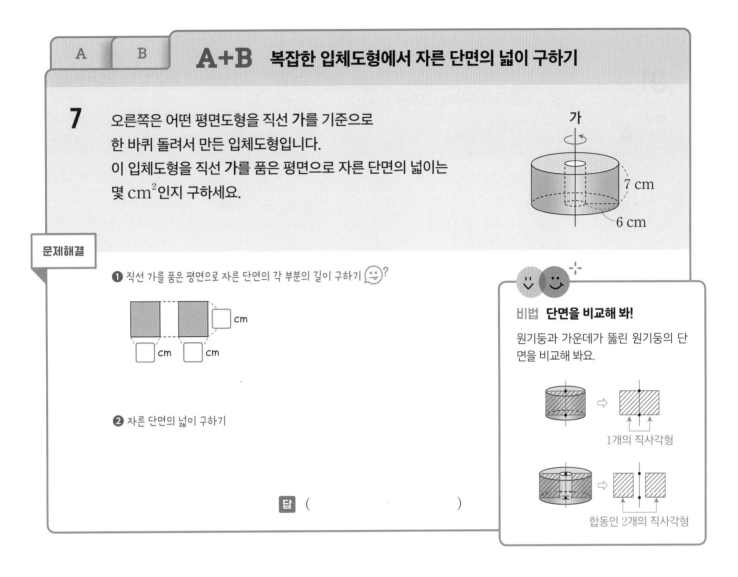

cm

cm   cm

❷ 자른 단면의 넓이 구하기

비법 단면을 비교해 봐!

원기둥과 가운데가 뚫린 원기둥의 단
면을 비교해 봐요.

⇨ 1개의 직사각형

⇨ 합동인 2개의 직사각형

답 (   )

8 오른쪽은 어떤 평면도형을 직선 가를 기준으로 한 바퀴 돌려서
만든 입체도형으로 원기둥 2개를 쌓은 모양입니다. 이 입체도형
을 직선 가를 품은 평면으로 자른 단면의 넓이는 몇 cm^2인지 구
하세요.

가

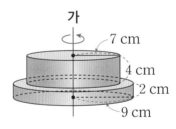

7 cm
4 cm
2 cm
9 cm

(   )

9 오른쪽은 어떤 평면도형을 직선 가를 기준으로 한 바퀴 돌려서 만든 입
체도형입니다. 이 입체도형을 직선 가에 수직인 평면으로 자른 단면의
넓이는 몇 cm^2인지 구하세요.(원주율 : 3.1)

가

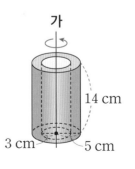

14 cm
3 cm   5 cm

(   )

01

유형 01 **B**

밑면의 반지름이 8 cm이고 높이가 13 cm인 원기둥이 있습니다. 이 원기둥의 전개도의 둘레는 몇 cm인지 구하세요.(원주율 : 3)

(   )

02

유형 01 **C**

오른쪽 원기둥의 전개도에서 옆면의 둘레가 94.52 cm일 때 원기둥의 밑면의 지름은 몇 cm인지 구하세요.(원주율 : 3.14)

(   )

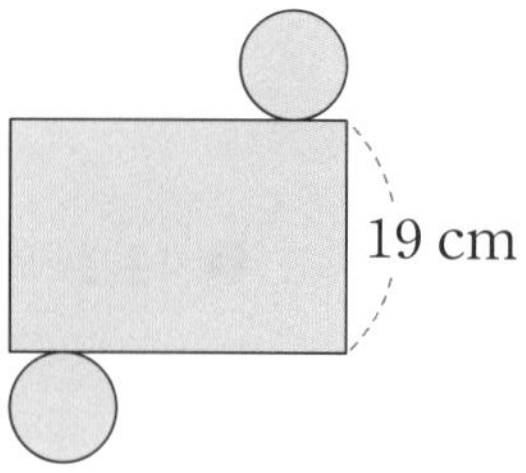

19 cm

03

유형 04 **A**

오른쪽 구를 위에서 본 모양의 넓이는 몇 cm²인지 구하세요.(원주율 : 3.1)

(   )

8 cm

14 cm

11 cm

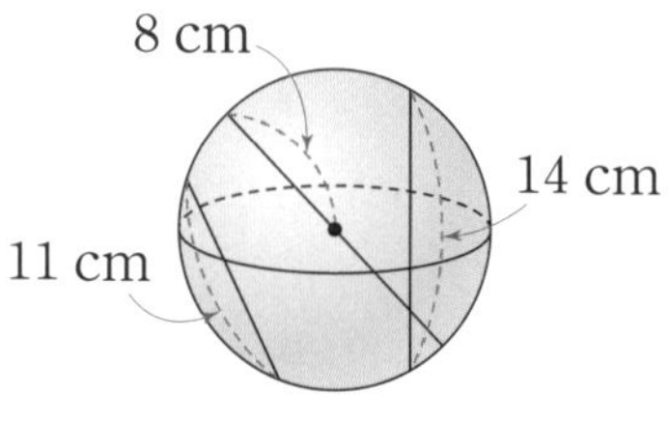

04

⚭ 유형 03 Ⓐ

철사를 사용하여 오른쪽과 같은 원뿔 모양을 만들었습니다. 사용한 철사의 길이가 모두 63 cm라면 밑면을 만드는 데 사용한 철사의 길이는 몇 cm인지 구하세요.(단, 철사를 이은 부분의 길이는 생각하지 않습니다.)

9 cm

(   )

05

⚭ 유형 02 Ⓑ

오른쪽 원기둥의 옆면의 넓이가 439.6 cm^2입니다. 이 원기둥의 전개도의 옆면의 둘레는 몇 cm인지 구하세요.(원주율 : 3.14)

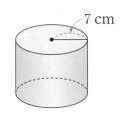

7 cm

(   )

06

오른쪽 직사각형을 선분 ㄱㄹ을 기준으로 한 바퀴 돌려서 입체도형을 만들었습니다. 만든 입체도형의 한 밑면의 둘레는 몇 cm인지 구하세요.(원주율 : 3)

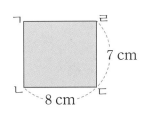

ㄱ   ㄹ

7 cm

ㄴ   8 cm   ㄷ

(   )

07 오른쪽은 반구 위에 원뿔을 쌓은 모양입니다. 이 입체도형을 앞에서 본 모양의 넓이는 몇 cm²인지 구하세요.(원주율 : 3.1)

유형 04 **B**

( )

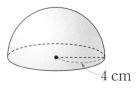

08 오른쪽은 어떤 평면도형을 한 변을 기준으로 한 바퀴 돌려서 만든 입체도형입니다. 돌리기 전 평면도형의 둘레는 몇 cm인지 구하세요.

(원주율 : 3.14)

( )

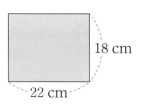

09 오른쪽과 같은 직사각형 모양의 종이에 밑면의 반지름이 3 cm인 원기둥의 전개도를 그려서 원기둥 모양의 상자를 만들려고 합니다. 높이를 최대한 높게 만든다면 상자의 높이는 몇 cm가 되는지 구하세요.(원주율 : 3)

유형 01 **D**

( )

10 오른쪽은 어떤 평면도형을 한 변을 기준으로 한 바퀴 돌려서 만든 입체도형입니다. 돌리기 전 평면도형의 넓이는 몇 cm²인지 구하세요.

유형 05 **B**

(　　　　　)

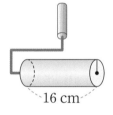

9 cm
13 cm
7 cm

11 오른쪽과 같은 원기둥 모양의 롤러에 페인트를 묻혀서 벽에 4바퀴 굴렸더니 페인트를 칠한 부분의 넓이가 1190.4 cm²였습니다. 롤러의 밑면의 반지름은 몇 cm인지 구하세요.(원주율 : 3.1)

유형 02 **A+**

(　　　　　)

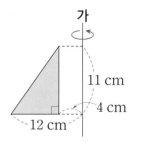

16 cm

12 오른쪽 평면도형을 직선 가를 기준으로 한 바퀴 돌려서 입체도형을 만들었습니다. 만든 입체도형을 직선 가를 품은 평면으로 자른 단면의 넓이는 몇 cm²인지 구하세요.(원주율 : 3.14)

유형 06 **A+B**

(　　　　　)

가

11 cm
4 cm
12 cm

기적학습연구소

"혼자서 작은 산을 넘는 아이가 나중에 큰 산도 넘습니다."

본 연구소는 아이들이 스스로 큰 산까지 넘을 수 있는 힘을 키워 주고자 합니다.

아이들의 연령에 맞게 학습의 산을 작게 설계하여 혼자서 넘을 수 있다는 자신감을 심어 주고,

때로는 작은 고난도 경험하게 하여 가슴 벅찬 성취감을 느끼게 합니다.

국어, 수학 분과의 학습 전문가들이 아이들에게 실제로 적용해서 검증하며 차근차근 책을 출간합니다.

- 국어 분과 대표 저작물 : 〈기적의 독서논술〉, 〈기적의 독해력〉 외 다수
- 수학 분과 대표 저작물 : 〈기적의 계산법〉, 〈기적의 계산법 응용UP〉, 〈기적의 중학연산〉 외 다수

기적의 문제해결법 8권(초등6-2)

초판 발행 2023년 1월 1일

지은이 기적학습연구소
발행인 이종원
발행처 길벗스쿨
출판사 등록일 2006년 7월 1일
주소 서울시 마포구 월드컵로 10길 56(서교동)
대표 전화 02)332-0931 | **팩스** 02)333-5409
홈페이지 school.gilbut.co.kr | **이메일** gilbut@gilbut.co.kr

기획 김미숙(winnerms@gilbut.co.kr) | **편집진행** 홍현경
제작 이준호, 손일순, 이진혁 | **영업마케팅** 문세연, 박다슬 | **웹마케팅** 박달님, 정유리, 윤승현
영업관리 김명자, 정경화 | **독자지원** 윤정아, 최희창
디자인 퍼플페이퍼 | **삽화** 이탁근
전산편집 글사랑 | **CTP 출력·인쇄** 교보피앤비 | **제본** 경문제책

▶ 잘못 만든 책은 구입한 서점에서 바꿔 드립니다.

ISBN 979-11-6406-496-0 64410
(길벗 도서번호 10846)

정가 15,000원

독자의 1초를 아껴주는 정성 길벗출판사

길벗스쿨 국어학습서, 수학학습서, 어학학습서, 어린이교양서, 교과서 school.gilbut.co.kr
길벗 IT실용서, IT/일반 수험서, IT전문서, 경제실용서, 취미실용서, 건강실용서, 자녀교육서 www.gilbut.co.kr
더퀘스트 인문교양서, 비즈니스서
길벗이지톡 어학단행본, 어학수험서

memo

memo

기적의 문제 해결법

8 초등 6-2

정답과 풀이

차례

1 분수의 나눗셈

유형 01

10쪽 1 ❶ 2, 밑변　❷ $3\frac{3}{5}$ cm　답 $3\frac{3}{5}$ cm

2 $3\frac{8}{9}$ cm　　3 $13\frac{1}{14}$ cm

11쪽 4 ❶ $6\frac{3}{7}$ L　❷ 6번　답 6번

5 4번　　6 6번

12쪽 7 ❶ $\frac{32}{5}$ m²　❷ 32 m²　답 32 m²

8 6 L　　9 16개

13쪽 10 ❶ $\frac{26}{45}$ kg　❷ $1\frac{7}{13}$ 배　답 $1\frac{7}{13}$ 배

11 $1\frac{2}{27}$ 배　　12 $1\frac{4}{5}$ 배

유형 02

14쪽 1 ❶ ■÷$\frac{4}{5}$×6　❷ $\boxed{\frac{15}{2}}$

❸ $\frac{4}{11}$　답 $\frac{4}{11}$

2 $2\frac{2}{5}$　　3 $8\frac{1}{3}$

15쪽 4 ❶ ■×$\frac{5}{8}$÷3　❷ 20　❸ 96　답 96

5 $\frac{5}{6}$　　6 $\frac{63}{100}$

유형 03

16쪽 1 ❶ 4×■, 18　❷ 1, 2, 3, 4　답 1, 2, 3, 4

2 5　　3 11

17쪽 4 ❶ $\frac{6}{■}$　❷ 1, 2, 3, 6　❸ 1, 3　답 1, 3

5 1, 11　　6 13

유형 04

18쪽 1 ❶ 작은　❷ $9\frac{5}{6}$, $1\frac{3}{4}$　❸ $5\frac{13}{21}$

답 $5\frac{13}{21}$　2 $3\frac{1}{2}$　3 $4\frac{4}{11}$

19쪽 4 ❶ 작은, 큰　❷ $8\frac{2}{3}$, $1\frac{2}{5}$　❸ $\frac{21}{130}$

답 $\frac{21}{130}$　5 $\frac{56}{155}$　6 $\frac{14}{61}$

20쪽 7 ❶ $2\frac{13}{32}$　❷ 2　❸ 2　답 2

8 $29\frac{7}{10}$　　9 $4\frac{11}{20}$

유형 05

21쪽 1 ❶ ■×$\frac{8}{15}$　❷ 30 m²

❸ 14 m²　답 14 m²

2 15개　　3 24쪽

22쪽 4 ❶ $\frac{3}{5}$　❷ $\frac{3}{20}$　❸ 160 cm

답 160 cm

5 30000원　　6 $9\frac{3}{7}$ km

유형 06

23쪽 1 ❶ $\frac{3}{4}$시간　❷ $\frac{10}{3}$ km

❸ $4\frac{2}{3}$ km　답 $4\frac{2}{3}$ km

2 235 km　　3 102 km

24쪽 4 ❶ $\frac{1}{8}$시간　❷ $2\frac{1}{2}$시간　답 $2\frac{1}{2}$시간

5 $1\frac{2}{25}$시간　　6 $2\frac{1}{2}$분

25쪽 7 ❶ $5\frac{4}{7}$ cm　❷ $\frac{130}{49}$ cm

❸ $2\frac{11}{26}$시간　답 $2\frac{11}{26}$시간

8 $3\frac{2}{5}$시간　　9 $5\frac{2}{5}$시간

유형 07

26쪽 1 ❶ $\frac{8}{15}$　❷ $\frac{5}{9}$　❸ $1\frac{1}{24}$시간

답 $1\frac{1}{24}$시간　2 $16\frac{1}{2}$분　3 $1\frac{1}{12}$시간

27쪽 4 ❶ $\frac{4}{15}$, $\frac{2}{15}$　❷ $\frac{2}{5}$　❸ $2\frac{1}{2}$시간

답 $2\frac{1}{2}$시간　5 $1\frac{1}{20}$시간　6 9일

28쪽 7 ❶ $\frac{1}{8}$　❷ $\frac{1}{40}$　❸ 40시간　답 40시간

8 3시간　　9 $18\frac{3}{4}$시간

유형 마스터

29쪽 01 $4\frac{4}{5}$ cm　02 $1\frac{5}{22}$　03 $\frac{4}{7}$ L

30쪽 04 38320원　05 1, 5　06 $\frac{1}{6}$

31쪽 07 $5\frac{1}{2}$시간　08 $3\frac{6}{7}$ m　09 $6\frac{2}{3}$시간

2 소수의 나눗셈

3 공간과 입체

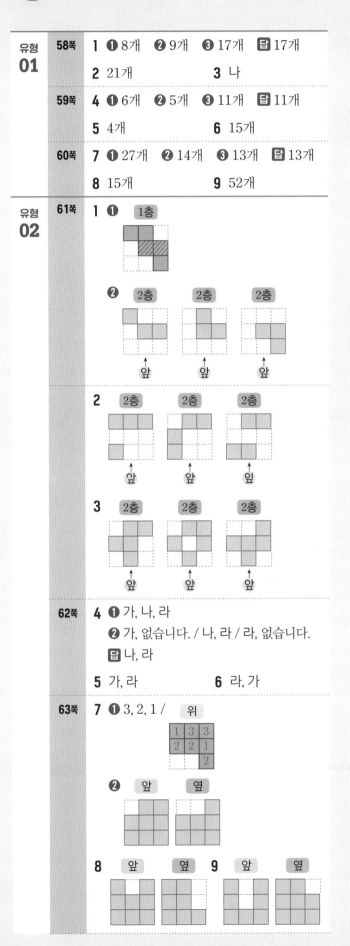
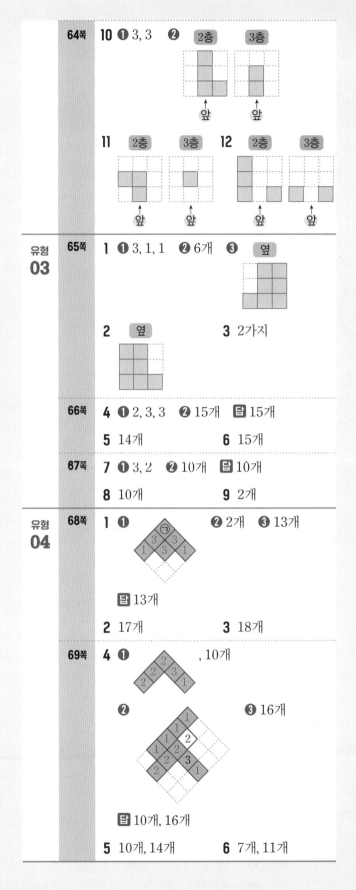

4 비례식과 비례배분

5 원의 넓이

6 원기둥, 원뿔, 구

1 분수의 나눗셈

		유형 **01** 분수의 나눗셈의 활용
10쪽	**1**	❶ 2, 밑변　❷ $3\frac{3}{5}$ cm　🄳 $3\frac{3}{5}$ cm
	2	$3\frac{8}{9}$ cm　　　**3** $13\frac{1}{14}$ cm
11쪽	**4**	❶ $6\frac{3}{7}$ L　❷ 6번　🄳 6번
	5	4번　　　　**6** 6번
12쪽	**7**	❶ $\frac{32}{5}$ m²　❷ 32 m²　🄳 32 m²
	8	6 L　　　　**9** 16개
13쪽	**10**	❶ $\frac{26}{45}$ kg　❷ $1\frac{7}{13}$ 배　🄳 $1\frac{7}{13}$ 배
	11	$1\frac{2}{27}$ 배　　　**12** $1\frac{4}{5}$ 배

1 ❷ (높이)$=10\frac{1}{5}\times2\div5\frac{2}{3}=\frac{51}{5}\times2\div\frac{17}{3}$

$$=\frac{\overset{3}{\cancel{51}}}{5}\times2\times\frac{3}{\underset{1}{\cancel{17}}}=\frac{18}{5}=3\frac{3}{5}\text{(cm)}$$

2 (마름모의 넓이)
$=$ (한 대각선의 길이)$\times$(다른 대각선의 길이)$\div2$에서
(다른 대각선의 길이)
$=$(마름모의 넓이)$\times2\div$(한 대각선의 길이)

$=6\frac{2}{3}\times2\div3\frac{3}{7}=\frac{20}{3}\times2\div\frac{24}{7}=\frac{20}{3}\times2\times\frac{7}{\underset{\underset{3}{6}}{\cancel{24}}}$

$=\frac{35}{9}=3\frac{8}{9}\text{(cm)}$

3 (세로)$=$(직사각형의 넓이)$\div$(가로)

$$=9\frac{9}{14}\div4\frac{2}{7}=\frac{135}{14}\div\frac{30}{7}=\frac{\overset{9}{\cancel{135}}}{\underset{2}{\cancel{14}}}\times\frac{\overset{1}{\cancel{7}}}{\underset{2}{\cancel{30}}}$$

$$=\frac{9}{4}=2\frac{1}{4}\text{(cm)}$$

⇨ (직사각형의 둘레)$=($(가로)$+$(세로)$)\times2$

$$=(4\frac{2}{7}+2\frac{1}{4})\times2=6\frac{15}{28}\times2$$

$$=\frac{183}{\underset{14}{\cancel{28}}}\times\cancel{2}=\frac{183}{14}=13\frac{1}{14}\text{(cm)}$$

4 ❶ (더 부어야 하는 물의 양)
$=$(물통의 들이)$-$(들어 있는 물의 양)
$=12-5\frac{4}{7}=6\frac{3}{7}\text{(L)}$

❷ $6\frac{3}{7}\div1\frac{1}{14}=\frac{45}{7}\div\frac{15}{14}=\frac{\overset{3}{\cancel{45}}}{\underset{1}{\cancel{7}}}\times\frac{\overset{2}{\cancel{14}}}{\underset{1}{\cancel{15}}}=6\text{(번)}$

⇨ $1\frac{1}{14}$ L 들이 그릇으로 물을 적어도 6번 부어야
합니다.

5 (더 부어야 하는 물의 양)$=10-2\frac{2}{3}=7\frac{1}{3}\text{(L)}$

⇨ $7\frac{1}{3}\div1\frac{5}{6}=\frac{22}{3}\div\frac{11}{6}=\frac{\overset{2}{\cancel{22}}}{\underset{1}{\cancel{3}}}\times\frac{\overset{2}{\cancel{6}}}{\underset{1}{\cancel{11}}}=4$이므로

$1\frac{5}{6}$ L 들이 그릇으로 물을 적어도 4번 부어야 합니다.

6 (더 부어야 하는 물의 양)

$=(8\frac{2}{5}$ L의 반$)=8\frac{2}{5}\div2=\frac{\overset{21}{\cancel{42}}}{5}\times\frac{1}{\underset{1}{\cancel{2}}}=\frac{21}{5}\text{(L)}$

⇨ $\frac{21}{5}\div\frac{7}{10}=\frac{\overset{3}{\cancel{21}}}{\underset{1}{\cancel{5}}}\times\frac{\overset{2}{\cancel{10}}}{\underset{1}{\cancel{7}}}=6$이므로

$\frac{7}{10}$ L들이 그릇으로 물을 적어도 6번 부어야 합니다.

7 ❶ (1 L로 칠할 수 있는 넓이)
$=$(칠한 넓이)$\div$(사용한 페인트 양)
$=17\frac{3}{5}\div2\frac{3}{4}=\frac{88}{5}\div\frac{11}{4}$

$=\frac{\overset{8}{\cancel{88}}}{5}\times\frac{4}{\underset{1}{\cancel{11}}}=\frac{32}{5}\text{(m}^2)$

❷ (5 L로 칠할 수 있는 넓이)
$=$(1 L로 칠할 수 있는 넓이)$\times5$
$=\frac{32}{\underset{1}{\cancel{5}}}\times\overset{1}{\cancel{5}}=32\text{(m}^2)$

8 (포도 1 kg으로 만들 수 있는 포도 주스 양)

$=1\frac{2}{3}\div2\frac{7}{9}=\frac{5}{3}\div\frac{25}{9}=\frac{\overset{1}{\cancel{5}}}{\underset{1}{\cancel{3}}}\times\frac{\overset{3}{\cancel{9}}}{\underset{5}{\cancel{25}}}=\frac{3}{5}\text{(L)}$

⇨ (포도 10 kg으로 만들 수 있는 포도 주스 양)

$=\frac{3}{\underset{1}{\cancel{5}}}\times\overset{2}{\cancel{10}}=6\text{(L)}$

9 (색 테이프 1 m로 만들 수 있는 리본 수)
$$=3\div\frac{5}{8}=3\times\frac{8}{5}=\frac{24}{5}(\text{개})$$

⇨ (색 테이프 $3\frac{1}{3}$ m로 만들 수 있는 리본 수)

$$=\frac{24}{5}\times3\frac{1}{3}=\frac{24}{\overset{8}{5}}\times\frac{\overset{2}{10}}{\underset{1}{3}}=16(\text{개})$$

10 ❶ (남은 지점토의 무게)
$$=1\frac{7}{15}-\frac{8}{9}=\frac{22}{15}-\frac{8}{9}=\frac{66}{45}-\frac{40}{45}=\frac{26}{45}\ (\text{kg})$$
❷ (사용한 지점토의 무게)÷(남은 지점토의 무게)
$$=\frac{8}{9}\div\frac{26}{45}=\frac{8}{\underset{1}{9}}\times\frac{\overset{5}{45}}{\underset{13}{26}}=\frac{20}{13}=1\frac{7}{13}(\text{배})$$

11 (집에서 공원까지의 거리)
$$=3\frac{3}{8}+\frac{1}{4}=\frac{27}{8}+\frac{2}{8}=\frac{29}{8}(\text{km})$$

⇨ (집에서 공원까지의 거리)÷(집에서 학교까지의 거리)
$$=\frac{29}{8}\div3\frac{3}{8}=\frac{29}{8}\div\frac{27}{8}=\frac{29}{27}=1\frac{2}{27}(\text{배})$$

12 (국화를 심은 부분의 넓이)$=\overset{4}{20}\times\frac{3}{\underset{1}{5}}=12(\text{m}^2)$

⇨ (국화를 심은 부분의 넓이)÷(장미를 심은 부분의 넓이)
$$=12\div6\frac{2}{3}=12\div\frac{20}{3}=\overset{3}{12}\times\frac{3}{\underset{5}{20}}=\frac{9}{5}=1\frac{4}{5}(\text{배})$$

유형 **02** 어떤 수 구하기

14쪽	**1**	❶ $\blacksquare\div\frac{4}{5}\times6$	❷ $\dfrac{\boxed{15}}{\boxed{2}}$	❸ $\dfrac{4}{11}$	답 $\dfrac{4}{11}$
	2	$2\frac{2}{5}$		**3**	$8\frac{1}{3}$
15쪽	**4**	❶ $\blacksquare\times\frac{5}{8}\div3$	❷ 20	❸ 96	답 96
	5	$\dfrac{5}{6}$		**6**	$\dfrac{63}{100}$

---

1 ❷ $\blacksquare\div\frac{4}{5}\times6=2\frac{8}{11}$,

$$\blacksquare\times\frac{5}{\underset{2}{4}}\times\overset{3}{6}=2\frac{8}{11},\ \blacksquare\times\frac{15}{2}=2\frac{8}{11}$$

❸ $\blacksquare\times\frac{15}{2}=2\frac{8}{11}$,

$$\blacksquare=2\frac{8}{11}\div\frac{15}{2}=\frac{30}{11}\times\frac{2}{\underset{1}{15}}=\frac{4}{11}$$

---

2 어떤 수를 □라 하여 식으로 나타냅니다.

$$\square\times\frac{7}{8}\div\frac{3}{5}=3\frac{1}{2},$$

$$\square\times\frac{7}{8}\times\frac{5}{3}=3\frac{1}{2},\ \square\times\frac{35}{24}=3\frac{1}{2},$$

$$\square=3\frac{1}{2}\div\frac{35}{24}=\frac{7}{\underset{1}{2}}\times\frac{\overset{12}{24}}{\underset{5}{35}}=\frac{12}{5}=2\frac{2}{5}$$

3 어떤 수를 □라 하여 식으로 나타냅니다.

$$\square\div3\frac{3}{4}\div\frac{5}{9}=4,\ \square\div\frac{15}{4}\div\frac{5}{9}=4,$$

$$\square\times\frac{4}{\underset{5}{15}}\times\frac{\overset{3}{9}}{5}=4,\ \square\times\frac{12}{25}=4,$$

$$\square=4\div\frac{12}{25}=\overset{1}{4}\times\frac{25}{\underset{3}{12}}=\frac{25}{3}=8\frac{1}{3}$$

4 ❷ $\blacksquare\times\frac{5}{8}\div3=4\frac{1}{6}$,

$$\blacksquare\times\frac{5}{8}\times\frac{1}{3}=4\frac{1}{6},\ \blacksquare\times\frac{5}{24}=4\frac{1}{6},$$

$$\blacksquare=4\frac{1}{6}\div\frac{5}{24}=\frac{25}{\underset{1}{6}}\times\frac{\overset{4}{24}}{\underset{1}{5}}=20$$

❸ 어떤 수는 20이므로 바르게 계산하면
$$20\div\frac{5}{8}\times3=\overset{4}{20}\times\frac{8}{\underset{1}{5}}\times3=96\text{입니다.}$$

5 어떤 수를 □라 하여 잘못 계산한 식을 만들면
$$\square\div\frac{5}{8}\times1\frac{1}{4}=3\frac{1}{3}\text{입니다.}$$

$$\square\div\frac{5}{8}\times1\frac{1}{4}=3\frac{1}{3},\ \square\times\frac{\overset{2}{8}}{5}\times\frac{\overset{1}{5}}{\underset{1}{4}}=3\frac{1}{3},$$

$$\square\times2=3\frac{1}{3},\ \square=3\frac{1}{3}\div2=\frac{10}{3}\times\frac{1}{\underset{1}{2}}=\frac{5}{3}$$

어떤 수는 $\frac{5}{3}$이므로 바르게 계산하면

$$\frac{5}{3}\times\frac{5}{8}\div1\frac{1}{4}=\frac{5}{3}\times\frac{\overset{1}{5}}{\underset{2}{8}}\times\frac{\overset{1}{4}}{5}=\frac{5}{6}\text{입니다.}$$

6 어떤 수를 □라 하여 잘못 계산한 식을 만들면
$$\frac{9}{10}\times\square\div\frac{3}{5}=1\frac{2}{7}\text{입니다.}$$

$$\frac{9}{10}\times\square\div\frac{3}{5}=1\frac{2}{7},\ \frac{9}{\underset{2}{10}}\times\square\times\frac{\overset{1}{5}}{3}=1\frac{2}{7},$$

$$\frac{3}{2}\times\square=1\frac{2}{7},\ \square=1\frac{2}{7}\div\frac{3}{2}=\frac{9}{7}\times\frac{2}{\underset{1}{3}}=\frac{6}{7}$$

어떤 수는 $\frac{6}{7}$이므로 바르게 계산하면

$$\frac{9}{10} \div \frac{6}{7} \times \frac{3}{5} = \frac{\overset{3}{9}}{10} \times \frac{7}{\underset{2}{6}} \times \frac{3}{5} = \frac{63}{100} \text{입니다.}$$

		유형 03 □ 안에 알맞은 수 구하기	
16쪽	1	❶ $4 \times \blacksquare$, 18 ❷ 1, 2, 3, 4	답 1, 2, 3, 4
	2	5	3 11
17쪽	4	❶ $\frac{6}{\blacksquare}$ ❷ 1, 2, 3, 6 ❸ 1, 3	답 1, 3
	5	1, 11	6 13

1 ❶ $24 \div \frac{6}{\blacksquare} = 24 \times \frac{\blacksquare}{6} = 4 \times \blacksquare,$

$15 \div \frac{5}{9} \times \frac{2}{3} = \overset{3}{15} \times \frac{9}{\underset{1}{5}} \times \frac{2}{\underset{1}{3}} = 18$

⇨ $4 \times \blacksquare < 18$

❷ $4 \times \blacksquare = 18$일 때 $\blacksquare = 18 \div 4 = 4.5$이므로
$4 \times \blacksquare < 18$이려면 $\blacksquare < 4.5$이어야 합니다.
⇨ $\blacksquare$에 알맞은 자연수는 1, 2, 3, 4입니다.

2 $7 \div \frac{1}{6} = 7 \times \frac{6}{1} = 42,$

$21 \div \frac{3}{\square} = \overset{7}{21} \times \frac{\square}{\underset{1}{3}} = 7 \times \square$이므로

$42 > 7 \times \square$입니다.
$42 = 7 \times \square$일 때 $\square = 6$이므로 $42 > 7 \times \square$이려면
$\square < 6$이어야 합니다.
⇨ $\square$ 안에 들어갈 수 있는 6보다 작은 자연수는 1, 2, 3,
4, 5이고 이 중에서 가장 큰 수는 5입니다.

3 $14 \div \frac{4}{9} = \overset{7}{14} \times \frac{9}{\underset{2}{4}} = \frac{63}{2} = 31\frac{1}{2},$

$6 \div \frac{2}{\square} = \overset{3}{6} \times \frac{\square}{\underset{1}{2}} = 3 \times \square$이므로

$31\frac{1}{2} < 3 \times \square < 35$입니다.

$3 \times \square$가 될 수 있는 자연수 32, 33, 34이고, 이 중에서
$\square$가 자연수가 되는 경우는 $3 \times \square = 33$일 때입니다.
따라서 $\square = 33 \div 3 = 11$이므로 □ 안에 들어갈 수 있는
수는 11입니다.

4 ❶ $\frac{3}{4} \div \frac{\blacksquare}{8} = \frac{3}{\underset{1}{4}} \times \frac{\overset{2}{8}}{\blacksquare} = \frac{6}{\blacksquare}$

❷ $\frac{6}{\blacksquare}$이 자연수가 되어야 하므로 $\blacksquare$는 6의 약수인
1, 2, 3, 6이 되어야 합니다.

❸ $\frac{\blacksquare}{8}$가 기약분수이므로 $\blacksquare$에 알맞은 수는
1, 2, 3, 6 중에서 1, 3입니다.

5 $1\frac{5}{6} \div \frac{\square}{12} = \frac{11}{\underset{1}{6}} \times \frac{\overset{2}{12}}{\square} = \frac{22}{\square}$

⇨ $\frac{22}{\square}$가 자연수가 되어야 하므로 □ 안에 들어갈 수 있
는 수는 22의 약수인 1, 2, 11, 22입니다.
이 중에서 $\frac{\square}{12}$가 기약분수이므로 □ 안에 들어갈 수
있는 수는 1, 11입니다.

6 $\frac{21}{\square} \div \frac{7}{13} = \frac{\overset{3}{21}}{\square} \times \frac{13}{\underset{1}{7}} = \frac{39}{\square}$

⇨ $\frac{39}{\square}$가 자연수가 되어야 하므로 □ 안에 들어갈 수 있
는 수는 39의 약수인 1, 3, 13, 39입니다.
이 중에서 $\frac{21}{\square}$이 기약분수이고 □가 1보다 커야 하므
로 □ 안에 들어갈 수 있는 수는 13입니다.

		유형 04 수 카드로 분수의 나눗셈식 만들기	
18쪽	1	❶ 작은 ❷ $9\frac{5}{6}$, $1\frac{3}{4}$	
		❸ $5\frac{13}{21}$ 답 $5\frac{13}{21}$	
	2	$3\frac{1}{2}$	3 $4\frac{4}{11}$
19쪽	4	❶ 작은, 큰 ❷ $8\frac{2}{3}$, $1\frac{2}{5}$	
		❸ $\frac{21}{130}$ 답 $\frac{21}{130}$	
	5	$\frac{56}{155}$	6 $\frac{14}{61}$
20쪽	7	❶ $2\frac{13}{32}$ ❷ 2 ❸ 2 답 2	
	8	$29\frac{7}{10}$	9 $4\frac{11}{20}$

1 ❶ 나누어지는 수가 클수록, 나누는 수가 작을수록 몫은
커집니다.
❷ 연아보다 솔이의 수 카드의 수가 더 크므로 가장 큰
대분수를 솔이의 수 카드로 만들면 $9\frac{5}{6}$, 가장 작은

대분수를 연아의 수 카드로 만들면 $1\frac{3}{4}$입니다.

❸ $9\frac{5}{6} \div 1\frac{3}{4} = \frac{59}{6} \div \frac{7}{4} = \frac{59}{\underset{3}{6}} \times \frac{\overset{2}{4}}{7} = \frac{118}{21} = 5\frac{13}{21}$

2 구름이보다 바람이의 수 카드의 수가 더 크므로
가장 큰 대분수를 바람이의 수 카드로 만들면 $9\frac{5}{8}$,
가장 작은 대분수를 구름이의 수 카드로 만들면 $2\frac{3}{4}$입니다.

$\Rightarrow 9\frac{5}{8} \div 2\frac{3}{4} = \frac{77}{8} \div \frac{11}{4} = \frac{\overset{7}{\cancel{77}}}{\underset{2}{\cancel{8}}} \times \frac{\overset{1}{\cancel{4}}}{\underset{1}{\cancel{11}}} = \frac{7}{2} = 3\frac{1}{2}$

3 나눗셈식의 몫이 가장 커야 하므로 가장 큰 수 8을 자연수 부분에 놓고, 나머지 3장의 수 카드로 가장 작은 대분수를 만들면 $1\frac{5}{6}$입니다.

$\Rightarrow 8 \div 1\frac{5}{6} = 8 \div \frac{11}{6} = 8 \times \frac{6}{11} = \frac{48}{11} = 4\frac{4}{11}$

4 ❶ 나누어지는 수가 작을수록, 나누는 수가 클수록 몫은 작아집니다.
❷ 지수에게 가장 작은 수가 있고, 영규에게 가장 큰 수가 있으므로 가장 큰 대분수를 영규의 수 카드로 만들면 $8\frac{2}{3}$, 가장 작은 대분수를 지수의 수 카드로 만들면 $1\frac{2}{5}$입니다.
❸ $1\frac{2}{5} \div 8\frac{2}{3} = \frac{7}{5} \div \frac{26}{3} = \frac{7}{5} \times \frac{3}{26} = \frac{21}{130}$

5

민찬 :	2		4	5	
영진 :		3	4		7

민찬이에게 가장 작은 수가 있고, 영진이에게 가장 큰 수가 있으므로 가장 작은 대분수를 민찬이의 수 카드로 만들면 $2\frac{4}{5}$, 가장 큰 대분수를 영진이의 수 카드로 만들면 $7\frac{3}{4}$입니다.

$\Rightarrow 2\frac{4}{5} \div 7\frac{3}{4} = \frac{14}{5} \div \frac{31}{4} = \frac{14}{5} \times \frac{4}{31} = \frac{56}{155}$

6 나눗셈식의 몫이 가장 작아야 하므로 가장 작은 수 2를 자연수 부분에 놓고, 나머지 3장의 수 카드로 가장 큰 대분수를 만들면 $8\frac{5}{7}$입니다.

$\Rightarrow 2 \div 8\frac{5}{7} = 2 \div \frac{61}{7} = 2 \times \frac{7}{61} = \frac{14}{61}$

7 ❶ $1\frac{3}{8} \div \frac{4}{7} = \frac{11}{8} \times \frac{7}{4} = \frac{77}{32} = 2\frac{13}{32}$

❷ $1\frac{3}{4} \div \frac{7}{8} = \frac{\overset{1}{\cancel{7}}}{\underset{1}{\cancel{4}}} \times \frac{\overset{2}{\cancel{8}}}{\underset{1}{\cancel{7}}} = 2$

❸ 두 식의 몫을 비교하면 $2\frac{13}{32} > 2$이므로 가장 작은 몫은 2입니다.

8 나누어지는 수가 클수록, 나누는 수가 작을수록 몫이 커집니다.

• 대분수를 가장 크게 만들었을 때 가장 큰 몫 구하기

$\rightarrow 9\frac{5}{6} \div \frac{2}{3} = \frac{59}{\underset{2}{\cancel{6}}} \times \frac{\overset{1}{\cancel{3}}}{2} = \frac{59}{4} = 14\frac{3}{4}$

• 진분수를 가장 작게 만들었을 때 가장 큰 몫 구하기

$\rightarrow 6\frac{3}{5} \div \frac{2}{9} = \frac{33}{5} \times \frac{9}{2} = \frac{297}{10} = 29\frac{7}{10}$

$\Rightarrow 14\frac{3}{4} < 29\frac{7}{10}$이므로 가장 큰 몫은 $29\frac{7}{10}$입니다.

9 〈재영〉 가장 큰 대분수 : $7\frac{1}{3}$, 가장 작은 대분수 : $1\frac{3}{7}$

〈현수〉 가장 큰 대분수 : $6\frac{2}{4}$, 가장 작은 대분수 : $2\frac{4}{6}$

몫을 가장 크게 하려면 (가장 큰 대분수)÷(가장 작은 대분수)의 나눗셈식을 만듭니다.

$7\frac{1}{3} \div 2\frac{4}{6} = 7\frac{1}{3} \div 2\frac{2}{3} = \frac{22}{3} \div \frac{8}{3} = \frac{\overset{11}{\cancel{22}}}{\underset{4}{\cancel{8}}} = \frac{11}{4} = 2\frac{3}{4}$

$6\frac{2}{4} \div 1\frac{3}{7} = 6\frac{1}{2} \div 1\frac{3}{7} = \frac{13}{2} \div \frac{10}{7} = \frac{13}{2} \times \frac{7}{10}$

$\qquad = \frac{91}{20} = 4\frac{11}{20}$

$\Rightarrow 2\frac{3}{4} < 4\frac{11}{20}$이므로 가장 큰 몫은 $4\frac{11}{20}$입니다.

> ### 유형 **05** 전체와 부분의 양 구하기
>
> | 21쪽 | **1** ❶ ■×$\frac{8}{15}$ ❷ 30 m² |
> |---|---|
> | | ❸ 14 m² 🔲 14 m² |
> | | **2** 15개   **3** 24쪽 |
> | 22쪽 | **4** ❶ $\frac{3}{5}$ ❷ $\frac{3}{20}$ ❸ 160 cm 🔲 160 cm |
> | | **5** 30000원   **6** $9\frac{3}{7}$ km |

1 ❶ ■ m²의 $\frac{8}{15}$이 16 m²이므로 ■×$\frac{8}{15}$=16입니다.

❷ ■=$16 \div \frac{8}{15} = \overset{2}{\cancel{16}} \times \frac{15}{\underset{1}{\cancel{8}}} = 30$(m²)

❸ 텃밭의 넓이가 30 m²이므로
(배추를 심은 부분의 넓이)=30−16=14(m²)

2 유진이가 접은 종이학 수를 □개라 하면
□개의 $\frac{4}{9}$가 12개이므로 □×$\frac{4}{9}$=12입니다.

□×$\frac{4}{9}$=12, □=$12 \div \frac{4}{9} = \overset{3}{\cancel{12}} \times \frac{9}{\underset{1}{\cancel{4}}} = 27$

$\Rightarrow$ 유진이가 접은 종이학이 27개이므로
(친구에게 주고 남은 종이학 수)=27−12=15(개)

3 남은 쪽수가 전체의 $\frac{2}{7}$이므로 영규가 지금까지 읽은 쪽

수는 전체의 $1-\frac{2}{7}=\frac{5}{7}$입니다.

전체 쪽수를 □쪽이라 하면 □쪽의 $\frac{5}{7}$가 60쪽이므로

$□\times\frac{5}{7}=60$입니다.

$□\times\frac{5}{7}=60,\ □=60\div\frac{5}{7}=\overset{12}{60}\times\frac{7}{\underset{1}{5}}=84$

➡ 전체가 84쪽이므로 (남은 쪽수)$=84-60=24$(쪽)
입니다.

4 ❶ 리본을 만든 길이 : $■\times\frac{2}{5}$

리본을 만들고 남은 길이 : $■\times(1-\frac{2}{5})=■\times\frac{3}{5}$

❷ 포장하는 데 사용한 길이 : $■\times\frac{3}{5}\times\frac{3}{4}$

포장하고 남은 길이 : $■\times\frac{3}{5}\times(1-\frac{3}{4})=24,$

$■\times\frac{3}{5}\times\frac{1}{4}=24,\ ■\times\frac{3}{20}=24$

❸ $■\times\frac{3}{20}=24,\ ■=24\div\frac{3}{20}=\overset{8}{24}\times\frac{20}{\underset{1}{3}}=160$

5 민서의 한 달 용돈을 □원이라 하면

취미 생활을 하고 남은 돈 : $□\times(1-\frac{3}{5})$

저축을 하고 남은 돈(8000원) :

$□\times(1-\frac{3}{5})\times(1-\frac{1}{3})=8000$

➡ $□\times(1-\frac{3}{5})\times(1-\frac{1}{3})=8000,$

$□\times\frac{2}{5}\times\frac{2}{3}=8000,\ □\times\frac{4}{15}=8000,$

$□=8000\div\frac{4}{15}=\overset{2000}{8000}\times\frac{15}{\underset{1}{4}}=30000$(원)

6 지후네 집에서 미술관까지의 거리를 □km라 하면

버스를 타고 남은 거리 : $□\times(1-\frac{3}{10})$

┌ 걸어서 간 거리
지하철을 타고 남은 거리($\frac{3}{5}$ km) :

$□\times(1-\frac{3}{10})\times(1-\frac{10}{11})=\frac{3}{5}$

➡ $□\times(1-\frac{3}{10})\times(1-\frac{10}{11})=\frac{3}{5},$

$□\times\frac{7}{10}\times\frac{1}{11}=\frac{3}{5},\ □\times\frac{7}{110}=\frac{3}{5},$

$□=\frac{3}{5}\div\frac{7}{110}=\frac{3}{\underset{1}{5}}\times\frac{\overset{22}{110}}{7}=\frac{66}{7}=9\frac{3}{7}$

유형 06 거리, 시간 구하기

23쪽	**1** ❶ $\frac{3}{4}$시간 ❷ $\frac{10}{3}$ km
	❸ $4\frac{2}{3}$ km 🈷 $4\frac{2}{3}$ km
	2 235 km **3** 102 km
24쪽	**4** ❶ $\frac{1}{8}$시간 ❷ $2\frac{1}{2}$시간 🈷 $2\frac{1}{2}$시간
	5 $1\frac{2}{25}$시간 **6** $2\frac{1}{2}$분
25쪽	**7** ❶ $5\frac{4}{7}$ cm ❷ $\frac{130}{49}$ cm
	❸ $2\frac{11}{26}$시간 🈷 $2\frac{11}{26}$시간
	8 $3\frac{2}{5}$시간 **9** $5\frac{2}{5}$시간

1 ❶ 45분$=\frac{45}{60}$시간$=\frac{3}{4}$시간

❷ $2\frac{1}{2}\div\frac{3}{4}=\frac{5}{2}\div\frac{3}{4}=\frac{5}{2}\times\frac{\overset{2}{4}}{3}=\frac{10}{3}$(km)

❸ ($1\frac{2}{5}$시간 동안 걷는 거리)

$=$(1시간 동안 걷는 거리)$\times 1\frac{2}{5}$

$=\frac{10}{3}\times1\frac{2}{5}=\frac{10}{3}\times\frac{7}{\underset{1}{5}}=\frac{14}{3}=4\frac{2}{3}$(km)

2 40분$=\frac{40}{60}$시간$=\frac{2}{3}$시간

(1시간 동안 갈 수 있는 거리)

$=40\frac{2}{7}\div\frac{2}{3}=\frac{\overset{141}{282}}{7}\times\frac{3}{\underset{1}{2}}=\frac{423}{7}$(km)

➡ ($3\frac{8}{9}$시간 동안 갈 수 있는 거리)

$=\frac{423}{7}\times3\frac{8}{9}=\frac{\overset{47}{423}}{\underset{1}{7}}\times\frac{\overset{5}{35}}{\underset{1}{9}}=235$(km)

3 (1시간 동안 갈 수 있는 거리)

$=60\frac{4}{9}\div1\frac{1}{3}=\frac{544}{9}\div\frac{4}{3}=\frac{544}{\underset{3}{9}}\times\frac{3}{\underset{1}{4}}=\frac{136}{3}$(km)

2시간 15분$=2\frac{15}{60}$시간$=2\frac{1}{4}$시간

➡ (2시간 15분 동안 갈 수 있는 거리)

$=\frac{136}{3}\times2\frac{1}{4}=\frac{\overset{34}{136}}{\underset{1}{3}}\times\frac{\overset{3}{9}}{\underset{1}{4}}=102$(km)

12 기적의 문제해결법 · 8권

4 ❶ $1\dfrac{5}{12} \div 11\dfrac{1}{3} = \dfrac{17}{12} \div \dfrac{34}{3}$

$= \dfrac{17}{\underset{4}{\cancel{12}}} \times \dfrac{\cancel{3}}{\underset{2}{\cancel{34}}} = \dfrac{1}{8}$ (시간)

❷ (20 km를 가는 데 걸리는 시간)

$= 20 \times$ (1 km를 가는 데 걸리는 시간)

$= \overset{5}{\cancel{20}} \times \dfrac{1}{\underset{2}{\cancel{8}}} = \dfrac{5}{2} = 2\dfrac{1}{2}$ (시간)

> **다른 풀이**
>
> (1시간 동안 가는 거리)
>
> $= 11\dfrac{1}{3} \div 1\dfrac{5}{12} = \dfrac{34}{3} \div \dfrac{17}{12} = \dfrac{\overset{2}{\cancel{34}}}{\underset{1}{\cancel{3}}} \times \dfrac{\overset{4}{\cancel{12}}}{\underset{1}{\cancel{17}}} = 8$ (km)
>
> (20 km를 가는 데 걸리는 시간)
>
> $= 20 \div$ (1시간 동안 가는 거리)
>
> $= 20 \div 8 = \overset{5}{\cancel{20}} \times \dfrac{1}{\underset{2}{\cancel{8}}} = \dfrac{5}{2} = 2\dfrac{1}{2}$ (시간)

5 (1 km를 가는 데 걸리는 시간)

$= 1\dfrac{4}{5} \div 75 = \dfrac{\overset{3}{\cancel{9}}}{5} \times \dfrac{1}{\underset{25}{\cancel{75}}} = \dfrac{3}{125}$ (시간)

➡ (45 km를 가는 데 걸리는 시간)

$= 45 \times$ (1 km를 가는 데 걸리는 시간)

$= \overset{9}{\cancel{45}} \times \dfrac{3}{\underset{25}{\cancel{125}}} = \dfrac{27}{25} = 1\dfrac{2}{25}$ (시간)

> **다른 풀이**
>
> (1시간 동안 가는 거리)
>
> $= 75 \div 1\dfrac{4}{5} = 75 \div \dfrac{9}{5} = \overset{25}{\cancel{75}} \times \dfrac{5}{\underset{3}{\cancel{9}}} = \dfrac{125}{3}$ (km)
>
> ➡ (45 km를 가는 데 걸리는 시간)
>
> $= 45 \div$ (1시간 동안 가는 거리)
>
> $= 45 \div \dfrac{125}{3} = \overset{9}{\cancel{45}} \times \dfrac{3}{\underset{25}{\cancel{125}}} = \dfrac{27}{25} = 1\dfrac{2}{25}$ (시간)

6 (1 km를 가는 데 걸리는 시간)

$= 3 \div 5\dfrac{1}{4} = 3 \div \dfrac{21}{4} = \overset{1}{\cancel{3}} \times \dfrac{4}{\underset{7}{\cancel{21}}} = \dfrac{4}{7}$ (분)

➡ ($4\dfrac{3}{8}$ km를 가는 데 걸리는 시간)

$= 4\dfrac{3}{8} \times$ (1 km를 가는 데 걸리는 시간)

$= 4\dfrac{3}{8} \times \dfrac{4}{7} = \dfrac{\overset{5}{\cancel{35}}}{8} \times \dfrac{\overset{1}{\cancel{4}}}{\underset{1}{\cancel{7}}} = \dfrac{5}{2} = 2\dfrac{1}{2}$ (분)

> **다른 풀이**
>
> (1분 동안 가는 거리) $= 5\dfrac{1}{4} \div 3 = \dfrac{\overset{7}{\cancel{21}}}{4} \times \dfrac{1}{\underset{1}{\cancel{3}}} = \dfrac{7}{4}$ (km)
>
> ➡ ($4\dfrac{3}{8}$ km를 가는 데 걸리는 시간)
>
> $= 4\dfrac{3}{8} \div$ (1분 동안 가는 거리)
>
> $= 4\dfrac{3}{8} \div \dfrac{7}{4} = \dfrac{\overset{5}{\cancel{35}}}{8} \times \dfrac{\overset{1}{\cancel{4}}}{\underset{1}{\cancel{7}}} = \dfrac{5}{2} = 2\dfrac{1}{2}$ (분)

7 ❶ 12 cm에서 $6\dfrac{3}{7}$ cm가 남았으므로 양초가 탄 길이

는 $12 - 6\dfrac{3}{7} = 5\dfrac{4}{7}$ (cm)입니다.

❷ $2\dfrac{1}{10}$ 시간 동안 $5\dfrac{4}{7}$ cm가 탔으므로

(1시간 동안 타는 양초의 길이)

$= 5\dfrac{4}{7} \div 2\dfrac{1}{10} = \dfrac{39}{7} \div \dfrac{21}{10} = \dfrac{39}{7} \times \dfrac{10}{\underset{7}{\cancel{21}}}$

$= \dfrac{130}{49}$ (cm)

❸ (남은 양초가 다 타는 데 걸리는 시간)

$=$ (남은 양초의 길이) $\div$ (1시간 동안 타는 양초의 길이)

$= 6\dfrac{3}{7} \div \dfrac{130}{49} = \dfrac{\overset{9}{\cancel{45}}}{\underset{1}{\cancel{7}}} \times \dfrac{\overset{7}{\cancel{49}}}{\underset{26}{\cancel{130}}} = \dfrac{63}{26} = 2\dfrac{11}{26}$ (시간)

8 ($1\dfrac{2}{5}$ 시간 동안 탄 양초의 길이)

$= 15 - 10\dfrac{5}{8} = 4\dfrac{3}{8}$ (cm)

(1시간 동안 타는 양초의 길이)

$= 4\dfrac{3}{8} \div 1\dfrac{2}{5} = \dfrac{35}{8} \div \dfrac{7}{5} = \dfrac{\overset{5}{\cancel{35}}}{8} \times \dfrac{5}{\underset{1}{\cancel{7}}} = \dfrac{25}{8}$ (cm)

➡ (남은 양초가 다 타는 데 걸리는 시간)

$= 10\dfrac{5}{8} \div \dfrac{25}{8} = \dfrac{\overset{17}{\cancel{85}}}{\underset{1}{\cancel{8}}} \times \dfrac{\overset{1}{\cancel{8}}}{\underset{5}{\cancel{25}}} = \dfrac{17}{5} = 3\dfrac{2}{5}$ (시간)

9 1시간 48분 $= 1\dfrac{48}{60}$ 시간 $= 1\dfrac{4}{5}$ 시간

($1\dfrac{4}{5}$ 시간 동안 탄 양초의 길이)

$= 10 - 6\dfrac{2}{3} = 3\dfrac{1}{3}$ (cm)

(1시간 동안 타는 양초의 길이)

$= 3\dfrac{1}{3} \div 1\dfrac{4}{5} = \dfrac{10}{3} \div \dfrac{9}{5} = \dfrac{10}{3} \times \dfrac{5}{9} = \dfrac{50}{27}$ (cm)

➡ (양초 10 cm가 다 타는 데 걸리는 시간)

$= 10 \div \dfrac{50}{27} = \overset{}{\cancel{10}} \times \dfrac{27}{\underset{5}{\cancel{50}}} = \dfrac{27}{5} = 5\dfrac{2}{5}$ (시간)

26쪽	1 ❶ $\frac{8}{15}$ ❷ $\frac{5}{9}$ ❸ $1\frac{1}{24}$시간 답 $1\frac{1}{24}$시간
	2 $16\frac{1}{2}$분 3 $1\frac{1}{12}$시간
27쪽	4 ❶ $\frac{4}{15}$, $\frac{2}{15}$ ❷ $\frac{2}{5}$
	❸ $2\frac{1}{2}$시간 답 $2\frac{1}{2}$시간
	5 $1\frac{1}{20}$시간 6 9일
28쪽	7 ❶ $\frac{1}{8}$ ❷ $\frac{1}{40}$ ❸ 40시간 답 40시간
	8 3시간 9 $18\frac{3}{4}$시간

1 ❶ $\frac{4}{9} \div \frac{5}{6} = \frac{4}{\overset{3}{\underset{}{9}}} \times \frac{\overset{2}{6}}{5} = \frac{8}{15}$

❷ 전체 숙제 양을 1이라 하면

(남은 숙제 양)$=1-\frac{4}{9}=\frac{5}{9}$입니다.

❸ (남은 숙제를 마치는 데 걸리는 시간)
$=$(남은 숙제 양)$\div$(1시간 동안 하는 숙제 양)

$=\frac{5}{9} \div \frac{8}{15} = \frac{5}{\underset{3}{9}} \times \frac{\overset{5}{15}}{8} = \frac{25}{24} = 1\frac{1}{24}$(시간)

2 전체 방 청소 양을 1이라 할 때
(호민이가 1분 동안 하는 방 청소 양)

$=\frac{4}{7} \div 22 = \frac{\overset{2}{4}}{7} \times \frac{1}{\underset{11}{22}} = \frac{2}{77}$

(남은 방 청소 양)$=1-\frac{4}{7}=\frac{3}{7}$

⇨ (남은 방 청소를 마치는 데 걸리는 시간)

$=\frac{3}{7} \div \frac{2}{77} = \frac{3}{\underset{1}{7}} \times \frac{\overset{11}{77}}{2} = \frac{33}{2} = 16\frac{1}{2}$(분)

3 전체 일의 양을 1이라 할 때
(한 일의 양)$=1-\frac{13}{20}=\frac{7}{20}$
(우재가 1시간 동안 하는 일의 양)

$=\frac{7}{20} \div \frac{7}{12} = \frac{\overset{1}{7}}{\underset{5}{20}} \times \frac{\overset{3}{12}}{\underset{1}{7}} = \frac{3}{5}$

⇨ (남은 일을 모두 하는 데 걸리는 시간)

$=\frac{13}{20} \div \frac{3}{5} = \frac{13}{\underset{4}{20}} \times \frac{\overset{1}{5}}{3} = \frac{13}{12} = 1\frac{1}{12}$(시간)

4 ❶ 재희 : $1 \div 3\frac{3}{4} = 1 \div \frac{15}{4} = 1 \times \frac{4}{15} = \frac{4}{15}$

민규 : $1 \div 7\frac{1}{2} = 1 \div \frac{15}{2} = 1 \times \frac{2}{15} = \frac{2}{15}$

❷ $\frac{4}{15} + \frac{2}{15} = \frac{6}{15} = \frac{2}{5}$

❸ (두 사람이 함께 할 때 일을 끝내는 데 걸리는 시간)
$=$(전체 일의 양)
$\div$(두 사람이 함께 1시간 동안 하는 일의 양)
$=1 \div \frac{2}{5} = 1 \times \frac{5}{2} = \frac{5}{2} = 2\frac{1}{2}$(시간)

5 전체 일의 양을 1이라 할 때 두 사람이 각각 1시간 동안 하는 일의 양을 구합니다.

용재 : $1 \div 2\frac{1}{3} = 1 \div \frac{7}{3} = 1 \times \frac{3}{7} = \frac{3}{7}$

성주 : $1 \div 1\frac{10}{11} = 1 \div \frac{21}{11} = 1 \times \frac{11}{21} = \frac{11}{21}$

(두 사람이 함께 할 때 1시간 동안 하는 일의 양)
$=\frac{3}{7} + \frac{11}{21} = \frac{9}{21} + \frac{11}{21} = \frac{20}{21}$

⇨ (두 사람이 함께 할 때 일을 끝내는 데 걸리는 시간)
$=1 \div \frac{20}{21} = 1 \times \frac{21}{20} = \frac{21}{20} = 1\frac{1}{20}$(시간)

6 전체 일의 양을 1이라 할 때 두 사람이 각각 하루 동안 하는 일의 양을 구합니다.

혜지 : $1 \div 36 = \frac{1}{36}$

승우 : $\frac{1}{4} \div 3 = \frac{1}{4} \times \frac{1}{3} = \frac{1}{12}$

(두 사람이 함께 할 때 하루 동안 하는 일의 양)
$=\frac{1}{36} + \frac{1}{12} = \frac{1}{36} + \frac{3}{36} = \frac{4}{36} = \frac{1}{9}$

⇨ (두 사람이 함께 할 때 일을 끝내는 데 걸리는 날수)
$=1 \div \frac{1}{9} = 1 \times 9 = 9$(일)

7 ❶ $\frac{1}{4} \div 2 = \frac{1}{4} \times \frac{1}{2} = \frac{1}{8}$

❷ 호빈이가 1시간 동안 하는 일의 양이
$1 \div 10 = \frac{1}{10}$이므로
(아라가 1시간 동안 하는 일의 양)
$=\frac{1}{8} - \frac{1}{10} = \frac{5}{40} - \frac{4}{40} = \frac{1}{40}$

❸ (아라가 혼자서 일을 끝내는 데 걸리는 시간)
$=1 \div \frac{1}{40} = 1 \times 40 = 40$(시간)

8 (인하가 1시간 동안 하는 일의 양)
$=1 \div 4\frac{1}{5} = 1 \div \frac{21}{5} = 1 \times \frac{5}{21} = \frac{5}{21}$
(인하와 은지가 함께 1시간 동안 하는 일의 양)

$=\frac{2}{3} \div 1\frac{1}{6} = \frac{2}{3} \div \frac{7}{6} = \frac{2}{\underset{1}{3}} \times \frac{\overset{2}{6}}{7} = \frac{4}{7}$

(은지가 1시간 동안 하는 일의 양)

$=\dfrac{4}{7}-\dfrac{5}{21}=\dfrac{12}{21}-\dfrac{5}{21}=\dfrac{7}{21}=\dfrac{1}{3}$

(은지가 혼자서 일을 끝내는 데 걸리는 시간)

$=1\div\dfrac{1}{3}=1\times3=3$(시간)

9 (동재와 은서가 함께 1시간 동안 하는 일의 양)

$=1\div8\dfrac{1}{3}=1\div\dfrac{25}{3}=1\times\dfrac{3}{25}=\dfrac{3}{25}$

(동재가 1시간 동안 하는 일의 양)

$=\dfrac{1}{5}\div3=\dfrac{1}{5}\times\dfrac{1}{3}=\dfrac{1}{15}$

(은서가 1시간 동안 하는 일의 양)

$=\dfrac{3}{25}-\dfrac{1}{15}=\dfrac{9}{75}-\dfrac{5}{75}=\dfrac{4}{75}$

(은서가 혼자서 일을 끝내는 데 걸리는 시간)

$=1\div\dfrac{4}{75}=1\times\dfrac{75}{4}=\dfrac{75}{4}=18\dfrac{3}{4}$(시간)

단원 **1** 유형 마스터

29쪽	**01** $4\dfrac{4}{5}$ cm	**02** $1\dfrac{5}{22}$	**03** $\dfrac{4}{7}$ L
30쪽	**04** 38320원	**05** 1, 5	**06** $\dfrac{1}{6}$
31쪽	**07** $5\dfrac{1}{2}$시간	**08** $3\dfrac{6}{7}$ m	**09** $6\dfrac{2}{3}$시간

01 (사다리꼴의 넓이)=((윗변)+(아랫변))×(높이)÷2 에서

(높이)=(사다리꼴의 넓이)×2÷((윗변)+(아랫변)) 입니다.

(윗변)+(아랫변)

$=4\dfrac{1}{6}+6\dfrac{1}{9}=4\dfrac{3}{18}+6\dfrac{2}{18}=10\dfrac{5}{18}$(cm)이므로

(높이)$=24\dfrac{2}{3}\times2\div10\dfrac{5}{18}=\dfrac{74}{3}\times2\div\dfrac{185}{18}$

$=\dfrac{74}{3}\times2\times\dfrac{18}{185}=\dfrac{24}{5}=4\dfrac{4}{5}$(cm)

02 어떤 수를 □라 하여 식으로 나타내면

$\dfrac{8}{9}\div\dfrac{2}{5}\times\square=2\dfrac{8}{11}$입니다.

$\dfrac{8}{9}\div\dfrac{2}{5}\times\square=2\dfrac{8}{11}$, $\dfrac{8}{9}\times\dfrac{5}{2}\times\square=2\dfrac{8}{11}$

$\dfrac{20}{9}\times\square=2\dfrac{8}{11}$,

$\square=2\dfrac{8}{11}\div\dfrac{20}{9}=\dfrac{30}{11}\times\dfrac{9}{20}=\dfrac{27}{22}=1\dfrac{5}{22}$

03 사용한 간장 : 전체의 $\dfrac{2}{5}$

남은 간장 : 전체의 $1-\dfrac{2}{5}=\dfrac{3}{5}$

→ 전체의 $\dfrac{3}{5}$이 $\dfrac{6}{7}$ L이므로 전체 간장 양을 □ L라 하면 $\square\times\dfrac{3}{5}=\dfrac{6}{7}$입니다.

⇨ $\square\times\dfrac{3}{5}=\dfrac{6}{7}$, $\square=\dfrac{6}{7}\div\dfrac{3}{5}=\dfrac{6}{7}\times\dfrac{5}{3}=\dfrac{10}{7}$(L)

⇨ (사용한 간장)=(전체 간장의 $\dfrac{2}{5}$)=$\dfrac{10}{7}\times\dfrac{2}{5}=\dfrac{4}{7}$(L)

04 (자두 1 kg의 가격)

$=5200\div\dfrac{5}{8}=5200\times\dfrac{8}{5}=8320$(원)

(복숭아 3 kg의 가격)=(복숭아 1 kg의 가격)×3

$=(12000\div1\dfrac{1}{5})\times3=(12000\div\dfrac{6}{5})\times3$

$=(12000\times\dfrac{5}{6})\times3=30000$(원)

⇨ (자두 1 kg과 복숭아 3 kg의 가격)
$=8320+30000=38320$(원)

05 $1\dfrac{3}{7}\div\dfrac{\square}{14}=\dfrac{10}{7}\times\dfrac{14}{\square}=\dfrac{20}{\square}$

⇨ $\dfrac{20}{\square}$이 자연수가 되어야 하므로 □ 안에 들어갈 수 있는 수는 20의 약수인 1, 2, 4, 5, 10, 20입니다.

이 중에서 $\dfrac{\square}{14}$가 기약분수이므로 □ 안에 들어갈 수 있는 수는 1, 5입니다.

06 <규민> 가장 큰 대분수 : $8\dfrac{2}{3}$

가장 작은 대분수 : $2\dfrac{3}{8}$

<재호> 가장 큰 대분수 : $9\dfrac{1}{4}$

가장 작은 대분수 : $1\dfrac{4}{9}$

몫을 가장 작게 하려면

(가장 작은 대분수)÷(가장 큰 대분수)의 나눗셈식을 만듭니다.

• $2\dfrac{3}{8}\div9\dfrac{1}{4}=\dfrac{19}{8}\div\dfrac{37}{4}=\dfrac{19}{8}\times\dfrac{4}{37}=\dfrac{19}{74}$
　(규민)　(재호)

• $1\dfrac{4}{9}\div8\dfrac{2}{3}=\dfrac{13}{9}\div\dfrac{26}{3}=\dfrac{13}{9}\times\dfrac{3}{26}=\dfrac{1}{6}$
　(재호)　(규민)

⇨ $\dfrac{19}{74}>\dfrac{1}{6}$이므로 가장 작은 몫은 $\dfrac{1}{6}$입니다.

07 ($2\frac{1}{2}$시간 동안 탄 양초의 길이)

$=18-12\frac{3}{8}=5\frac{5}{8}$(cm)

(1시간 동안 타는 양초의 길이)

$=5\frac{5}{8}\div2\frac{1}{2}=\frac{45}{8}\div\frac{5}{2}=\frac{\overset{9}{\cancel{45}}}{\underset{4}{\cancel{8}}}\times\frac{\overset{1}{\cancel{2}}}{\underset{1}{\cancel{5}}}=\frac{9}{4}$(cm)

⇨ (남은 양초가 다 타는 데 걸리는 시간)

= (남은 양초의 길이)÷(1시간 동안 타는 양초의 길이)

$=12\frac{3}{8}\div\frac{9}{4}=\frac{\overset{11}{\cancel{99}}}{\underset{2}{\cancel{8}}}\times\frac{\overset{1}{\cancel{4}}}{\underset{1}{\cancel{9}}}=\frac{11}{2}=5\frac{1}{2}$(시간)

08 처음 공을 떨어뜨린 높이를 □ m라 합니다.

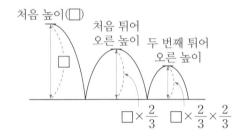

(처음 튀어 오른 높이)$=\square\times\frac{2}{3}$

(두 번째 튀어 오른 높이)$=$(처음 튀어 오른 높이)$\times\frac{2}{3}$

$=\square\times\frac{2}{3}\times\frac{2}{3}=\square\times\frac{4}{9}$

두 번째 튀어 오른 높이가 $1\frac{5}{7}$ m이므로

$\square\times\frac{4}{9}=1\frac{5}{7}=\frac{12}{7}$입니다.

⇨ $\square=\frac{12}{7}\div\frac{4}{9}=\frac{\overset{3}{\cancel{12}}}{7}\times\frac{9}{\underset{1}{\cancel{4}}}=\frac{27}{7}=3\frac{6}{7}$(m)

09 전체 일의 양을 1이라 할 때

(안나가 1시간 동안 하는 일의 양)

$=\frac{2}{5}\div7\frac{1}{5}=\frac{2}{5}\div\frac{36}{5}=\frac{2}{36}=\frac{1}{18}$

(영주가 1시간 동안 하는 일의 양)$=1\div8=\frac{1}{8}$

(안나가 3시간 동안 하는 일의 양)$=\frac{1}{\underset{6}{\cancel{18}}}\times\overset{1}{\cancel{3}}=\frac{1}{6}$

이므로 남은 일은 $1-\frac{1}{6}=\frac{5}{6}$입니다.

⇨ (영주가 혼자서 나머지 일을 끝내는 데 걸리는 시간)

$=\frac{5}{6}\div\frac{1}{8}=\frac{5}{\underset{3}{\cancel{6}}}\times\overset{4}{\cancel{8}}=\frac{20}{3}=6\frac{2}{3}$(시간)

---

2 소수의 나눗셈

유형 **01**	소수의 나눗셈에서 나머지의 활용	
34쪽	**1** ❶ 4, 0.5 ❷ 5번 📋 5번	
	2 20개	**3** 28권
35쪽	**4** ❶ 4, 0.3 ❷ 0.6 L 📋 0.6 L	
	5 3.3 kg	**6** 0.8 L

1 ❷ 무를 1.5 t씩 4번 운반하면 0.5 t이 남습니다.
남은 무 0.5 t도 운반해야 하므로 모두 운반하려면 적어도 $4+1=5$(번) 운반해야 합니다.

2 (전체 물의 양)÷(한 병에 담는 물의 양)$=15.8\div0.8$

$\begin{array}{r} 1\ 9 \\ 0.8\overline{)1\ 5.8} \\ \underline{8} \\ 7\ 8 \\ \underline{7\ 2} \\ 0.6 \end{array}$
→ 0.8 L씩 19개의 병에 담고, 0.6 L가 남습니다.
⇨ 남은 물 0.6 L도 병에 담아야 하므로 물을 모두 병에 나누어 담으려면 병은 적어도 $19+1=20$(개) 필요합니다.

3 (책꽂이 한 칸의 폭)÷(책 한 권의 두께)$=42.7\div1.5$

$\begin{array}{r} 2\ 8 \\ 1.5\overline{)4\ 2.7} \\ \underline{3\ 0} \\ 1\ 2\ 7 \\ \underline{1\ 2\ 0} \\ 0.7 \end{array}$
→ 1.5 cm짜리 책 28권을 꽂고, 0.7 cm가 남습니다.
⇨ 남은 폭 0.7 cm에는 두께가 1.5 cm인 책을 꽂을 수 없으므로 28권까지 꽂을 수 있습니다.

4 ❷ 0.9 L씩 4명에게 나누어 주고 0.3 L가 남습니다.
남은 0.3 L로 한 명에게 더 주려면 참기름은 적어도 $0.9-0.3=0.6$(L) 더 필요합니다.

5 (전체 포도 양)÷(한 상자에 담는 포도 양)$=266.7\div15$

$\begin{array}{r} 1\ 7 \\ 1\ 5\overline{)2\ 6\ 6.7} \\ \underline{1\ 5} \\ 1\ 1\ 6 \\ \underline{1\ 0\ 5} \\ 1\ 1.7 \end{array}$
→ 15 kg씩 17상자에 담고, 11.7 kg이 남습니다.
⇨ 남은 11.7 kg으로 한 상자를 더 담으려면 포도는 적어도
$15-11.7=3.3$(kg)
더 필요합니다.

6 (전체 사과 주스 양)÷(한 병에 담는 사과 주스 양)
$=14.8\div1.2$

$\begin{array}{r} 1\ 2 \\ 1.2\overline{)1\ 4.8} \\ \underline{1\ 2} \\ 2\ 8 \\ \underline{2\ 4} \\ 0.4 \end{array}$
→ 1.2 L씩 12병에 담고, 0.4 L가 남습니다.
⇨ 남은 0.4 L로 한 병을 더 담으려면 사과 주스는 적어도 $1.2-0.4=0.8$(L) 더 필요합니다.

유형 02 소수의 나눗셈의 활용

36쪽	1 ❶ 2, 한 대각선 ❷ 6.4 cm 답 6.4 cm
	2 7.2 cm 3 4 cm
37쪽	4 ❶ 26군데 ❷ 27그루 답 27그루
	5 61개 6 46그루
38쪽	7 ❶ 4500원 ❷ 4750원
	❸ ㉮ 가게 답 ㉮ 가게
	8 ㉯ 우유 9 8300원

1 ❷ (다른 대각선의 길이)$=15.36\times2\div4.8$
$$=30.72\div4.8=6.4\text{(cm)}$$

2 (삼각형의 넓이)$=$(밑변)$\times$(높이)$\div2$에서
(밑변)$=$(삼각형의 넓이)$\times2\div$(높이)
$$=19.44\times2\div5.4=38.88\div5.4=7.2\text{(cm)}$$

3 (직사각형 가의 넓이)$=4.7\times3.2=15.04\text{(cm}^2\text{)}$이므로
평행사변형 나의 넓이도 $15.04\ \text{cm}^2$입니다.
(평행사변형 나의 넓이)$=$(밑변)$\times$(높이)에서
(높이)$=$(평행사변형 나의 넓이)$\div$(밑변)
$$=15.04\div3.76=4\text{(cm)}$$

4 ❶ (나무 사이의 간격 수)$=$(도로의 길이)$\div$(간격)
$$=14.04\div0.54=26\text{(군데)}$$
❷ (심은 나무 수)$=$(간격 수)$+1=26+1=27\text{(그루)}$

5 (가로등 사이의 간격 수)$=43.2\div0.72=60\text{(군데)}$
$\Rightarrow$ (필요한 가로등 수)$=$(간격 수)$+1$
$$=60+1=61\text{(개)}$$

6 (꽃나무 사이의 간격 수)$=$(필요한 꽃나무 수)
$$=82.8\div1.8=46\text{(그루)}$$

참고
처음과 끝이 연결되어 있으므로 필요한 꽃나무 수와 간격 수가 같습니다.

7 ❶ $6300\div1.4=4500$(원)
❷ 800 g$=0.8$ kg이므로
$3800\div0.8=4750$(원)
❸ 1 kg의 가격이 4500원$<$4750원이므로
㉮ 가게에서 사는 것이 더 저렴합니다.

8 900 mL$=0.9$ L이므로
(㉮ 우유 1 L의 가격)$=2880\div0.9=3200$(원)
(㉯ 우유 1 L의 가격)$=4500\div1.5=3000$(원)
$\Rightarrow$ 1 L의 가격을 비교하면 3200원$>$3000원이므로 더 저렴한 것은 ㉯ 우유입니다.

9 (쌀 1 kg의 가격)$=9500\div2.5=3800$(원)
400 g$=0.4$ kg이므로
(찹쌀 1 kg의 가격)$=1800\div0.4=4500$(원)
$\Rightarrow$ (내야 하는 돈)$=3800+4500=8300$(원)

유형 03 몫이 나누어떨어지지 않는 나눗셈

39쪽	1 ❶ 8, 1, 8, 1 / 8, 1 ❷ 1 답 1
	2 6 3 6
40쪽	4 ❶ 5.7…… ❷ 5.8 ❸ 0.15 답 0.15
	5 0.06 6 0.34

1 ❶ $54\div66=0.8181\cdots\cdots$
몫의 소수점 아래 숫자가 8, 1이 반복됩니다.
❷ 10은 짝수이므로 몫의 소수 10째 자리 숫자는 1입니다.

2 $5\div4.4=1.1363636\cdots\cdots$
$\Rightarrow$ 몫의 소수 둘째 자리 숫자부터 3, 6이 반복되므로 몫의 소수 첫째 자리를 제외하고 소수 짝수째 자리 숫자는 3이고, 홀수째 자리 숫자는 6입니다.
25는 홀수이므로 몫의 25째 자리 숫자는 6입니다.

3 $2.4\div11.1=0.216216216\cdots\cdots$
$\Rightarrow$ 몫의 소수점 아래 2, 1, 6 세 개의 숫자가 반복됩니다.
몫의 30째 자리 숫자는 $30\div3=10$이므로 반복되는 숫자 2, 1, 6의 마지막 숫자인 6입니다.

참고
몫의 소수점 아래 3개의 숫자가 반복되는 경우 소수 ■째 자리 숫자는 ■를 3으로 나누어 나머지가 1이면 반복되는 첫 번째 숫자, 나머지가 2이면 반복되는 두 번째 숫자, 나누어떨어지면 반복되는 세 번째 숫자가 됩니다.

4 ❶ $31.17\div5.4=5.7\cdots\cdots$
❷ $31.17\div5.4=5.7\cdots\cdots$이므로
$(31.17+$최소$)\div5.4=5.8$입니다.
❸ 몫이 5.8일 때 나누어지는 수는 $5.4\times5.8=31.32$입니다. 따라서 31.17에 적어도 $31.32-31.17=0.15$를 더해야 합니다.

5 $6.9 \div 1.45 = 4.7\cdots\cdots$이므로 6.9에 얼마를 더하여 몫이 소수 첫째 자리에서 나누어떨어지도록 만들 때 가장 작은 몫은 $(6.9 + $ 최소$) \div 1.45 = 4.8$입니다.

이때 나누어지는 수는 $1.45 \times 4.8 = 6.96$이므로 6.9에 적어도 $6.96 - 6.9 = 0.06$을 더해야 합니다.

6 $20.86 \div 3.8 = 5.4\cdots\cdots$이므로 20.86에서 얼마를 빼서 몫이 소수 첫째 자리에서 나누어떨어지도록 만들 때 가장 큰 몫은 $(20.86 - $ 최소$) \div 3.8 = 5.4$입니다.

이때 나누어지는 수는 $3.8 \times 5.4 = 20.52$이므로 20.86에서 적어도 $20.86 - 20.52 = 0.34$를 빼야 합니다.

유형 **04** 나누어지는 수 구하기

41쪽	**1** ❶ 3.2, 6, 1.2 ❷ 20.4 ❸ 8.5 **탑** 8.5
	2 6.4 **3** 0.3
42쪽	**4** ❶ 12.65, 12.75 ❷ 17.71 이상 17.85 미만 ❸ 17.84 **탑** 17.84
	5 22.48 **6** 3.627
43쪽	**7** ❶ 5.5 이상 6.5 미만 ❷ 7.15 이상 8.45 미만 ❸ 7 **탑** 7
	8 3 **9** 2, 3

---

1 ❷ ■$\div 3.2 = 6\cdots1.2$,
■$= 3.2 \times 6 + 1.2 = 19.2 + 1.2 = 20.4$
❸ $20.4 \div 2.4 = 8.5$

2 어떤 수를 □라 하면 □$\div 6.3 = 4\cdots3.6$입니다.
□$= 6.3 \times 4 + 3.6 = 25.2 + 3.6 = 28.8$
➡ 어떤 수는 28.8이므로 $28.8 \div 4.5 = 6.4$입니다.

3 어떤 수를 □라 하면 $5.6 \div □ = 3.5$입니다.
□$= 5.6 \div 3.5 = 1.6$
어떤 수는 1.6이므로 바르게 계산하면
$1.6 \div 5.6 = 0.28\cdots\cdots$ ➡ 0.3입니다.

4 ❶ 몫을 반올림하여 소수 첫째 자리까지 나타내면 12.7이므로 몫의 범위는 12.65 이상 12.75 미만입니다.
❷ 어떤 수를 □라 하면 □$\div 1.4$의 몫의 범위는 12.65 이상 12.75 미만입니다.
몫이 12.65일 때
□$\div 1.4 = 12.65$, □$= 1.4 \times 12.65 = 17.71$,
몫이 12.75일 때
□$\div 1.4 = 12.75$, □$= 1.4 \times 12.75 = 17.85$이므로 □의 범위는 17.71 이상 17.85 미만입니다.
❸ 어떤 수의 범위는 17.71 이상 17.85 미만이고 이 중에서 가장 큰 소수 두 자리 수는 17.84입니다.

5 반올림하여 소수 첫째 자리까지 나타내면 8.6이 되는 수의 범위는 8.55 이상 8.65 미만입니다.
어떤 수를 □라 하면 □$\div 2.6$의 몫의 범위는
8.55 이상 8.65 미만입니다.
몫이 8.55일 때
□$\div 2.6 = 8.55$, □$= 2.6 \times 8.55 = 22.23$,
몫이 8.65일 때
□$\div 2.6 = 8.65$, □$= 2.6 \times 8.65 = 22.49$이므로
□의 범위는 22.23 이상 22.49 미만입니다.
➡ 어떤 수의 범위 22.23 이상 22.49 미만인 수 중에서 가장 큰 소수 두 자리 수는 22.48입니다.

6 반올림하여 소수 둘째 자리까지 나타내면 0.47이 되는 수의 범위는 0.465 이상 0.475 미만입니다.
어떤 수를 □라 하면 □$\div 7.8$의 몫의 범위는
0.465 이상 0.475 미만입니다.
몫이 0.465일 때
□$\div 7.8 = 0.465$, □$= 7.8 \times 0.465 = 3.627$,
몫이 0.475일 때
□$\div 7.8 = 0.475$, □$= 7.8 \times 0.475 = 3.705$이므로
□의 범위는 3.627 이상 3.705 미만입니다.
➡ 어떤 수의 범위 3.627 이상 3.705 미만인 수 중에서 가장 작은 소수 세 자리 수는 3.627입니다.

7 ❶ 몫을 반올림하여 일의 자리까지 나타내면 6이므로 몫의 범위는 5.5 이상 6.5 미만입니다.
❷ ■$.64 \div 1.3$의 몫의 범위가 5.5 이상 6.5 미만이므로 ■$.64$는 $1.3 \times 5.5 = 7.15$ 이상 $1.3 \times 6.5 = 8.45$ 미만입니다.
❸ ■$.64$의 범위가 7.15 이상 8.45 미만이므로 ■에 알맞은 수는 7입니다.

8 반올림하여 일의 자리까지 나타내면 2가 되는 수의 범위는 1.5 이상 2.5 미만입니다.
□$.26 \div 1.6$의 몫의 범위가 1.5 이상 2.5 미만이므로
□$.26$은 $1.6 \times 1.5 = 2.4$ 이상 $1.6 \times 2.5 = 4$ 미만입니다.
➡ □$.26$의 범위가 2.4 이상 4 미만이므로 □ 안에 알맞은 수는 3입니다.

9 반올림하여 소수 첫째 자리까지 나타내면 4.7이 되는 수의 범위는 4.65 이상 4.75 미만입니다.
$11.$□$\div 2.4$의 몫의 범위가 4.65 이상 4.75 미만이므로
$11.$□는 $2.4 \times 4.65 = 11.16$ 이상
$2.4 \times 4.75 = 11.4$ 미만입니다.
➡ $11.$□의 범위가 11.16 이상 11.4 미만이므로 $11.$□가 될 수 있는 수는 11.2, 11.3입니다.
따라서 □ 안에 알맞은 수는 2, 3입니다.

유형 05 나누는 수와 몫의 관계

44쪽	**1** ❶ $\frac{1}{10}$, 10　❷ 0.62　📔 0.62		
	2 0.43	**3** 1.34	
45쪽	**4** ❶ 2.4, 3.6, 0.24　❷ 36　📔 36		
	5 0.48	**6** 0.57	
46쪽	**7** ❶ 8.3, 0.83　❷ ㉠×10　❸ 0.95 📔 0.95		
	8 3.8	**9** 14.4	

1 ❶ 나누어지는 수가 같고, 몫이 1.5에서 15로 10배가 되었으므로 나누는 수는 6.2의 $\frac{1}{10}$입니다.

❷ □는 6.2의 $\frac{1}{10}$이므로 0.62입니다.

2 ★÷4.3＝5.375

$\downarrow\frac{1}{10}$ $\downarrow$10배

★÷□＝53.75

몫이 10배가 되었으므로 □는 4.3의 $\frac{1}{10}$입니다.
따라서 □ 안에 알맞은 수는 0.43입니다.

3 ●÷1.65＝134

$\downarrow$100배 $\downarrow\frac{1}{100}$

●÷165 ＝ □

나누는 수가 100배가 되었으므로 □는 134의 $\frac{1}{100}$입니다. 따라서 □ 안에 알맞은 수는 1.34입니다.

4 ❶ 잘못 계산한 식 : ■÷2.4＝3.6
바르게 계산한 식 : ■÷0.24

❷ 나누는 수를 비교해 보면 0.24는 2.4의 $\frac{1}{10}$이므로 바르게 계산한 몫은 3.6의 10배가 됩니다.
따라서 바르게 계산한 값은 36입니다.

5 어떤 수를 □라 하면
잘못 계산 : □÷1.45＝4.8

$\downarrow$10배 $\downarrow\frac{1}{10}$

바른 계산 : □÷14.5＝ ?
⇨ 나누어지는 수가 같을 때 나누는 수가 10배가 되면 몫은 $\frac{1}{10}$이 되므로 바르게 계산한 값은 4.8의 $\frac{1}{10}$인 0.48입니다.

6 어떤 수를 □라 하면
잘못 계산 : 67.5÷□＝5.7

$\downarrow\frac{1}{10}$ $\downarrow\frac{1}{10}$

바른 계산 : 6.75÷□＝ ?
⇨ 나누는 수가 같을 때 나누어지는 수가 $\frac{1}{10}$이 되면 몫도 $\frac{1}{10}$이 되므로 바르게 계산한 값은 5.7의 $\frac{1}{10}$인 0.57입니다.

> **참고**
> 나누는 수가 같을 때
> 나누어지는 수가 $\frac{1}{10}$이 되면 몫도 $\frac{1}{10}$이 되고,
> 나누어지는 수가 10배가 되면 몫도 10배가 됩니다.

7 ❶ 바르게 계산한 식 : ■÷8.3
잘못 계산한 식 : ■÷0.83

❷ 나누는 수 0.83은 8.3의 $\frac{1}{10}$이므로 잘못 계산한 값은 바르게 계산한 값 ㉠의 10배입니다. → ㉠×10

❸ 두 값의 차가 8.55이므로
㉠×10－㉠＝8.55, ㉠×9＝8.55,
㉠＝8.55÷9＝0.95입니다.

8 어떤 수를 □라 하고 바르게 계산한 값을 ㉠이라 할 때
바른 계산 : □÷17.2＝㉠

$\downarrow\frac{1}{10}$ $\downarrow$10배

잘못 계산 : □÷1.72＝㉠×10

나누는 수 1.72는 17.2의 $\frac{1}{10}$이므로 잘못 계산한 값은 ㉠의 10배입니다. → ㉠×10
두 값의 차가 34.2이므로
㉠×10－㉠＝34.2, ㉠×9＝34.2,
㉠＝34.2÷9＝3.8입니다.

9 어떤 수를 □라 하고 바르게 계산한 값을 ㉠이라 할 때
바른 계산 : □÷0.65＝㉠

$\downarrow$10배 $\downarrow\frac{1}{10}$

잘못 계산 : □÷6.5 ＝㉠×$\frac{1}{10}$

나누는 수 6.5는 0.65의 10배이므로 잘못 계산한 값은 ㉠의 $\frac{1}{10}$입니다. → ㉠×$\frac{1}{10}$＝㉠×0.1
두 값의 합이 15.84이므로
㉠＋㉠×0.1＝15.84, ㉠×1.1＝15.84,
㉠＝15.84÷1.1＝14.4입니다.

	유형 06 수 카드로 소수의 나눗셈식 만들기
47쪽	1 ❶ $7.53÷1.2$ ❷ 6.275 답 6.275
	2 3.48 　　　　3 32.5
48쪽	4 ❶ $2.45÷9.8$ ❷ 0.25 답 0.25
	5 0.16 　　　　6 0.15

1 ❶ 나누어지는 수 : 가장 큰 소수 두 자리 수를 만들면 7.53입니다.
　 나누는 수 : 가장 작은 소수 한 자리 수를 만들면 1.2입니다.
　 ⇨ $7.53÷1.2$
❷ $7.53÷1.2=6.275$

2 나누어지는 수 : 가장 큰 소수 한 자리 수를 만들면 8.7입니다.
　 나누는 수 : 가장 작은 소수 한 자리 수를 만들면 2.5입니다.
　 ⇨ $8.7÷2.5=3.48$

3 나누어지는 수 : 가장 큰 소수 두 자리 수를 만들면 9.74입니다.
　 나누는 수 : 가장 작은 소수 한 자리 수를 만들면 0.3입니다.
　 ⇨ $9.74÷0.3=32.46……$
　 → 몫을 반올림하여 소수 첫째 자리까지 나타내면 32.5입니다.

4 ❶ 나누어지는 수 : 가장 작은 소수 두 자리 수를 만들면 2.45입니다.
　 나누는 수 : 가장 큰 소수 한 자리 수를 만들면 9.8입니다.
　 ⇨ $2.45÷9.8$
❷ $2.45÷9.8=0.25$

5 나누어지는 수 : 가장 작은 소수 한 자리 수를 만들면 1.4입니다.
　 나누는 수 : 가장 큰 소수 두 자리 수를 만들면 8.75입니다.
　 ⇨ $1.4÷8.75=0.16$

6 나누어지는 수 : 가장 작은 소수 두 자리 수를 만들면 1.24입니다.
　 나누는 수 : 가장 큰 소수 한 자리 수를 만들면 8.5입니다.
　 ⇨ $1.24÷8.5=0.145……$
　 → 몫을 반올림하여 소수 둘째 자리까지 나타내면 0.15입니다.

	유형 07 실생활에서 소수의 나눗셈의 활용
49쪽	1 ❶ 2.6시간 ❷ 27.5 km ❸ 82.5 km 답 82.5 km
	2 85 km 　　　3 승용차, 2.9 km
50쪽	4 ❶ 0.14 cm ❷ 7 cm ❸ 50분 후 답 50분 후
	5 35분 후 　　　6 82분
51쪽	7 ❶ 12.5 km ❷ 14.4 L ❸ 23040원 답 23040원
	8 155520원 　　9 153900원
52쪽	10 ❶ 2.73 kg ❷ 1.05 kg ❸ 1.24 kg 답 1.24 kg
	11 0.8 kg 　　　12 1.26 kg

1 ❶ 2시간 36분 $=2\frac{36}{60}$시간 $=2\frac{6}{10}$시간 $=2.6$시간
❷ 트럭이 2.6시간 동안 71.5 km를 가므로 1시간 동안 가는 거리는 $71.5÷2.6=27.5$(km)입니다.
❸ $27.5×3=82.5$(km)

2 45분 $=\frac{45}{60}$시간 $=\frac{3}{4}$시간 $=0.75$시간이므로
　 (오토바이가 1시간 동안 가는 거리)
　 $=25.5÷0.75=34$(km)
　 ⇨ 2시간 30분 $=2.5$시간이므로
　 　(오토바이가 2.5시간 동안 가는 거리)
　 　$=34×2.5=85$(km)

3 1시간 42분 $=1\frac{42}{60}$시간 $=1\frac{7}{10}$시간 $=1.7$시간이므로
　 (버스가 한 시간 동안 가는 거리)
　 $=144.5÷1.7=85$(km)
　 1시간 $=60$분 $=20$분 $×3$이므로
　 (승용차가 한 시간 동안 가는 거리)
　 $=29.3×3=87.9$(km)
　 ⇨ 85 km <87.9 km이므로 승용차가 한 시간 동안 $87.9-85=2.9$(km) 더 멀리 갑니다.

4 ❶ $0.56÷4=0.14$(cm)
❷ $20-13=7$(cm)
❸ 양초가 7 cm 타는 데 걸리는 시간은 $7÷$(1분 동안 타는 길이)$=7÷0.14=50$(분)이므로 불을 붙인 지 50분 후에 13 cm가 됩니다.

5 (1분 동안 타는 양초의 길이)$=1.44 \div 6 = 0.24$(cm)

(길이가 10 cm가 될 때까지 타는 양초의 길이)

$=18.4 - 10 = 8.4$(cm)

(양초가 8.4 cm 타는 데 걸리는 시간)

$=8.4 \div 0.24 = 35$(분)

⇨ 양초에 불을 붙인 지 35분 후에 10 cm가 됩니다.

6 (42분 동안 탄 양초의 길이)$=28.7 - 14 = 14.7$(cm)

(1분 동안 타는 양초의 길이)$=14.7 \div 42 = 0.35$(cm)

(양초 28.7 cm가 모두 타는 데 걸리는 시간)

$=28.7 \div 0.35 = 82$(분)

7 ❶ $2.5 \div 0.2 = 12.5$(km)

❷ 휘발유 1 L로 12.5 km를 갈 수 있으므로

(180 km를 가는 데 필요한 휘발유 양)

$=180 \div 12.5 = 14.4$(L)

❸ 휘발유 1 L의 가격이 1600원이고, 14.4 L가 필요

하므로

(180 km를 가는 데 필요한 휘발유 가격)

$=1600 \times 14.4 = 23040$(원)

8 (페인트 1 L로 칠할 수 있는 벽의 넓이)

$=5.5 \div 2.2 = 2.5$(m²)

(벽 81 m²를 칠하는 데 필요한 페인트 양)

$=81 \div 2.5 = 32.4$(L)

⇨ (벽 81 m²를 칠하는 데 필요한 페인트 가격)

$=$ (1 L의 가격) $\times$ (필요한 페인트 양)

$=4800 \times 32.4 = 155520$(원)

다른 풀이

(벽 1 m²를 칠하는 데 필요한 페인트 양)$=2.2 \div 5.5 = 0.4$(L)

(벽 81 m²를 칠하는 데 필요한 페인트 양)$=0.4 \times 81 = 32.4$(L)

⇨ (81 m²를 칠하는 데 필요한 페인트 가격)

$=$ (1 L의 가격) $\times$ (필요한 페인트 양)

$=4800 \times 32.4 = 155520$(원)

9 (철근 1 m의 무게)$=10.8 \div 2.7 = 4$(kg)

(철근 34.2 kg의 길이)$=34.2 \div 4 = 8.55$(m)

⇨ (철근 34.2 kg의 가격)

$=18000 \times 8.55 = 153900$(원)

다른 풀이

(철근 1 kg의 길이)$=2.7 \div 10.8 = 0.25$(m)

(철근 34.2 kg의 길이)$=0.25 \times 34.2 = 8.55$(m)

⇨ (철근 34.2 kg의 가격)$=18000 \times 8.55 = 153900$(원)

10 ❶ (포도 주스 2.6 L의 무게)

$=5.86 - 3.13 = 2.73$(kg)

❷ 포도 주스 2.6 L의 무게가 2.73 kg이므로

(1 L의 무게)$=2.73 \div 2.6 = 1.05$(kg)

❸ (빈 병의 무게)

$=$ (포도 주스 4.4 L가 들어 있는 병의 무게)

$-$ (포도 주스 4.4 L의 무게)

$=5.86 - 1.05 \times 4.4$

$=5.86 - 4.62 = 1.24$(kg)

11 (식용유 2.4 L의 무게)$=4.03 - 1.99 = 2.04$(kg)

(식용유 1 L의 무게)$=2.04 \div 2.4 = 0.85$(kg)

⇨ (빈 통의 무게)

$=$ (식용유 3.8 L가 들어 있는 통의 무게)

$-$ (식용유 3.8 L의 무게)

$=4.03 - 0.85 \times 3.8$

$=4.03 - 3.23 = 0.8$(kg)

12 (간장 2.5 L의 무게)$=8.7 - 5.6 = 3.1$(kg)

(간장 1 L의 무게)$=3.1 \div 2.5 = 1.24$(kg)

⇨ (빈 병의 무게)

$=$ (간장 3.5 L가 담긴 병의 무게)

$-$ (간장 3.5 L의 무게)

$=5.6 - 1.24 \times 3.5$

$=5.6 - 4.34 = 1.26$(kg)

단원 **2** 유형 마스터

	01	02	03
53쪽	2.7 kg	11500원	15.3
54쪽	**04** 4	**05** 33.92	**06** 71.7
55쪽	**07** 5.4	**08** 75분	**09** 11960원

01 (밀가루의 양) $\div$ (하루에 사용하는 밀가루의 양)

$=154.8 \div 10.5 = 14 \cdots 7.8$

→ 10.5 kg씩 14일 동안 사용하고 7.8 kg이 남습니다.

⇨ 남은 밀가루 7.8 kg으로 하루 더 사용하려면 적어

도 $10.5 - 7.8 = 2.7$(kg)이 더 필요합니다.

02 300 g $=0.3$ kg이므로

(상추 1 kg의 가격)$=2400 \div 0.3 = 8000$(원)

(고구마 1 kg의 가격)$=8400 \div 2.4 = 3500$(원)

⇨ (내야 하는 돈)$=8000 + 3500 = 11500$(원)

03 어떤 수를 ☐라 하면 ☐$\div 4.2 = 6 \cdots 2.3$입니다.

☐$=4.2 \times 6 + 2.3 = 25.2 + 2.3 = 27.5$

⇨ 어떤 수는 27.5이므로

$27.5 \div 1.8 = 15.27 \cdots \cdots$ ⇨ 15.3입니다.

04 $13 \div 5.4 = 2.407407\cdots$

　⇨ 몫의 소수점 아래 4, 0, 7 세 개의 숫자가 반복됩니다. 몫의 88째 자리 숫자는 $88 \div 3 = 29\cdots1$이므로 4, 0, 7 중 첫 번째 숫자인 4입니다.

05 반올림하여 소수 첫째 자리까지 나타내면 4.3이 되는 수의 범위는 4.25 이상 4.35 미만입니다.

　어떤 수를 □라 하면 □÷7.8의 몫의 범위는 4.25 이상 4.35 미만입니다.

　몫이 4.25일 때
　$\square \div 7.8 = 4.25$, $\square = 7.8 \times 4.25 = 33.15$,
　몫이 4.35일 때
　$\square \div 7.8 = 4.35$, $\square = 7.8 \times 4.35 = 33.93$이므로
　□의 범위는 33.15 이상 33.93 미만입니다.

　⇨ 어떤 수의 범위 33.15 이상 33.93 미만인 수 중에서 가장 큰 소수 두 자리 수는 33.92입니다.

06 나누어지는 수 : 가장 큰 소수 한 자리 수를 만들면 8.6 입니다.

　나누는 수 : 가장 작은 소수 두 자리 수를 만들면 0.12 입니다.

　⇨ $8.6 \div 0.12 = 71.66\cdots \rightarrow 71.7$

07 어떤 수를 □라 하고 바르게 계산한 값을 ㉠이라 할 때

　바른 계산 : $\square \div 3.4 = ㉠$

　잘못 계산 : $\square \div 0.34 = ㉠ \times 10$

　나누는 수 0.34는 3.4의 $\dfrac{1}{10}$이므로 잘못 계산한 값은 ㉠의 10배입니다. → $㉠ \times 10$

　두 값의 차가 48.6이므로
　$㉠ \times 10 - ㉠ = 48.6$, $㉠ \times 9 = 48.6$,
　$㉠ = 48.6 \div 9 = 5.4$입니다.

08 (45분 동안 탄 양초의 길이)
　$= 21.6 - 13.5 = 8.1(\text{cm})$
　45분 동안 8.1 cm가 탔으므로
　(1분 동안 타는 양초의 길이)
　$= 8.1 \div 45 = 0.18(\text{cm})$
　(남은 양초가 모두 타는 데 걸리는 시간)
　$= 13.5 \div 0.18 = 75(\text{분})$

09 (휘발유 1 L로 갈 수 있는 거리)
　$= 3.6 \div 0.25 = 14.4(\text{km})$
　휘발유 1 L로 14.4 km를 갈 수 있으므로
　(93.6 km를 가는 데 필요한 휘발유 양)
　$= 93.6 \div 14.4 = 6.5(\text{L})$
　휘발유 1 L의 가격이 1840원이고, 6.5 L가 필요하므로
　(93.6 km를 가는 데 필요한 휘발유 가격)
　$= 1840 \times 6.5 = 11960(\text{원})$

3 공간과 입체

		유형 01 쌓기나무의 개수		
58쪽	**1**	❶8개	❷9개	❸17개　**답**17개
	2	21개		**3** 나
59쪽	**4**	❶6개	❷5개	❸11개　**답**11개
	5	4개		**6** 15개
60쪽	**7**	❶27개	❷14개	❸13개　**답**13개
	8	15개		**9** 52개

1 ❶ 1층에 5개, 2층에 2개, 3층에 1개이므로
　　$5 + 2 + 1 = 8(\text{개})$입니다.

　❷ 1층에 5개, 2층에 3개, 3층에 1개이므로
　　$5 + 3 + 1 = 9(\text{개})$입니다.

2 가 모양 : 1층에 5개, 2층에 3개, 3층에 2개
　　→ (쌓기나무의 개수)$= 5 + 3 + 2 = 10(\text{개})$

　나 모양 : → (쌓기나무의 개수)
　　$= 3 + 1 + 2 + 1 + 3 + 1$
　　$= 11(\text{개})$

　⇨ $10 + 11 = 21(\text{개})$

3 가 모양 : 1층에 5개, 2층에 3개, 3층에 1개, 4층에 1개
　　→ (쌓기나무의 개수)$= 5 + 3 + 1 + 1 = 10(\text{개})$

　나 모양 : → (쌓기나무의 개수)
　　$= 1 + 3 + 2 + 1 + 1 + 3$
　　$= 11(\text{개})$

　⇨ $10 < 11$이므로 쌓기나무가 더 많이 필요한 모양은 나 모양입니다.

4 ❶ (2층에 놓인 쌓기나무의 개수)
　　$=$(2 이상의 수가 쓰여 있는 칸수)$= 6$개

　❷ (3층에 놓인 쌓기나무의 개수)
　　$=$(3 이상의 수가 쓰여 있는 칸수)$= 5$개

5 (3층에 놓인 쌓기나무의 개수)
　$=$(3 이상의 수가 쓰여 있는 칸수)$= 3$개
　(4층에 놓인 쌓기나무의 개수)
　$=$(4 이상의 수가 쓰여 있는 칸수)$= 1$개
　⇨ (3층과 4층에 놓인 쌓기나무의 개수)$= 3 + 1 = 4(\text{개})$

6 (4층에 놓인 쌓기나무의 개수)
　$=$(4 이상의 수가 쓰여 있는 칸수)$= 3$개
　(5층에 놓인 쌓기나무의 개수)
　$=$(5 이상의 수가 쓰여 있는 칸수)$= 2$개
　→ (4층과 5층에 놓인 쌓기나무의 개수)$= 3 + 2 = 5(\text{개})$

(전체 쌓기나무의 개수)
＝2＋1＋3＋4＋5＋5＝20(개)이므로
(빼내고 남는 쌓기나무의 수)＝20－5＝15(개)

7 ❶ (정육면체의 쌓기나무의 개수)＝3×3×3＝27(개)

❷ 1층에 7개, 2층에 5개, 3층에 2개이므로
7＋5＋2＝14(개)입니다.

❸ (빼낸 쌓기나무의 개수)＝27－14＝13(개)

8 (정육면체의 쌓기나무의 개수)＝3×3×3＝27(개)
빼낸 후 남은 모양의 쌓기나무의 개수는 1층에 6개, 2층
에 4개, 3층에 2개이므로 6＋4＋2＝12(개)입니다.
➪ (빼낸 쌓기나무의 개수)＝27－12＝15(개)

9 왼쪽 모양의 쌓기나무의 개수는 1층에 7개, 2층에 4개,
3층에 1개이므로 7＋4＋1＝12(개)입니다.
(정육면체의 쌓기나무의 개수)＝4×4×4＝64(개)
➪ (더 쌓아야 하는 쌓기나무의 개수)
＝64－12＝52(개)

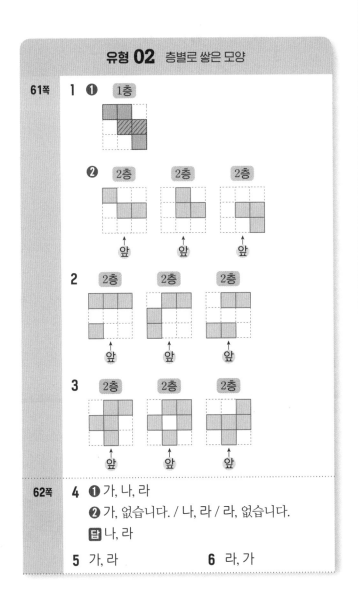

유형 02 층별로 쌓은 모양

61쪽

4 ❶ 가, 나, 라
❷ 가, 없습니다. / 나, 라 / 라, 없습니다.
답 나, 라

5 가, 라　　　　6 라, 가

62쪽

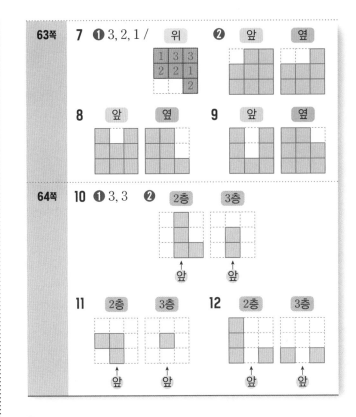

63쪽 7 ❶ 3, 2, 1 /

1 ❶ 쌓기나무가 3층에 놓인 자리에는 반드시 2층에도 놓
게 되므로 3층 모양과 똑같이 빗금 칠합니다.

❷ 2층에 놓인 쌓기나무는 3개이고, 반드시 놓이는 곳
은 빗금 친 2군데이므로 나머지 1개는 ㉠, ㉡, ㉢ 중
1군데에 놓일 수 있습니다.

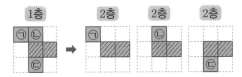

2 빗금 친 부분은 1층 모양에 3층 모양을 표시한 것으로 쌓
기나무가 반드시 2층에 놓이는 곳입니다. 2층에 놓인 쌓
기나무는 4개이므로 나머지 1개는 ㉠, ㉡, ㉢ 중 1군데에
놓일 수 있습니다.

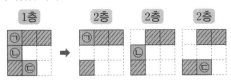

3 빗금 친 부분은 1층 모양에 3층 모양을 표시한 것으로
쌓기나무가 반드시 2층에 놓이는 곳입니다. 2층에 놓인
쌓기나무는 5개이므로 나머지 2개는 ㉠, ㉡, ㉢ 중 2군데
에 놓일 수 있습니다.

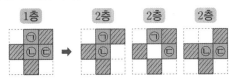

4 ❶ 다의 ㉠ 자리는 1층에 없는 자리이므로
2층 모양이 될 수 없습니다. 따라서 2층
이 될 수 있는 모양은 가, 나, 라입니다.

5 나의 ㉠ 자리는 1층에 없는 자리이므로
2층 모양이 될 수 없습니다. 따라서 2층
이 될 수 있는 모양은 가, 다, 라입니다.
가를 2층에 놓으면 라를 3층에 놓을 수 있고, 다, 라를
2층에 놓으면 3층에 놓을 수 있는 모양이 없습니다.
⇨ 2층은 가, 3층은 라 모양으로 쌓습니다.

6 2층이 될 수 있는 모양은 가, 나, 다, 라입니다.
가를 2층에 놓으면 3층에 놓을 수 있는 모양이 없습니다.
나, 다를 2층에 놓으면 3층에 놓을 수 있는 모양이 없습니다.
라를 2층에 놓으면 가를 3층에 놓을 수 있습니다.
⇨ 2층은 라, 3층은 가 모양으로 쌓습니다.

7 ❷ 앞과 옆에서 본 모양은 각 줄의 가장 높은 층수만큼
나타냅니다.
⇨ 앞에서 본 모양 : 왼쪽부터 2층, 3층, 3층
옆에서 본 모양 : 왼쪽부터 2층, 2층, 3층

8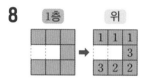
⇨ 앞에서 본 모양 : 왼쪽부터 3층, 2층, 3층
옆에서 본 모양 : 왼쪽부터 3층, 3층, 1층

9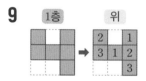
⇨ 앞에서 본 모양 : 왼쪽부터 3층, 1층, 3층
옆에서 본 모양 : 왼쪽부터 3층, 3층, 2층

10 ❷ 2층 : 위에서 본 모양에 쓴 수를 보고 2, 3이 적힌 칸
에 색칠합니다.
3층 : 위에서 본 모양에 쓴 수를 보고 3이 적힌 칸에
색칠합니다.

11 〈개수를 확실히 알 수 있는 자리부터 수 쓰기〉

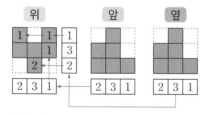

〈앞, 옆 모양에 따라 나머지 수 쓰기〉

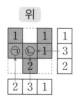 앞에서 본 모양에서 ㉠이 있는 줄은 가
장 높은 층이 2층이므로 ㉠=2
앞, 옆에서 본 모양에서 ㉡이 있는 줄은
가장 높은 층이 3층이므로 ㉡=3

⇨ 2층 모양 : 2, 3이 적힌 칸에 색칠합니다.
3층 모양 : 3이 적힌 칸에 색칠합니다.

12 〈개수를 확실히 알 수 있는 자리부터 수 쓰기〉

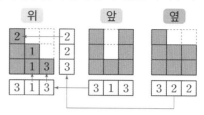

〈앞, 옆 모양에 따라 나머지 수 쓰기〉

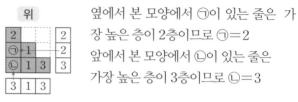 옆에서 본 모양에서 ㉠이 있는 줄은 가
장 높은 층이 2층이므로 ㉠=2
앞에서 본 모양에서 ㉡이 있는 줄은
가장 높은 층이 3층이므로 ㉡=3

⇨ 2층 모양 : 2, 3이 적힌 칸에 색칠합니다.
3층 모양 : 3이 적힌 칸에 색칠합니다.

유형 03 위, 앞, 옆에서 본 모양

65쪽	**1** ❶ 3, 1, 1 ❷ 6개 ❸ 옆
	2
	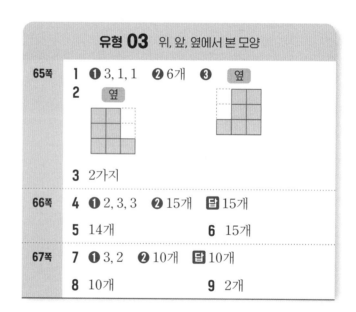
	3 2가지
66쪽	**4** ❶ 2, 3, 3 ❷ 15개 답 15개
	5 14개 **6** 15개
67쪽	**7** ❶ 3, 2 ❷ 10개 답 10개
	8 10개 **9** 2가지

1 ❷ 11−(3+1+1)=11−5=6(개)
❸
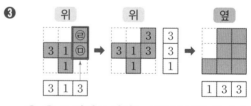

㉣, ㉤ 중 적어도 하나는 3이 되어야 합니다.
㉣=3이면 ㉤=6−3=3이므로 옆에서 본 모양은
왼쪽부터 1층, 3층, 3층입니다.

2 앞에서 본 모양을 보고 위에서 본 모양에 쌓
기나무의 개수를 확실히 알 수 있는 자리부
터 수를 쓰면 오른쪽과 같습니다.
(㉠과 ㉡의 쌓기나무의 개수의 합)
=12−(3+1+1+1)=12−6=6(개)

앞에서 본 모양에서 ㉠과 ㉡ 중 적어도 하나는 3이 되어야 합니다.
㉠=3이면 ㉡=3이므로 옆에서 본 모양은 왼쪽부터 3층, 3층, 1층입니다.

3 앞에서 본 모양을 보고 위에서 본 모양에 쌓기나무의 개수를 확실히 알 수 있는 자리부터 수를 쓰면 오른쪽과 같습니다.

(㉠과 ㉡의 쌓기나무의 개수의 합)
=9−(2+1+1+1)=9−5=4(개)
앞에서 본 모양에서 ㉠과 ㉡ 중 적어도 하나는 3이 되어야 합니다.
㉠=3이면 ㉡=4−3=1이므로 옆에서 본 모양은 왼쪽부터 2층, 3층, 1층입니다.

㉡=3이면 ㉠=4−3=1이므로 옆에서 본 모양은 왼쪽부터 3층, 1층, 1층입니다.
⇨ 2가지가 될 수 있습니다.

4 ❶

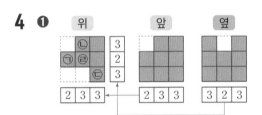

앞에서 본 모양에서 ㉡과 ㉣ 중 적어도 하나는 3이 되어야 합니다. 옆에서 본 모양에서 ㉣이 놓인 줄의 가장 높은 층이 2층이므로 ㉣에는 3이 올 수 없습니다. 따라서 ㉡에 3을 씁니다.

❷ 쌓기나무를 가장 많이 사용하려면 ㉣에 2개, ㉤에 3개, ㉥에 2개를 놓아야 합니다. 따라서 쌓기나무를 가장 많이 사용할 때 쌓기나무는
2+3+3+2+3+2=15(개)입니다.
　확실한 개수　최대 사용 개수

5 위에서 본 모양에 쌓기나무의 개수를 확실히 알 수 있는 자리부터 수를 씁니다.
앞, 옆에서 본 모양에서 ㉠, ㉡에는 각각 최대 3개를 쌓을 수 있습니다.
⇨ 쌓기나무를 가장 많이 사용할 때 쌓기나무는
3+3+2+3+3=14(개)입니다.

6 위에서 본 모양에 쌓기나무의 개수를 확실히 알 수 있는 자리부터 수를 씁니다.
앞에서 볼 때 ㉠, ㉡에는 각각 최대 2개, ㉢에는 최대 3개를 쌓을 수 있습니다.
⇨ 쌓기나무를 가장 많이 사용할 때 쌓기나무는
2+3+3+2+2+3=15(개)입니다.

7 ❷

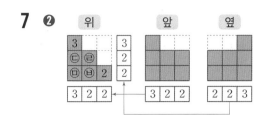

㉣=1이면 ㉢, ㉥에 각각 2가 와야 하고, ㉣=2이면 ㉢, ㉤, ㉥은 각각 1이 됩니다. 따라서 쌓기나무를 가장 적게 사용하려면 ㉣에 2개, ㉢, ㉤, ㉥에 각각 1개씩 놓아야 합니다.
⇨ 쌓기나무를 가장 적게 사용할 때 쌓기나무는
3+2+2+1+1+1=10(개)입니다.
　확실한 개수　최소 사용 개수

8 위에서 본 모양에 쌓기나무의 개수를 확실히 알 수 있는 자리부터 수를 씁니다.
㉠=1이면 ㉡, ㉢에 각각 2가 와야 하고, ㉠=2이면 ㉡, ㉢은 각각 1이 됩니다. 따라서 쌓기나무를 가장 적게 사용하려면 ㉠에 2개, ㉡, ㉢에 각각 1개씩 놓아야 합니다.

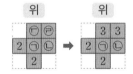

⇨ 쌓기나무를 가장 적게 사용할 때 쌓기나무는
1+1+1+3+2+1+1=10(개)입니다.

9 위에서 본 모양에 쌓기나무의 개수를 확실히 알 수 있는 자리부터 수를 씁니다.

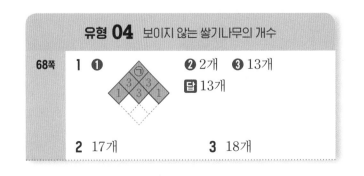

옆에서 본 모양에서 ㉠, ㉡에는 각각 최대 2개를 쌓을 수 있으므로 ㉢, ㉣에 각각 3이 와야 합니다.
(가장 많이 사용할 때 쌓기나무의 개수)
=3+3+2+2+2+2=14(개)
(가장 적게 사용할 때 쌓기나무의 개수)
=3+3+2+2+1+1=12(개)
⇨ 14−12=2(개)

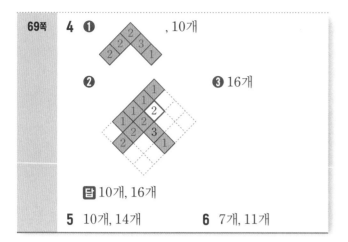

69쪽 **4** ❶ , 10개

❷ ❸ 16개

답 10개, 16개

5 10개, 14개　　　**6** 7개, 11개

1 ❷ ㉠에 최대 2개를 쌓을 수 있습니다.

　❸ 최대한 많이 사용할 때는 ㉠이 2일 때이므로 필요한 쌓기나무는
1＋3＋3＋3＋1＋2＝13(개)입니다.

2 위에서 본 모양에 쌓은 개수를 확실히 알 수 있는 자리에 수를 쓰면 오른쪽과 같습니다.

㉠에는 최대 2개를 쌓을 수 있습니다.

⇨ (최대한 많이 사용할 때 필요한 쌓기나무의 개수)
＝3＋2＋3＋1＋3＋3＋2＝17(개)

3 위에서 본 모양에 쌓은 개수를 확실히 알 수 있는 자리에 수를 쓰면 오른쪽과 같습니다.

㉠에는 최대 3개를 쌓을 수 있습니다.

⇨ (최대한 많이 사용할 때 필요한 쌓기나무의 개수)
＝2＋2＋4＋4＋3＋3＝18(개)

4 ❶ 가장 적을 때는 뒤쪽에 보이지 않는 쌓기나무가 없을 때입니다. ⇨ 2＋2＋2＋3＋1＝10(개)

　❷ 가장 적을 때 위에서 본 모양에서 뒤쪽에 같은 줄에 놓이는 쌓기나무의 개수를 한 개씩 줄여 가며 위에서 본 모양을 그립니다.

　❸ <u>2＋2＋2＋3＋1</u>＋<u>1＋1＋1＋1＋2</u>＝16(개)
　　　가장 적을 때　　　보이지 않는 쌓기나무 개수

5 가장 적을 때 :

⇨ 2＋2＋2＋2＋2＝10(개)

가장 많을 때 :

⇨ <u>2＋2＋2＋2＋2</u>＋<u>1＋1＋1＋1</u>＝14(개)

6 가장 적을 때 : 　　⇨ 2＋1＋2＋2＝7(개)

가장 많을 때 :

㉠은 앞쪽에 쌓기나무가 1개이지만 양옆에 쌓기나무가 2개, 2개로 쌓여 있어서 보이지 않는 부분이 생기므로 이 부분에 1개가 있을 수 있습니다.

⇨ <u>2＋1＋2＋2</u>＋<u>1＋1＋1＋1</u>＝11(개)

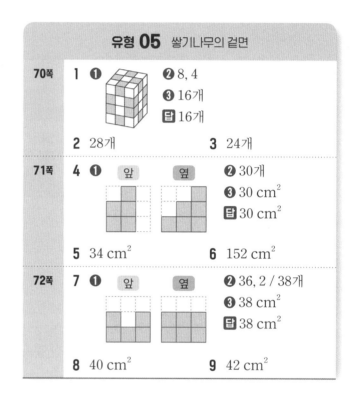

유형 **05** 쌓기나무의 겉면		
70쪽 **1** ❶	❷ 8, 4 ❸ 16개 답 16개	
2 28개		**3** 24개
71쪽 **4** ❶ 앞　옆	❷ 30개 ❸ 30 cm² 답 30 cm²	
5 34 cm²		**6** 152 cm²
72쪽 **7** ❶ 앞　옆	❷ 36, 2 / 38개 ❸ 38 cm² 답 38 cm²	
8 40 cm²		**9** 42 cm²

1 ❸ (두 면이 칠해진 쌓기나무의 개수)
＝1×8＋2×4＝8＋8＝16(개)

2 두 면이 칠해진 쌓기나무가 3개씩 놓인 모서리는 4개, 2개씩 놓인 모서리는 8개입니다.

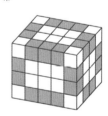

⇨ (두 면이 칠해진 쌓기나무의 개수)
＝3×4＋2×8
＝12＋16＝28(개)

3 한 면이 칠해진 쌓기나무는 정육면체의 각 면의 가운데 부분에 있으므로 4개씩 놓인 면이 6개입니다.

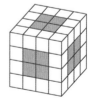

⇨ (한 면이 칠해진 쌓기나무의 개수)
＝4×6＝24(개)

4 ❶ 쌓기나무 8개로 쌓은 모양이므로 뒤쪽에 보이지 않는 쌓기나무는 없습니다.

　❷ (쌓은 모양의 겉면의 수)
＝(위, 앞, 옆에서 본 모양의 면의 수의 합)×2
＝(4＋5＋6)×2＝15×2＝30(개)

❸ 겉면이 모두 30개이고, 쌓기나무 한 면의 넓이가 1 cm²이므로 쌓은 모양의 겉넓이는 30 cm²입니다.

5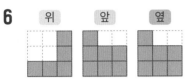

(쌓은 모양의 겉면의 수)
$=(5+7+5)\times2$
$=17\times2=34$(개)

⇨ 쌓기나무 한 면의 넓이가 1 cm²이므로 겉넓이는 34 cm²입니다.

6 위 앞 옆

(쌓은 모양의 겉면의 수)
$=(5+7+7)\times2$
$=19\times2=38$(개)

⇨ 쌓기나무 한 면의 넓이가 4 cm²이므로 겉넓이는 $38\times4=152$(cm²)입니다.

7 **❷** (위, 앞, 옆에서 본 모양의 면의 수의 합)$\times2$
$=(7+5+6)\times2=18\times2=36$(개)
오른쪽 그림에서 빗금 친 2개의 면은 위와 아래, 양쪽 옆, 앞과 뒤 어느 방향에서도 보이지 않는 면입니다. 따라서 쌓은 모양의 겉면의 수는 $36+2=38$(개)입니다.

❸ 겉면이 모두 38개이고, 한 면의 넓이가 1 cm²이므로 쌓은 모양의 겉넓이는 38 cm²입니다.

8 (위, 앞, 옆에서 본 모양의 면의 수의 합)$\times2$
$=(7+6+6)\times2$
$=19\times2=38$(개)
오른쪽 그림에서 빗금 친 2개의 면은 위와 아래, 양쪽 옆, 앞과 뒤에서 보이지 않는 면입니다.
따라서 쌓은 모양의 겉면은 모두 $38+2=40$(개)입니다.

⇨ 쌓기나무 한 면의 넓이가 1 cm²이므로 쌓은 모양의 겉넓이는 40 cm²입니다.

9 (위, 앞, 옆에서 본 모양의 면의 수의 합)$\times2$
$=(7+6+7)\times2$
$=20\times2=40$(개)
오른쪽 그림에서 빗금 친 2개의 면은 위와 아래, 양쪽 옆, 앞과 뒤에서 보이지 않는 면입니다.
따라서 쌓은 모양의 겉면은 모두 $40+2=42$(개)입니다.

⇨ 쌓기나무 한 면의 넓이가 1 cm²이므로 쌓은 모양의 겉넓이는 42 cm²입니다.

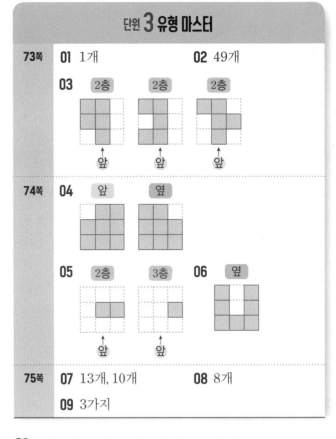

단원 **3** 유형 마스터

73쪽	01 1개	02 49개

03

04

05 06

| 75쪽 | 07 13개, 10개 | 08 8개 |
| | 09 3가지 |

01 가 모양 : 1층에 6개, 2층에 4개, 3층에 1개
→ $6+4+1=11$(개)
나 모양 : 1층에 5개, 2층에 4개, 3층에 1개
→ $5+4+1=10$(개)
⇨ (쌓기나무의 개수의 차)$=11-10=1$(개)

02 정육면체 모양에서 쌓기나무의 개수는
$4\times4\times4=64$(개)입니다.
빼낸 후 남은 모양의 쌓기나무의 개수는 1층에 9개, 2층에 5개, 3층에 1개로 $9+5+1=15$(개)입니다.
⇨ (빼낸 쌓기나무의 개수)$=64-15=49$(개)

03 빗금 친 부분은 1층 모양에 3층 모양을 표시한 것으로 쌓기나무가 반드시 2층에 놓이는 곳입니다. 2층에 놓인 쌓기나무는 5개이므로 나머지 1개는 ㉠, ㉡, ㉢ 중 1군데에 놓일 수 있습니다.

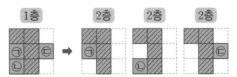

04 1층 모양은 위에서 본 모양과 같으므로 1층 모양에 수를 써서 나타냅니다.

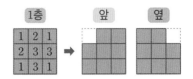

05

| 위 | 2층 | 3층 |

2, 3이 적힌 칸에
색칠합니다.

3이 적힌 칸에
색칠합니다.

06 앞에서 본 모양을 보고 위에서 본 모양에
쌓기나무의 개수를 확실히 알 수 있는 자
리부터 수를 쓰면 오른쪽과 같습니다.
(㉠과 ㉡의 쌓기나무의 개수의 합)
=11−(2+1+1+1)=11−5=6(개)
앞에서 본 모양에서 ㉠과 ㉡ 중 적어도 하나는 3이 되어
야 합니다.
⇨ ㉠=3이면 ㉡=6−3=3이므로 옆에서 본 모양은
왼쪽부터 3층, 1층, 3층입니다.

07 위에서 본 모양에 쌓기나무의 개수를 확실히 알 수 있
는 자리부터 수를 쓰면 다음과 같습니다.

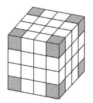

옆에서 본 모양에서 가운데
줄의 가장 높은 층이 2층이
므로 ㉢에는 3이 올 수 없습
니다.

• 쌓기나무를 가장 많이 사용할 때 쌓기나무의 개수는
㉠=2, ㉡=2, ㉢=2일 때이므로
3+2+2+2+2+2=13(개)
• 쌓기나무를 가장 적게 사용할 때 쌓기나무의 개수는
㉠=1, ㉡=1, ㉢=1일 때이므로
3+2+2+1+1+1=10(개)

08 세 면이 칠해진 쌓기나무는 정육면
체의 꼭짓점 부분에만 한 개씩 있으
므로 세 면이 칠해진 쌓기나무의 개
수는 정육면체의 꼭짓점의 수와 같
습니다.
⇨ (세 면이 칠해진 쌓기나무의 개수)
=(정육면체의 꼭짓점의 수)=8개

09 위에서 본 모양에 쌓기나무의 개수를 확실히 알 수 있
는 자리부터 수를 쓰면 다음과 같습니다.

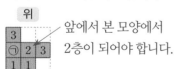

앞에서 본 모양에서
2층이 되어야 합니다.

㉠에는 3개 이하로 쌓을 수 있으므로 만들 수 있는 모양
은 3가지입니다.

⇨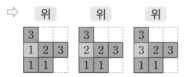

4 비례식과 비례배분

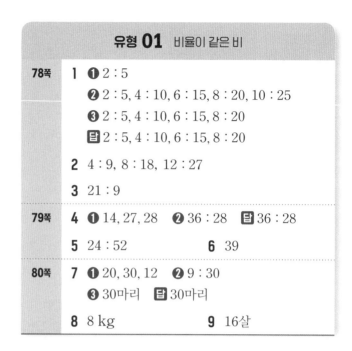

	유형 01 비율이 같은 비
78쪽	**1** ❶ 2 : 5
	❷ 2 : 5, 4 : 10, 6 : 15, 8 : 20, 10 : 25
	❸ 2 : 5, 4 : 10, 6 : 15, 8 : 20
	답 2 : 5, 4 : 10, 6 : 15, 8 : 20
	2 4 : 9, 8 : 18, 12 : 27
	3 21 : 9
79쪽	**4** ❶ 14, 27, 28 ❷ 36 : 28 **답** 36 : 28
	5 24 : 52 **6** 39
80쪽	**7** ❶ 20, 30, 12 ❷ 9 : 30
	❸ 30마리 **답** 30마리
	8 8 kg **9** 16살

1 ❶ 비의 전항과 후항을 12와 30의 최대공약수 6으로
나눕니다. ⇨ 12 : 30 → (12÷6) : (30÷6) → 2 : 5
❷ 2 : 5의 각 항을 1배, 2배, 3배, 4배, 5배 한 비를 구
합니다. ⇨ 2 : 5, 4 : 10, 6 : 15, 8 : 20, 10 : 25
❸ 10 : 25는 전항이 10이므로 전항이 10보다 작은 비
는 2 : 5, 4 : 10, 6 : 15, 8 : 20입니다.

2 비의 전항과 후항을 20과 45의 최대공약수 5로 나누어
20 : 45를 가장 간단한 자연수의 비로 나타내면
20 : 45 → (20÷5) : (45÷5) → 4 : 9
4 : 9의 각 항을 1배, 2배, 3배, 4배 한 비를 구하면
4 : 9, 8 : 18, 12 : 27, 16 : 36입니다.
⇨ 후항이 30보다 작은 비는 4 : 9, 8 : 18, 12 : 27입니다.

3 56 : 24를 가장 간단한 자연수의 비로 나타내면
56 : 24 → (56÷8) : (24÷8) → 7 : 3
7 : 3의 각 항을 1배, 2배, 3배, 4배 한 비를 구하면
7 : 3, 14 : 6, 21 : 9, 28 : 12
⇨ 전항이 15보다 크고 25보다 작은 비는 21 : 9입니다.

4 ❶ 9 : 7 → (9×2) : (7×2) → 18 : 14
9 : 7 → (9×3) : (7×3) → 27 : 21
9 : 7 → (9×4) : (7×4) → 36 : 28
❷ 비율이 같은 비의 전항과 후항의 차를 구하면
18 : 14 → 18−14=4
27 : 21 → 27−21=6
36 : 28 → 36−28=8
⇨ 전항과 후항의 차가 8인 비는 36 : 28입니다.

다른 풀이
9 : 7에서 두 항의 차는 9－7＝2이고 8＝2×4이므로
9 : 7의 전항과 후항에 각각 4를 곱한 비를 구하면 됩니다.
➾ 9 : 7 → (9×4) : (7×4) → 36 : 28

5 비의 성질을 이용하여 6 : 13과 비율이 같은 비를 구하고, 전항과 후항의 합을 구합니다.
6 : 13 → (6×2) : (13×2) → 12 : 26 → 12＋26＝38
6 : 13 → (6×3) : (13×3) → 18 : 39 → 18＋39＝57
6 : 13 → (6×4) : (13×4) → 24 : 52 → 24＋52＝76
➾ 전항과 후항의 합이 76인 비는 24 : 52입니다.

다른 풀이
6 : 13에서 두 항의 합은 6＋13＝19이고 76＝19×4이므로 전항과 후항의 합이 76인 비는
6 : 13 → (6×4) : (13×4) → 24 : 52입니다.

6 비의 성질을 이용하여 5 : 8과 비율이 같은 비를 구하고, 전항과 후항의 차를 구합니다.
5 : 8 → (5×2) : (8×2) → 10 : 16 → 16－10＝6
5 : 8 → (5×3) : (8×3) → 15 : 24 → 24－15＝9
5 : 8 → (5×4) : (8×4) → 20 : 32 → 32－20＝12
➾ 전항과 후항의 차가 9인 비는 15 : 24이므로 이 비의 전항과 후항의 합은 15＋24＝39입니다.

다른 풀이
5 : 8에서 두 항의 차는 8－5＝3이고 9＝3×3이므로 전항과 후항의 차가 9인 비는
5 : 8 → (5×3) : (8×3) → 15 : 24입니다.
15 : 24의 전항과 후항의 합은 15＋24＝39입니다.

7 ❶ 3 : 10 ➾ (3×2) : (10×2) ➾ 6 : 20
3 : 10 ➾ (3×3) : (10×3) ➾ 9 : 30
3 : 10 ➾ (3×4) : (10×4) ➾ 12 : 40
❷ 비율이 같은 비에서 전항과 후항의 차를 구하면
6 : 20 → 20－6＝14
9 : 30 → 30－9＝21
12 : 40 → 40－12＝28
➾ 전항과 후항의 차가 21인 비는 9 : 30입니다.
❸ 9 : 30에서 돼지가 소보다 21마리 더 많으므로 소는 9마리, 돼지는 30마리입니다.

다른 풀이
3 : 10에서 전항과 후항의 차는 10－3＝7이고 21＝7×3이므로 전항과 후항의 차가 21인 비는
3 : 10 → (3×3) : (10×3) → 9 : 30입니다.
➾ 윤서네 농장에 있는 돼지는 30마리입니다.

8 비의 성질을 이용하여 11 : 2와 비율이 같은 비를 구하고, 전항과 후항의 합을 구합니다.
11 : 2 → (11×2) : (2×2) → 22 : 4
　　　　　　　　　　　→ 22＋4＝26
11 : 2 → (11×3) : (2×3) → 33 : 6
　　　　　　　　　　　→ 33＋6＝39
11 : 2 → (11×4) : (2×4) → 44 : 8
　　　　　　　　　　　→ 44＋8＝52
➾ 전항과 후항의 합이 52인 비는 44 : 8이므로 솔이의 몸무게는 44 kg, 고양이의 무게는 8 kg입니다.

다른 풀이
11 : 2에서 11＋2＝13이고 52＝13×4이므로
11 : 2 → (11×4) : (2×4) → 44 : 8에서 고양이의 무게는 8 kg입니다.

9 비의 성질을 이용하여 3 : 7과 비율이 같은 비를 구하고, 전항과 후항의 합을 구합니다.
3 : 7 → (3×2) : (7×2) → 6 : 14 → 6＋14＝20
3 : 7 → (3×3) : (7×3) → 9 : 21 → 9＋21＝30
3 : 7 → (3×4) : (7×4) → 12 : 28 → 12＋28＝40
➾ 전항과 후항의 합이 40인 비는 12 : 28이므로 올해 하준이의 나이는 12살, 삼촌의 나이는 28살입니다.
따라서 하준이와 삼촌의 나이의 차는 28－12＝16(살)입니다.

다른 풀이
3 : 7에서 3＋7＝10이고 40＝10×4이므로
3 : 7 → (3×4) : (7×4) → 12 : 28에서 올해 하준이는 12살, 삼촌은 28살이므로 두 사람의 나이의 차는 28－12＝16(살)입니다.

유형 **02** 간단한 자연수의 비로 나타내기		
81쪽 **1** ❶ 4.5　❷ 1 : 4.5　❸ 2 : 9　답 예 2 : 9		
2 예 4 : 13	**3** 예 5 : 26	
82쪽 **4** ❶ 1, 2　❷ 2, 1		
❸ 8 : 3　답 예 8 : 3		
5 예 10 : 21	**6** 예 6 : 5	
83쪽 **7** ❶ 1.05　❷ 1.05, 0.8		
❸ 21 : 16　답 예 21 : 16		
8 예 5 : 8	**9** 예 7 : 9	

1 ❶ (도하가 가진 끈의 길이)

　　= (수아가 가진 끈의 길이) × 4.5

　　= 1 × 4.5 = 4.5

❸ 1 : 4.5 → (1×10) : (4.5×10) → 10 : 45

　　→ (10÷5) : (45÷5) → 2 : 9

2 파란색 수수깡의 길이를 1이라 하면

(초록색 수수깡의 길이)

= (파란색 수수깡의 길이) × 3.25

= 1 × 3.25 = 3.25이므로

(파란색 수수깡의 길이) : (초록색 수수깡의 길이)

➡ 1 : 3.25

이 비를 간단한 자연수의 비로 나타냅니다.

1 : 3.25 → (1×100) : (3.25×100) → 100 : 325

　　→ (100÷25) : (325÷25) → 4 : 13

3 직사각형 모양 교통 카드의 세로를 1이라 하면

(가로) = (세로) × 1.6 = 1 × 1.6 = 1.6

(둘레) = ((가로) + (세로)) × 2

　　= (1.6 + 1) × 2 = 2.6 × 2 = 5.2

교통 카드의 세로와 둘레의 비를 구하면

(세로) : (둘레) = 1 : 5.2이고,

이 비를 간단한 자연수의 비로 나타냅니다.

1 : 5.2 → (1×10) : (5.2×10) → 10 : 52

　　→ (10÷2) : (52÷2) → 5 : 26

4 ❶ 가의 넓이의 $\frac{1}{4}$과 나의 넓이의 $\frac{2}{3}$는 겹친 부분의 넓이이므로 같습니다.

❸ $\frac{2}{3} : \frac{1}{4}$ → $(\frac{2}{3}×12) : (\frac{1}{4}×12)$ → 8 : 3

　　　　　분모 3과 4의 최소공배수

5 가의 넓이의 $\frac{3}{5}$과 나의 넓이의 $\frac{2}{7}$가 같으므로

(가의 넓이) × $\frac{3}{5}$ = (나의 넓이) × $\frac{2}{7}$입니다.

이 곱셈식을 비례식으로 나타내면

(가의 넓이) : (나의 넓이) = $\frac{2}{7} : \frac{3}{5}$이 됩니다.

➡ $\frac{2}{7} : \frac{3}{5}$ → $(\frac{2}{7}×35) : (\frac{3}{5}×35)$ → 10 : 21

6 40 % → $\frac{40}{100} = \frac{2}{5}$이고,

가의 넓이의 $\frac{1}{3}$과 나의 넓이의 $\frac{2}{5}$가 같으므로

(가의 넓이) × $\frac{1}{3}$ = (나의 넓이) × $\frac{2}{5}$입니다.

이 곱셈식을 비례식으로 나타내면

(가의 넓이) : (나의 넓이) = $\frac{2}{5} : \frac{1}{3}$이 됩니다.

➡ $\frac{2}{5} : \frac{1}{3}$ → $(\frac{2}{5}×15) : (\frac{1}{3}×15)$ → 6 : 5

7 ❶ 20 % 할인 → 원래 가격의 80 %

　　　　　　　→ 원래 가격의 0.8

5 % 인상 → 원래 가격의 105 %

　　　　　→ 원래 가격의 1.05

❸ 1.05 : 0.8

→ (1.05×100) : (0.8×100) → 105 : 80

→ (105÷5) : (80÷5) → 21 : 16

8 20 % 인상 → 원래 가격의 120 %

　　　　　　→ 원래 가격의 1.2

25 % 할인 → 원래 가격의 75 %

　　　　　　→ 원래 가격의 0.75

판매한 금액을 곱셈식으로 나타내면

(소금빵의 원래 가격) × 1.2 = (크림빵의 원래 가격) × 0.75

이고, 이 곱셈식을 비례식으로 나타내면

(소금빵의 원래 가격) : (크림빵의 원래 가격)

= 0.75 : 1.2가 됩니다.

➡ 0.75 : 1.2 → (0.75×100) : (1.2×100)

→ 75 : 120 → (75÷15) : (120÷15)

→ 5 : 8

9 10 % 할인 → 원래 가격의 90 % → 원래 가격의 0.9

30 % 할인 → 원래 가격의 70 % → 원래 가격의 0.7

판매한 금액을 곱셈식으로 나타내면

(소설책의 원래 가격) × 0.9 = (동화책의 원래 가격) × 0.7

이고, 이 곱셈식을 비례식으로 나타내면

(소설책의 원래 가격) : (동화책의 원래 가격) = 0.7 : 0.9

➡ 0.7 : 0.9 → (0.7×10) : (0.9×10) → 7 : 9

유형 **03** 비례식의 활용

84쪽	**1** ❶ 5 : 8　❷ 예 5 : 8 = ■ : 32　❸ 20마리　🄰 20마리	
	2 36개	**3** 54장
85쪽	**4** ❶ 65 %　❷ 예 65 : 100 = 104 : ■　❸ 160명　🄰 160명	
	5 45개	**6** 182송이

1 ❶ $\frac{1}{4} : \frac{2}{5}$ → $(\frac{1}{4}×20) : (\frac{2}{5}×20)$ → 5 : 8

❸ 5 : 8 = ■ : 32에서 8 × ■ = 5 × 32, 8 × ■ = 160,

■ = 160÷8, ■ = 20

➡ 얼룩말은 20마리입니다.

2 사탕 수와 캐러멜 수의 비를 간단한 자연수의 비로 나타냅니다.

$1.4 : 1.05 \rightarrow (1.4 \times 100) : (1.05 \times 100) \rightarrow 140 : 105$
$\rightarrow (140 \div 35) : (105 \div 35) \rightarrow 4 : 3$

사탕 수를 □개라 하여 비례식을 세우면

$4 : 3 = □ : 27, 3 \times □ = 4 \times 27, 3 \times □ = 108,$
$□ = 108 \div 3, □ = 36$

⇨ 사탕은 36개입니다.

3 건하와 연우가 가진 붙임딱지 수의 비를 간단한 자연수의 비로 나타냅니다.

$2\frac{4}{5} : 3.6 \rightarrow (2.8 \times 10) : (3.6 \times 10) \rightarrow 28 : 36$
$\rightarrow (28 \div 4) : (36 \div 4) \rightarrow 7 : 9$

연우가 가진 붙임딱지 수를 □장이라 하여 비례식을 세우면 $7 : 9 = 42 : □, 7 \times □ = 9 \times 42, 7 \times □ = 378,$
$□ = 378 \div 7, □ = 54$

⇨ 연우가 가진 붙임딱지는 54장입니다.

4 ❶ $100 - 35 = 65 \rightarrow 65 \%$

❷ 우주네 학교 6학년 학생 수를 ■명이라 하고 비례식을 세우면 $65 : 100 = 104 : ■$입니다.

❸ $65 \times ■ = 100 \times 104, 65 \times ■ = 10400,$
$■ = 10400 \div 65, ■ = 160$

⇨ 우주네 학교 6학년 학생은 모두 160명입니다.

다른 풀이

전체의 65%가 104명이므로 전체 100%의 학생 수를 ■명이라 하여 $65 : 104 = 100 : ■$의 비례식을 세울 수도 있습니다.

⇨ $65 : 104 = 100 : ■, 65 \times ■ = 104 \times 100,$
$■ = 10400 \div 65, ■ = 160$

5 동생에게 주고 남은 구슬 수의 비율을 구하면
$100 - 20 = 80 \rightarrow 80 \%$입니다.

설아가 처음 가지고 있던 구슬 수를 □개라 하여 비례식을 세우면

(남은 구슬)	:	(처음 구슬)
80 %	:	100 %
36개	:	□개

$80 : 100 = 36 : □, 80 \times □ = 100 \times 36,$
$80 \times □ = 3600, □ = 3600 \div 80, □ = 45$

⇨ 설아가 처음에 가지고 있던 구슬은 45개입니다.

6 $\dfrac{(\text{노란 장미 수})}{(\text{빨간 장미 수})} = \dfrac{6}{7}$이므로

(노란 장미 수) : (빨간 장미 수) $= 6 : 7$입니다.

노란 장미 수를 □송이라 하여 비례식을 세우면
$6 : 7 = □ : 98, 7 \times □ = 6 \times 98, 7 \times □ = 588,$
$□ = 588 \div 7, □ = 84$

⇨ 빨간 장미와 노란 장미는 모두 $98 + 84 = 182$(송이)입니다.

| 유형 **04** 실생활에서 비례식의 활용 |

86쪽	**1** ❶ (예) $84 : 126 = ■ : 177$ ❷ 118분
	❸ 1시간 58분 **답** 1시간 58분
	2 2시간 20분 **3** 245 km
87쪽	**4** ❶ 7 cm ❷ 35000 cm ❸ 350 m
	답 350 m
	5 2.25 km **6** 2 km
88쪽	**7** ❶ $3 : 4$ ❷ $4 : 3$ ❸ 18바퀴 **답** 18바퀴
	8 20바퀴 **9** 35개
89쪽	**10** ❶ 30시간 ❷ 10분
	❸ 오후 2시 50분 **답** 2시 50분
	11 11시 4분 **12** 10시 26분

1 ❶ 1시간 24분 $= 60$분 $+ 24$분 $= 84$분이므로
비례식을 세우면 $84 : 126 = ■ : 177$입니다.

❷ $84 : 126 = ■ : 177, 126 \times ■ = 84 \times 177,$
$126 \times ■ = 14868, ■ = 14868 \div 126, ■ = 118$

❸ 118분 $= 60$분 $+ 58$분 $= 1$시간 58분

2 1시간 15분 $= 75$분 $\rightarrow 75$분 동안 105 km를 갑니다.
버스가 196 km를 가는 데 걸리는 시간을 □분이라 하여 비례식을 세우면
$75 : 105 = □ : 196, 105 \times □ = 75 \times 196,$
$105 \times □ = 14700, □ = 14700 \div 105, □ = 140$

⇨ 버스가 196 km를 가는 데 걸리는 시간은
140분 $= 60$분 $+ 60$분 $+ 20$분 $= 2$시간 20분입니다.

다른 풀이

1시간 15분 $= 1\frac{15}{60}$시간 $= 1\frac{1}{4}$시간이므로

$1\frac{1}{4} : 105 = □ : 196$으로 구할 수도 있습니다.

이때 $□ = 2\frac{1}{3}$시간이고,

$2\frac{1}{3}$시간 $= 2$시간 $+ \frac{1}{3} \times 60$분 $= 2$시간 20분

3 기차가 1시간 45분 $= 60$분 $+ 45$분 $= 105$분 동안 가는 거리를 □ km라 하여 비례식을 세우면
$36 : 84 = 105 : □, 36 \times □ = 84 \times 105,$
$36 \times □ = 8820, □ = 8820 \div 36, □ = 245$

⇨ 기차는 1시간 45분 동안 245 km를 갑니다.

4 ❶ (학교에서 문구점까지 거리)
$+ $ (문구점에서 마트까지 거리)
$= 4 + 3 = 7$(cm)

❷ 학교에서 출발하여 문구점을 거쳐 마트까지 가는
실제 거리를 □cm라 하면
$1:5000=7:□, 1×□=5000×7, □=35000$

❸ $35000 \text{ cm}=350 \text{ m}$

5 버스 정류장에서 출발하여 영화관을 거쳐 공원까지 가는
지도에서의 거리는 $2+7=9(\text{cm})$입니다.
버스 정류장에서 출발하여 영화관을 거쳐 공원까지 가는
실제 거리를 □cm라 하여 비례식을 세우면
$1:25000=9:□, 1×□=25000×9, □=225000$
➡ 버스 정류장에서 출발하여 영화관을 거쳐 공원까지
가는 실제 거리는 $225000 \text{ cm}=2.25 \text{ km}$입니다.

6 (도서관~우체국~병원)ー(도서관~병원)
$=(9+5)-10=4(\text{cm})$
도서관에서 출발하여 우체국을 거쳐 병원까지 가는 실제
거리와 도서관에서 병원까지 바로 가는 실제 거리의 차
를 □cm라 하여 비례식을 세우면
$1:50000=4:□, 1×□=50000×4, □=200000$
➡ 실제 거리의 차는 $200000 \text{ cm}=2 \text{ km}$입니다.

7 ❶ (㉮의 톱니 수):(㉯의 톱니 수)
➡ $12:16 → (12÷4):(16÷4) → 3:4$
❷ (㉮의 회전수):(㉯의 회전수) ➡ $4:3$
❸ 톱니바퀴 ㉮가 24바퀴 돌 때 톱니바퀴 ㉯의 회전수
를 □바퀴라 하여 비례식을 세우면
$4:3=24:□, 4×□=3×24, 4×□=72,$
$□=72÷4, □=18$
➡ 톱니바퀴 ㉯는 18바퀴 돕니다.

8 (㉮의 톱니 수):(㉯의 톱니 수)
➡ $40:25 → (40÷5):(25÷5) → 8:5$이므로
(㉮의 회전수):(㉯의 회전수) ➡ $5:8$입니다.
톱니바퀴 ㉯가 32바퀴 돌 때 톱니바퀴 ㉮의 회전수를
□바퀴라 하여 비례식을 세우면
$5:8=□:32, 8×□=5×32, 8×□=160,$
$□=160÷8, □=20$
➡ 톱니바퀴 ㉮는 20바퀴 돌게 됩니다.

9 (㉮의 회전수):(㉯의 회전수)
➡ $21:27 → (21÷3):(27÷3) → 7:9$이므로
(㉮의 톱니 수):(㉯의 톱니 수) ➡ $9:7$입니다.
톱니바퀴 ㉮의 톱니가 45개일 때 톱니바퀴 ㉯의 톱니 수
를 □개라 하여 비례식을 세우면
$9:7=45:□, 9×□=7×45, 9×□=315,$
$□=315÷9, □=35$
➡ 톱니바퀴 ㉯의 톱니는 35개입니다.

10 ❶ (오전 9시~다음 날 오전 9시)
$+$(다음 날 오전 9시~오후 3시)
$=24$시간$+6$시간$=30$시간

❷ 30시간 동안 느려지는 시간을 □분이라 하여 비례식
을 세우면
$24:8=30:□, 24×□=8×30, 24×□=240,$
$□=240÷24, □=10$

❸ 30시간 동안 10분 느려지므로 다음 날 오후 3시에
이 시계가 가리키는 시각은
오후 3시ー10분=오후 2시 50분입니다.

11 오후 3시부터 다음 날 오후 11시까지의 시간을 구하면
(오후 3시~다음 날 오후 3시)
$+$(다음 날 오후 3시~오후 11시)
$=24$시간$+8$시간$=32$시간
32시간 동안 빨라지는 시간을 □분이라 하여 비례식을
세우면
$24:3=32:□, 24×□=3×32, 24×□=96,$
$□=96÷24, □=4$
➡ 32시간 동안 4분 빨라지므로 다음 날 오후 11시에 이
시계가 가리키는 시각은
오후 11시$+4$분=오후 11시 4분입니다.

12 오후 6시 30분부터 다음 날 오전 10시 30분까지는 16시
간이고, 2일$=24×2=48$(시간)입니다.
16시간 동안 느려지는 시간을 □분이라 하여 비례식을
세우면
$48:12=16:□, 48×□=12×16, 48×□=192,$
$□=192÷48, □=4$
➡ 16시간 동안 4분 느려지므로 다음 날 오전 10시 30분
에 이 시계가 가리키는 시각은
오전 10시 30분ー4분=오전 10시 26분입니다.

유형 05 비례배분의 활용

90쪽	**1** ❶18권 ❷건이 : 8권, 은채 : 10권 **답** 8권, 10권			
	2 18개, 21개		**3** 60자루, 36자루	
91쪽	**4** ❶9 : 5 ❷68 L **답** 68 L			
	5 32 kg		**6** 49시간	
92쪽	**7** ❶$\dfrac{4}{7}$ ❷4 : 7 ❸84장 **답** 84장			
	8 160 g		**9** 17살	
93쪽	**10** ❶32마리 ❷12마리 ❸4마리 **답** 4마리			
	11 2개		**12** 10그루	

1 ❶ 은채가 지유에게 주고 남은 공책은 전체의
$1-\dfrac{1}{3}=\dfrac{2}{3}$이므로 $27\times\dfrac{2}{3}=18$(권)입니다.

❷ 남은 공책 18권을 4 : 5로 비례배분합니다.
(건이가 가진 공책 수)
$=18\times\dfrac{4}{4+5}=18\times\dfrac{4}{9}=8$(권)
(은채가 가진 공책 수)
$=18\times\dfrac{5}{4+5}=18\times\dfrac{5}{9}=10$(권)

2 수현이가 먹고 남은 젤리는 전체의 $1-\dfrac{1}{4}=\dfrac{3}{4}$이므로
$52\times\dfrac{3}{4}=39$(개)입니다.
남은 젤리 39개를 누나와 동생에게 6 : 7로 나누어 주었
으므로
(누나에게 준 젤리 수)
$=39\times\dfrac{6}{6+7}=39\times\dfrac{6}{13}=18$(개)
(동생에게 준 젤리 수)
$=39\times\dfrac{7}{6+7}=39\times\dfrac{7}{13}=21$(개)

3 다온이가 가지고 있던 연필은 $12\times10=120$(자루)이고
선호에게 주고 남은 연필은 전체의 $1-\dfrac{1}{5}=\dfrac{4}{5}$이므로
$120\times\dfrac{4}{5}=96$(자루)입니다.
남은 연필 96자루를 민지와 소이에게 5 : 3으로 나누어
주었으므로
(민지에게 준 연필 수)
$=96\times\dfrac{5}{5+3}=96\times\dfrac{5}{8}=60$(자루)
(소이에게 준 연필 수)
$=96\times\dfrac{3}{5+3}=96\times\dfrac{3}{8}=36$(자루)

4 ❶ (물의 양) : (우유의 양)
$\Rightarrow 3.6 : 2 \rightarrow (3.6\times10) : (2\times10) \rightarrow 36 : 20$
$\rightarrow (36\div4) : (20\div4) \rightarrow 9 : 5$

❷ 물의 양은 전체의 $\dfrac{9}{9+5}=\dfrac{9}{14}$,
우유의 양은 전체의 $\dfrac{5}{9+5}=\dfrac{5}{14}$이므로
물의 양과 우유의 양의 차는 전체의
$\dfrac{9}{14}-\dfrac{5}{14}=\dfrac{4}{14}$입니다.
따라서 우유의 양은 물의 양보다
$238\times\dfrac{4}{14}=68$(L) 더 적습니다.

> **참고**
> 물과 우유의 양의 차는 전체의 $\dfrac{9-5}{9+5}=\dfrac{4}{14}$입니다.

5 (감자의 양) : (고구마의 양)
$\Rightarrow 7 : 9\dfrac{4}{5} \rightarrow (7\times5) : (\dfrac{49}{5}\times5) \rightarrow 35 : 49$
$\rightarrow (35\div7) : (49\div7) \rightarrow 5 : 7$
감자의 양은 전체의 $\dfrac{5}{5+7}=\dfrac{5}{12}$,
고구마의 양은 전체의 $\dfrac{7}{5+7}=\dfrac{7}{12}$이므로
감자의 양과 고구마의 양의 차는 전체의
$\dfrac{7}{12}-\dfrac{5}{12}=\dfrac{2}{12}=\dfrac{1}{6}$입니다.
따라서 고구마의 양은 감자의 양보다
$192\times\dfrac{1}{6}=32$(kg) 더 많습니다.

6 (식사한 시간) : (잠을 잔 시간)
$\Rightarrow 2\dfrac{1}{4} : 7.5 \rightarrow (\dfrac{9}{4}\times4) : (7.5\times4) \rightarrow 9 : 30$
$\rightarrow (9\div3) : (30\div3) \rightarrow 3 : 10$
식사를 한 시간은 전체의 $\dfrac{3}{3+10}=\dfrac{3}{13}$,
잠을 잔 시간은 전체의 $\dfrac{10}{3+10}=\dfrac{10}{13}$이므로
잠을 잔 시간과 식사한 시간의 차는 전체의
$\dfrac{10}{13}-\dfrac{3}{13}=\dfrac{7}{13}$입니다.
따라서 식사를 한 시간은 잠을 잔 시간보다
$91\times\dfrac{7}{13}=49$(시간) 더 적습니다.

7 ❷ (연아의 색종이 수)$\times1=$(준수의 색종이 수)$\times\dfrac{4}{7}$
$\rightarrow$ (연아의 색종이 수) : (준수의 색종이 수)$=\dfrac{4}{7} : 1$
$\Rightarrow \dfrac{4}{7} : 1 = (\dfrac{4}{7}\times7) : (1\times7) \rightarrow 4 : 7$

❸ $132\times\dfrac{7}{4+7}=132\times\dfrac{7}{11}=84$(장)

8 소금과 물의 양의 관계를 곱셈식으로 나타내면
(소금의 양)$=$(물의 양)$\times\dfrac{5}{8}$이므로
(소금의 양) : (물의 양)$=\dfrac{5}{8} : 1$
$\Rightarrow \dfrac{5}{8} : 1 \rightarrow (\dfrac{5}{8}\times8) : (1\times8) \rightarrow 5 : 8$입니다.
따라서 소금물에 들어 있는 물의 양은
$260\times\dfrac{8}{5+8}=260\times\dfrac{8}{13}=160$(g)입니다.

9 민지와 동생의 나이의 관계를 곱셈식으로 나타내면
(민지의 나이)$=$(동생의 나이)$\times3$이므로
(민지의 나이) : (동생의 나이)$=3 : 1$입니다.
$\Rightarrow$ 민지의 나이는 $16\times\dfrac{3}{3+1}=16\times\dfrac{3}{4}=12$(살)이고,
언니의 나이는 $12+5=17$(살)입니다.

10 ❶ (작은 어항에 있던 물고기 수)
　　 ＋(큰 어항에 있던 물고기 수)
　　 ＝16＋16＝32(마리)

　　 ❷ 물고기를 옮긴 후 작은 어항과 큰 어항에 있는 물고기 수의 비가 3 : 5가 되었으므로 물고기를 옮긴 후 작은 어항에 있는 물고기는
　　 $32 \times \dfrac{3}{3+5} = 32 \times \dfrac{3}{8} = 12$(마리)

　　 ❸ (작은 어항에서 큰 어항으로 옮긴 물고기 수)
　　 ＝16－12＝4(마리)

11 (전체 초콜릿 수)＝30＋30＝60(개)
　　 동하가 이수에게 초콜릿을 준 후 이수와 동하가 가진 초콜릿 수의 비가 8 : 7이 되었으므로
　　 (이수에게 준 후 동하가 가진 초콜릿 수)
　　 $＝60 \times \dfrac{7}{8+7} = 60 \times \dfrac{7}{15} = 28$(개)
　　 ⇨ (동하가 이수에게 준 초콜릿 수)＝30－28＝2(개)

12 오늘 은행나무를 더 심어서 소나무 수와 은행나무 수의 비가 4 : 5가 되었으므로
　　 (소나무 수)
　　 $＝270 \times \dfrac{4}{4+5} = 270 \times \dfrac{4}{9} = 120$(그루)
　　 (은행나무 수)
　　 $＝270 \times \dfrac{5}{4+5} = 270 \times \dfrac{5}{9} = 150$(그루)
　　 소나무 수는 그대로이므로 오늘 더 심기 전 은행나무 수를 □그루라 하여 비례식을 세우면
　　 6 : 7＝120 : □, 6×□＝7×120, 6×□＝840,
　　 □＝840÷6, □＝140
　　 따라서 오늘 더 심은 은행나무는 150－140＝10(그루)입니다.

유형 **06** 도형에서 비례식과 비례배분의 활용

94쪽	**1** ❶20　❷예 7 : 5＝㉠ : 20　❸28 cm 　답 28 cm	
	2 12 cm	**3** 8 cm
95쪽	**4** ❶8 : 7　❷80 cm²　답 80 cm²	
	5 184 cm²	**6** 189 cm²
96쪽	**7** ❶180 cm²　❷24 cm　❸24 cm 　답 24 cm	
	8 8 cm	**9** 19 cm
97쪽	**10** ❶24 cm　❷5 : 7　❸14 cm　답 14 cm	
	11 8 cm	**12** 9 cm

---

1 ❶ (삼각형의 넓이)＝㉠×(높이)÷2,
　　 (직사각형의 넓이)＝10×(세로)
　　 삼각형의 높이와 직사각형의 세로가 같으므로
　　 (삼각형의 넓이) : (직사각형의 넓이)
　　 ⇨ ㉠÷2 : 10 → ㉠ : 20

　　 ❷ ❶에서 구한 넓이의 비가 ㉠ : 20이므로
　　 7 : 5＝㉠ : 20입니다.

　　 ❸ 7 : 5＝㉠ : 20 ⇨ 5×㉠＝7×20, 5×㉠＝140,
　　 ㉠＝140÷5, ㉠＝28
　　 따라서 ㉠의 길이는 28 cm입니다.

2 (삼각형의 넓이)＝16×(높이)÷2＝8×(높이),
　　 (평행사변형의 넓이)＝㉠×(높이)
　　 삼각형과 평행사변형의 높이가 같으므로
　　 (삼각형의 넓이) : (평행사변형의 넓이)는
　　 8 : ㉠입니다.
　　 ⇨ 2 : 3＝8 : ㉠, 2×㉠＝3×8, 2×㉠＝24,
　　 　㉠＝24÷2, ㉠＝12
　　 따라서 ㉠의 길이는 12 cm입니다.

3 (사다리꼴의 넓이)＝(㉠＋10)×(높이)÷2,
　　 (삼각형의 넓이)＝21×(높이)÷2
　　 사다리꼴과 삼각형의 높이가 같으므로
　　 (사다리꼴의 넓이) : (삼각형의 넓이)는 (㉠＋10) : 21입니다.
　　 ⇨ 6 : 7＝(㉠＋10) : 21, 7×(㉠＋10)＝6×21,
　　 　7×(㉠＋10)＝126, ㉠＋10＝126÷7,
　　 　㉠＋10＝18, ㉠＝18－10, ㉠＝8
　　 따라서 ㉠의 길이는 8 cm입니다.

4 ❶ (평행사변형의 넓이)＝8×(높이),
　　 (삼각형의 넓이)＝14×(높이)÷2＝7×(높이)
　　 평행사변형과 삼각형의 높이가 같으므로
　　 (평행사변형의 넓이) : (삼각형의 넓이) ⇨ 8 : 7

　　 ❷ 평행사변형과 삼각형의 넓이의 합 150 cm²를
　　 8 : 7로 비례배분하면
　　 (평행사변형의 넓이)
　　 $＝150 \times \dfrac{8}{8+7} = 150 \times \dfrac{8}{15} = 80$(cm²)

5 (삼각형의 넓이)＝16×(높이)÷2＝8×(높이),
　　 (직사각형의 넓이)＝20×(세로)
　　 삼각형의 높이와 직사각형의 세로가 같으므로
　　 (삼각형의 넓이) : (직사각형의 넓이) ⇨ 8 : 20 → 2 : 5
　　 삼각형과 직사각형의 넓이의 합 644 cm²를
　　 2 : 5로 비례배분하면
　　 (삼각형의 넓이)
　　 $＝644 \times \dfrac{2}{2+5} = 644 \times \dfrac{2}{7} = 184$(cm²)

6 (삼각형의 넓이)$=12 \times$ (높이)$\div 2$

$\qquad\qquad\qquad = 6 \times$ (높이),

(평행사변형의 넓이)$=10.5 \times$ (높이)

삼각형과 평행사변형의 높이가 같으므로

(삼각형의 넓이) : (평행사변형의 넓이) $\Rightarrow 6 : 10.5$

$\Rightarrow 6 : 10.5 \rightarrow (6 \times 10) : (10.5 \times 10) \rightarrow 60 : 105$

$\qquad\qquad\qquad \rightarrow (60 \div 15) : (105 \div 15)$

$\qquad\qquad\qquad \rightarrow 4 : 7$

삼각형과 평행사변형의 넓이의 합 297 cm^2를 $4 : 7$로

비례배분하면

(평행사변형의 넓이)

$= 297 \times \dfrac{7}{4+7} = 297 \times \dfrac{7}{11} = 189(\text{cm}^2)$

7 ❶ 삼각형과 직사각형의 넓이의 합 420 cm^2를

$3 : 4$로 비례배분하면

(삼각형의 넓이)

$= 420 \times \dfrac{3}{3+4} = 420 \times \dfrac{3}{7} = 180(\text{cm}^2)$

❷ 삼각형의 넓이가 180 cm^2이므로

(삼각형의 높이)$=180 \times 2 \div 15 = 24(\text{cm})$

❸ 직사각형의 ㉠의 길이는 삼각형의 높이와 같으므로

24 cm입니다.

8 평행사변형과 삼각형의 넓이의 합 117 cm^2를

$8 : 5$로 비례배분하면

(평행사변형의 넓이)

$= 117 \times \dfrac{8}{8+5} = 117 \times \dfrac{8}{13} = 72(\text{cm}^2)$

삼각형의 높이를 ㉠으로 할 때 평행사변형의 높이는 삼

각형의 높이와 같으므로

$9 \times ㉠ = 72$, $㉠ = 72 \div 9$, $㉠ = 8$입니다.

따라서 ㉠의 길이는 8 cm입니다.

9 평행사변형 가와 사다리꼴 나의 넓이의 합 304 cm^2를

$7 : 9$로 비례배분하면

(사다리꼴 나의 넓이)

$= 304 \times \dfrac{9}{7+9} = 304 \times \dfrac{9}{16} = 171(\text{cm}^2)$

평행사변형 가의 높이를 ㉠으로 할 때 평행사변형 가와

사다리꼴 나의 높이가 같으므로

$(6+12) \times ㉠ \div 2 = 171$, $18 \times ㉠ \div 2 = 171$,

$18 \times ㉠ = 171 \times 2$, $18 \times ㉠ = 342$, $㉠ = 342 \div 18$,

$㉠ = 19$입니다.

따라서 ㉠의 길이는 19 cm입니다.

10 ❶ 삼각형 ㄱㄴㄷ의 넓이가 144 cm^2이므로

(변 ㄴㄷ)$\times 12 \div 2 = 144$

$\Rightarrow$ (변 ㄴㄷ)$=144 \times 2 \div 12 = 24(\text{cm})$

❷ 두 삼각형 가와 나의 높이가 같으므로

(선분 ㄴㄹ) : (선분 ㄹㄷ)은

(가의 넓이) : (나의 넓이)와 같은 $5 : 7$입니다.

❸ 변 ㄴㄷ의 길이 24 cm를 $5 : 7$로 비례배분하면

(선분 ㄹㄷ)$=24 \times \dfrac{7}{5+7} = 24 \times \dfrac{7}{12} = 14(\text{cm})$

11 직사각형 ㄱㄴㄷㄹ의 넓이가 320 cm^2이므로

(변 ㄴㄷ)$\times 16 = 320$, (변 ㄴㄷ)$=320 \div 16 = 20(\text{cm})$

두 직사각형 가와 나의 세로가 같으므로

(선분 ㄴㅂ) : (선분 ㅂㄷ)은 (가의 넓이) : (나의 넓이)와

같은 $2 : 3$입니다.

변 ㄴㄷ의 길이 20 cm를 $2 : 3$으로 비례배분하면

(선분 ㄴㅂ)$=20 \times \dfrac{2}{2+3} = 20 \times \dfrac{2}{5} = 8(\text{cm})$

12 두 사다리꼴 가, 나의 윗변과 아랫변의 길이를 모두 더하

면 $27 + 27 = 54(\text{cm})$입니다.

높이가 같은 두 사다리꼴 가와 나의 넓이의 비는

(윗변과 아랫변의 길이의 합)의 비와 같으므로

(가의 윗변과 아랫변의 길이의 합) : (나의 윗변과 아랫변

의 길이의 합)은

(가의 넓이) : (나의 넓이)와 같은 $5 : 4$입니다.

두 사다리꼴 가, 나의 윗변과 아랫변의 길이의 합 54 cm

를 $5 : 4$로 비례배분하면

(나의 윗변과 아랫변의 길이의 합)

$= 54 \times \dfrac{4}{5+4} = 54 \times \dfrac{4}{9} = 24(\text{cm})$

$\Rightarrow$ (나의 윗변의 길이)$=27-12 = 15(\text{cm})$이므로

(나의 아랫변 ㉠의 길이)$=24-15 = 9(\text{cm})$입니다.

유형 07 비례배분하기 전의 양 구하기

98쪽	1 ❶ $\dfrac{4}{7}$	❷ 63	답 63
	2 104		3 56
99쪽	4 ❶ 2 : 3	❷ 25만 원	답 25만 원
	5 110만 원		6 540만 원

1 ❶ 어떤 수를 ■라 하여 가 : 나를 $3 : 4$로 비례배분할

때 나의 값이 36이므로

$■ \times \dfrac{4}{3+4} = 36$, $■ \times \dfrac{4}{7} = 36$입니다.

❷ $■ \times \dfrac{4}{7} = 36$

$\rightarrow ■ = 36 \div \dfrac{4}{7}$, $■ = 36 \times \dfrac{7}{4}$, $■ = 63$

$\Rightarrow$ 어떤 수는 63입니다.

2 어떤 수를 □라 하여 가 : 나를 5 : 8로 비례배분할 때

가의 값이 40이므로

$\square \times \dfrac{5}{5+8} = 40$, $\square \times \dfrac{5}{13} = 40$입니다.

$\square \times \dfrac{5}{13} = 40$, $\square = 40 \div \dfrac{5}{13}$, $\square = 40 \times \dfrac{13}{5}$, $\square = 104$

⇨ 어떤 수는 104입니다.

3 어떤 수를 □라 하여 가 : 나를 7 : 2로 비례배분할 때

나의 값이 28이므로

$\square \times \dfrac{2}{7+2} = 28$, $\square \times \dfrac{2}{9} = 28$입니다.

$\square \times \dfrac{2}{9} = 28$, $\square = 28 \div \dfrac{2}{9}$, $\square = 28 \times \dfrac{9}{2}$, $\square = 126$

⇨ 어떤 수 126을 4 : 5로 비례배분할 때 작은 수는

$126 \times \dfrac{4}{4+5} = 126 \times \dfrac{4}{9} = 56$입니다.

4 ❶ (윤지가 투자한 금액) : (준서가 투자한 금액)

⇨ 50만 : 75만 → (50만÷25만) : (75만÷25만)

→ 2 : 3

❷ 전체 이익금을 □만 원이라 할 때 2 : 3으로 비례배분하여 윤지가 가진 이익금이 10만 원이므로

$\square \times \dfrac{2}{2+3} = 10$, $\square \times \dfrac{2}{5} = 10$, $\square = 10 \div \dfrac{2}{5}$,

$\square = 10 \times \dfrac{5}{2}$, $\square = 25$

따라서 두 사람이 얻은 전체 이익금은 25만 원입니다.

5 민재와 현수가 투자한 금액의 비를 간단한 자연수의 비로 나타내면

(민재가 투자한 금액) : (현수가 투자한 금액)

⇨ 160만 : 280만 → (160만÷40만) : (280만÷40만)

→ 4 : 7

전체 이익금을 □만 원이라 할 때 4 : 7로 비례배분하여 현수가 가진 이익금이 70만 원이므로

$\square \times \dfrac{7}{4+7} = 70$, $\square \times \dfrac{7}{11} = 70$, $\square = 70 \div \dfrac{7}{11}$,

$\square = 70 \times \dfrac{11}{7}$, $\square = 110$

따라서 두 사람이 얻은 전체 이익금은 110만 원입니다.

6 가 회사와 나 회사가 투자한 금액의 비를 간단한 자연수의 비로 나타내면

(가 회사가 투자한 금액) : (나 회사가 투자한 금액)

⇨ 1500만 : 1200만

→ (1500만÷300만) : (1200만÷300만) → 5 : 4

전체 이익금을 □만 원이라 할 때 5 : 4로 비례배분하여 가 회사가 얻은 이익금이 300만 원이므로

$\square \times \dfrac{5}{5+4} = 300$, $\square \times \dfrac{5}{9} = 300$, $\square = 300 \div \dfrac{5}{9}$,

$\square = 300 \times \dfrac{9}{5}$, $\square = 540$

따라서 두 회사가 얻은 전체 이익금은 540만 원입니다.

<table>
<tr><td colspan="4" align="center">단원 4 유형 마스터</td></tr>
<tr><td>100쪽</td><td>01 40개</td><td>02 1시간 15분</td><td>03 24</td></tr>
<tr><td>101쪽</td><td>04 예 9 : 16</td><td>05 208 g</td><td>06 6시 8분</td></tr>
<tr><td>102쪽</td><td>07 354명</td><td colspan="2">08 21개</td></tr>
<tr><td></td><td colspan="3">09 270 cm², 216 cm²</td></tr>
<tr><td>103쪽</td><td>10 980만 원</td><td>11 2개</td><td>12 1190원</td></tr>
</table>

01 야구공 수와 테니스공 수의 비를 간단한 자연수의 비로 나타내면

$\dfrac{4}{7} : \dfrac{1}{2} \to (\dfrac{4}{7} \times 14) : (\dfrac{1}{2} \times 14) \to 8 : 7$

야구공 수를 □개라 하여 비례식을 세우면

$8 : 7 = \square : 35$, $7 \times \square = 8 \times 35$, $7 \times \square = 280$,

$\square = 280 \div 7$, $\square = 40$

⇨ 야구공은 40개입니다.

02 오토바이가 105 km를 가는 데 걸리는 시간을 □분이라 하여 비례식을 세우면

$30 : 42 = \square : 105$, $42 \times \square = 30 \times 105$,

$42 \times \square = 3150$, $\square = 3150 \div 42$, $\square = 75$

⇨ 오토바이가 105 km를 가는 데 걸리는 시간은

75분 = 60분 + 15분 = 1시간 15분입니다.

03 $\dfrac{11}{5} \to 11 : 5$입니다.

$11 : 5 \to (11 \times 2) : (5 \times 2) \to 22 : 10 \to 22 + 10 = 32$

$11 : 5 \to (11 \times 3) : (5 \times 3) \to 33 : 15 \to 33 + 15 = 48$

$11 : 5 \to (11 \times 4) : (5 \times 4) \to 44 : 20 \to 44 + 20 = 64$

전항과 후항의 합이 64인 비는 44 : 20이므로 이 비의 전항과 후항의 차는 44 − 20 = 24입니다.

다른 풀이

11 : 5에서 두 항의 합은 11 + 5 = 16이고 64 = 16 × 4이므로 전항과 후항의 합이 64인 비는

11 : 5 → (11 × 4) : (5 × 4) → 44 : 20입니다.

44 : 20의 전항과 후항의 차는 44 − 20 = 24입니다.

04 가의 넓이의 $\dfrac{2}{9}$와 나의 넓이의 $\dfrac{1}{8}$이 같으므로

(가의 넓이) $\times \dfrac{2}{9} =$ (나의 넓이) $\times \dfrac{1}{8}$입니다.

이 곱셈식을 비례식으로 나타내면

(가의 넓이) : (나의 넓이) $= \dfrac{1}{8} : \dfrac{2}{9}$입니다.

가와 나의 넓이의 비를 간단한 자연수의 비로 나타내면

$\dfrac{1}{8} : \dfrac{2}{9} \to (\dfrac{1}{8} \times 72) : (\dfrac{2}{9} \times 72) \to 9 : 16$입니다.

05 쌀과 콩의 양의 비를 간단한 자연수의 비로 나타내면

(쌀의 양) : (콩의 양)

$\Rightarrow 9\frac{1}{3} : 4 \rightarrow (\frac{28}{3} \times 3) : (4 \times 3)$

$\rightarrow 28 : 12 \rightarrow (28 \div 4) : (12 \div 4) \rightarrow 7 : 3$

쌀의 양은 전체의 $\frac{7}{7+3} = \frac{7}{10}$,

콩의 양은 전체의 $\frac{3}{7+3} = \frac{3}{10}$이므로

쌀과 콩의 양의 차는

전체의 $\frac{7}{10} - \frac{3}{10} = \frac{4}{10} = \frac{2}{5}$입니다.

따라서 쌀의 양은 콩의 양보다 $520 \times \frac{2}{5} = 208(\text{g})$ 더

많습니다.

06 오전 10시부터 다음 날 오후 6시까지의 시간을 구하면

(오전 10시~다음 날 오전 10시)

＋(다음 날 오전 10시~오후 6시)

＝24시간＋8시간＝32시간

32시간 동안 빨라지는 시간을 □분이라 하여 비례식을

세우면

$24 : 6 = 32 : □$, $24 \times □ = 6 \times 32$, $24 \times □ = 192$,

$□ = 192 \div 24$, $□ = 8$

따라서 32시간 동안 8분 빨라지므로

다음 날 오후 6시에 이 시계가 가리키는 시각은

오후 6시＋8분＝오후 6시 8분입니다.

07 (남자 관람객 수)＝(여자 관람객 수)$\times \frac{5}{6}$이므로

(남자 관람객 수) : (여자 관람객 수)＝$\frac{5}{6}$: 1입니다.

$\Rightarrow \frac{5}{6} : 1 \rightarrow (\frac{5}{6} \times 6) : (1 \times 6) \rightarrow 5 : 6$

649명을 5 : 6으로 비례배분하면

(여자 관람객 수)

$= 649 \times \frac{6}{5+6} = 649 \times \frac{6}{11} = 354(\text{명})$

08 (㉮의 회전수) : (㉯의 회전수)

$\Rightarrow 26 : 14 \rightarrow (26 \div 2) : (14 \div 2) \rightarrow 13 : 7$

(㉮의 톱니 수) : (㉯의 톱니 수)

$\Rightarrow 7 : 13$

톱니바퀴 ㉯의 톱니가 39개일 때 톱니바퀴 ㉮의 톱니

수를 □개라 하여 비례식을 세우면

$7 : 13 = □ : 39$, $13 \times □ = 7 \times 39$, $13 \times □ = 273$,

$□ = 273 \div 13$, $□ = 21$

$\Rightarrow$ 톱니바퀴 ㉮의 톱니는 21개입니다.

09 (직사각형 가의 넓이)＝15×(세로)

(사다리꼴 나의 넓이)＝(10＋14)×(높이)÷2

$= 24 \times (\text{높이}) \div 2 = 12 \times (\text{높이})$

직사각형 가의 세로와 사다리꼴 나의 높이가 같으므로

(직사각형 가의 넓이) : (사다리꼴 나의 넓이)

$\Rightarrow 15 : 12 \rightarrow 5 : 4$

직사각형 가와 사다리꼴 나의 넓이의 합 486 cm²를

5 : 4로 비례배분하면

(가의 넓이)$= 486 \times \frac{5}{5+4} = 486 \times \frac{5}{9} = 270(\text{cm}^2)$

(나의 넓이)$= 486 \times \frac{4}{5+4} = 486 \times \frac{4}{9} = 216(\text{cm}^2)$

10 (가 회사가 투자한 금액) : (나 회사가 투자한 금액)

$\Rightarrow 800만 : 2000만$

$\rightarrow (800만 \div 400만) : (2000만 \div 400만) \rightarrow 2 : 5$

전체 이익금을 □만 원이라 할 때 2 : 5로 비례배분하여

나 회사가 가진 이익금이 700만 원이므로

$□ \times \frac{5}{2+5} = 700$, $□ \times \frac{5}{7} = 700$, $□ = 700 \div \frac{5}{7}$,

$□ = 700 \times \frac{7}{5}$, $□ = 980$

따라서 두 회사가 얻은 전체 이익금은 980만 원입니다.

11 사과를 먹고 나서 사과와 배의 수의 비가 8 : 7이 되었

으므로

(먹고 남은 사과의 수)

$= 75 \times \frac{8}{8+7} = 75 \times \frac{8}{15} = 40(\text{개})$

(배의 수)$= 75 \times \frac{7}{8+7} = 75 \times \frac{7}{15} = 35(\text{개})$

배의 수는 그대로이므로 처음에 들어 있던 사과의 수를

□개라 하여 비례식을 세우면

$6 : 5 = □ : 35$, $5 \times □ = 6 \times 35$, $5 \times □ = 210$,

$□ = 210 \div 5$, $□ = 42$

따라서 먹은 사과는 $42 - 40 = 2(\text{개})$입니다.

12 5 % 인상 → 원래 가격의 105 %

→ 원래 가격의 1.05

25 % 할인 → 원래 가격의 75 %

→ 원래 가격의 0.75

(가의 원래 가격)×1.05＝(나의 원래 가격)×0.75

→ (가의 원래 가격) : (나의 원래 가격)＝0.75 : 1.05

$\Rightarrow 0.75 : 1.05 \rightarrow (0.75 \times 100) : (1.05 \times 100)$

$\rightarrow 75 : 105 \rightarrow (75 \div 15) : (105 \div 15)$

$\rightarrow 5 : 7$

2040원을 5 : 7로 비례배분하면

(나의 원래 가격)$= 2040 \times \frac{7}{5+7}$

$= 2040 \times \frac{7}{12} = 1190(\text{원})$

5 원의 넓이

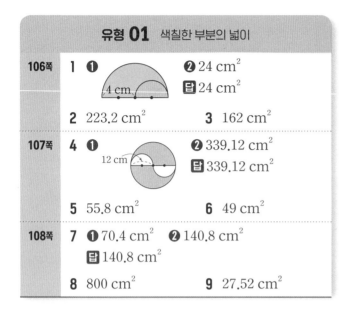

	유형 01	색칠한 부분의 넓이
106쪽	1 ❶ (그림) ❷ 24 cm² 답 24 cm²	
	2 223.2 cm²	3 162 cm²
107쪽	4 ❶ (그림) ❷ 339.12 cm² 답 339.12 cm²	
	5 55.8 cm²	6 49 cm²
108쪽	7 ❶ 70.4 cm² ❷ 140.8 cm² 답 140.8 cm²	
	8 800 cm²	9 27.52 cm²

1 ❶ 아래쪽 작은 반원을 화살표 쪽으로 옮기면 색칠한 부분은 반원이 됩니다.

❷ 색칠한 부분은 반지름이 4 cm인 원의 반입니다.
⇨ (색칠한 부분의 넓이)
= (반지름이 4 cm인 원의 넓이)÷2
= $4 \times 4 \times 3 \div 2 = 24 (cm^2)$

2 다음 그림과 같이 색칠한 부분을 옮기면 반원이 됩니다. 반원의 지름이 24 cm이므로 반지름은 12 cm입니다.

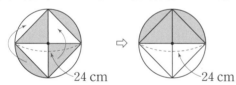

(색칠한 부분의 넓이)
= (반지름이 12 cm인 원의 넓이)÷2
= $12 \times 12 \times 3.1 \div 2$
= $446.4 \div 2 = 223.2 (cm^2)$

3 색칠한 부분의 넓이는 가로가 $9 \times 2 = 18 (cm)$, 세로가 9 cm인 직사각형의 넓이와 같습니다.

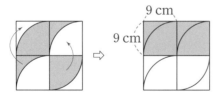

⇨ (색칠한 부분의 넓이)= $18 \times 9 = 162 (cm^2)$

4 ❷ 큰 원의 반지름은 12 cm, 작은 반원의 반지름은 $12 \div 2 = 6 (cm)$입니다. 작은 반원 2개의 넓이는 작은 원 1개의 넓이와 같습니다.

⇨ (색칠한 부분의 넓이)
= (큰 원의 넓이) - (작은 원의 넓이)
= $12 \times 12 \times 3.14 - 6 \times 6 \times 3.14$
= $452.16 - 113.04 = 339.12 (cm^2)$

5 큰 원의 반지름은 6 cm, 작은 반원의 반지름은 $6 \div 2 = 3 (cm)$입니다. 작은 반원 4개의 넓이는 작은 원 2개의 넓이와 같습니다.
(색칠한 부분의 넓이)
= (큰 원의 넓이) - (작은 원 2개의 넓이)
= $6 \times 6 \times 3.1 - (3 \times 3 \times 3.1) \times 2$
= $111.6 - 55.8 = 55.8 (cm^2)$

6 원의 일부 4개의 넓이는 반지름이 $14 \div 2 = 7 (cm)$인 원의 넓이와 같습니다.
(색칠한 부분의 넓이)
= (정사각형의 넓이) - (원의 넓이)
= $14 \times 14 - 7 \times 7 \times 3 = 196 - 147 = 49 (cm^2)$

7 ❶ (빗금 친 부분의 넓이)
= (원의 넓이의 $\frac{1}{4}$) - (삼각형의 넓이)
= $16 \times 16 \times 3.1 \times \frac{1}{4} - 16 \times 16 \div 2$
= $198.4 - 128 = 70.4 (cm^2)$

❷ 색칠한 부분은 빗금 친 부분의 2배입니다.
⇨ (색칠한 부분의 넓이)
= (빗금 친 부분의 넓이) × 2
= $70.4 \times 2 = 140.8 (cm^2)$

8 (빗금 친 부분의 넓이)

= (반지름이 20 cm인 원의 넓이의 $\frac{1}{4}$)
 - (밑변과 높이가 각각 20 cm인 삼각형의 넓이)
= $20 \times 20 \times 3 \times \frac{1}{4} - 20 \times 20 \div 2$
= $300 - 200 = 100 (cm^2)$
⇨ (색칠한 부분의 넓이)
= (빗금 친 부분의 넓이) × 8
= $100 \times 8 = 800 (cm^2)$

9 반원의 반지름은 직사각형의 세로와 같은 8 cm입니다.

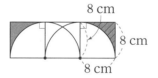

(빗금 친 부분의 넓이)
= (한 변이 8 cm인 정사각형의 넓이)
 - (반지름이 8 cm인 원의 넓이의 $\frac{1}{4}$)

$$=8\times8-8\times8\times3.14\times\frac{1}{4}$$
$$=64-50.24=13.76(\text{cm}^2)$$
⇨ (색칠한 부분의 넓이)
  =(빗금 친 부분의 넓이)×2
  =13.76×2=27.52(cm²)

---

3 빨간색 선으로 표시된 부분의 길이를 모두 더합니다.

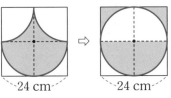

24 cm ⇨ 24 cm

이때 색칠한 부분을 옮겨 보면 오른쪽 그림과 같습니다.
(색칠한 부분의 둘레)
=(지름이 24 cm인 원의 원주)
=24×3.14=75.36(cm)

4 ❶ 색칠한 부분은 곡선과 직선으로 이루어져 있습니다.

<곡선 부분> <직선 부분>

15 cm   15 cm

❷ (곡선 부분의 길이)
  =(지름이 15 cm인 원의 원주의 $\frac{1}{4}$)×4
  =(지름이 15 cm인 원의 원주)
  =15×3.14=47.1(cm)
  (직선 부분의 길이)=(정사각형의 둘레)
              =15×4=60(cm)
  ⇨ (색칠한 부분의 둘레)=47.1+60=107.1(cm)

5
<곡선 부분> <직선 부분>
18 cm   18 cm

(곡선 부분의 길이)
  =(반지름이 18 cm인 원의 원주의 $\frac{1}{4}$)×2
  =18×2×3×$\frac{1}{4}$×2=54(cm)
  (직선 부분의 길이)=(정사각형의 둘레)
              =18×4=72(cm)
  ⇨ (색칠한 부분의 둘레)=54+72=126(cm)

6
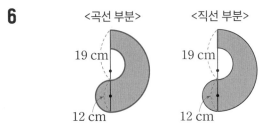
<곡선 부분> <직선 부분>
19 cm   19 cm
12 cm   12 cm

(곡선 부분의 길이)
  =(지름이 (12+19)cm인 원의 원주의 $\frac{1}{2}$)
   +(지름이 12 cm인 원의 원주)
  =31×3.1×$\frac{1}{2}$+12×3.1
  =48.05+37.2=85.25(cm)

유형 02 색칠한 부분의 둘레

109쪽		
1 ❶ (22 cm 도형)	❷ 136.4 cm	답 136.4 cm
2 60.45 cm	**3** 75.36 cm	
110쪽		
4 ❶ (15 cm 도형)	❷ 107.1 cm	답 107.1 cm
5 126 cm	**6** 92.25 cm	
111쪽		
7 ❶ 8 cm, 12 cm	❷ 32 cm	답 32 cm
8 119.2 cm	**9** 27.42 cm	
112쪽		
10 ❶ 5, 4, 4 / 10, 4	❷ 71.4 cm	답 71.4 cm
11 163.8 cm	**12** 96 cm	

1 ❷

22 cm + 22 cm

(색칠한 부분의 둘레)
  =(큰 원의 원주의 $\frac{1}{2}$)+(작은 원의 원주)
  =22×2×3.1×$\frac{1}{2}$+22×3.1
  =68.2+68.2=136.4(cm)

2 빨간색 선으로 표시된 부분의 길이를 모두 더합니다.
(색칠한 부분의 둘레)
  =(반지름이 13 cm인 원의 원주의 $\frac{1}{4}$)
   +(지름이 13 cm인 원의 원주)
  =13×2×3.1×$\frac{1}{4}$+13×3.1
  =20.15+40.3=60.45(cm)

13 cm
13 cm

(직선 부분의 길이)=19-(작은 반원의 지름)

　　　　　　　=19-12=7(cm)

⇨ (색칠한 부분의 둘레)=85.25+7=92.25(cm)

7 ❶ (㉠의 길이)=$12×2×3×\dfrac{40°}{360°}$

　　　　　　=$\overset{8}{\cancel{72}}×\dfrac{1}{\underset{1}{\cancel{9}}}=8$(cm)

　(㉡의 길이)=$(12+6)×2×3×\dfrac{40°}{360°}$

　　　　　　=$\overset{2}{\cancel{18}}×2×3×\dfrac{1}{\underset{1}{\cancel{9}}}=12$(cm)

❷ (곡선 부분의 길이)=8+12=20(cm)

　(직선 부분의 길이)=6+6=12(cm)

　⇨ (색칠한 부분의 둘레)=20+12=32(cm)

8 곡선 부분 ㉠과 ㉡의 길이는

각각 원주의 $\dfrac{144°}{360°}=\dfrac{2}{5}$입니다.

(곡선 부분 ㉠의 길이)

=$15×2×3.1×\dfrac{2}{5}=37.2$(cm)

(곡선 부분 ㉡의 길이)

=$(10+15)×2×3.1×\dfrac{2}{5}=62$(cm)

(직선 부분의 길이)=10×2=20(cm)

⇨ (색칠한 부분의 둘레)

　　=37.2+62+20=119.2(cm)

9 정삼각형의 한 각의 크기는 60°이므
로 곡선 부분의 길이는 반지름이 9 cm
인 원의 원주의 $\dfrac{60°}{360°}=\dfrac{1}{6}$입니다.

(곡선 부분의 길이)=$9×2×3.14×\dfrac{1}{6}=9.42$(cm)

(직선 부분의 길이)=9×2=18(cm)

⇨ (색칠한 부분의 둘레)=9.42+18=27.42(cm)

10 ❶ 직선 부분은 원의 지름인 5×2=10(cm) 길이가
4군데 있습니다.

❷ 곡선 부분은 원의 $\dfrac{1}{4}$이 4개이므로 모두 모으면 원이
됩니다.

　(곡선 부분의 길이)

　=(반지름이 5 cm인 원의 원주)

　=5×2×3.14=31.4(cm)

　(직선 부분의 길이)=10×4=40(cm)

　⇨ (사용한 끈의 길이)=31.4+40=71.4(cm)

11 곡선 부분은 원의 $\dfrac{1}{4}$이 4개
이므로 모두 모으면 원이 됩
니다.

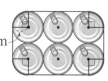

(곡선 부분의 길이)

=(반지름이 9 cm인 원의 원주)

=9×2×3.1=55.8(cm)

직선 부분은 원의 지름의 6배이므로

(직선 부분의 길이)=9×2×6=108(cm)

⇨ (사용한 끈의 길이)=55.8+108=163.8(cm)

12 곡선 부분은 원의 $\dfrac{1}{3}$이 3개이므로
모두 모으면 반지름이 8 cm인
원이 됩니다.

(곡선 부분의 길이)

=(반지름이 8 cm인 원의 원주)

=8×2×3=48(cm)

직선 부분은 원의 지름의 3배이므로

(직선 부분의 길이)=8×2×3=48(cm)

⇨ (사용한 끈의 길이)=48+48=96(cm)

유형 **03** 원주와 원의 넓이

113쪽	**1** ❶ 8 cm　❷ 12 cm
	❸ 446.4 cm² 　답 446.4 cm²
	2 113.04 cm²　　　　**3** 75 cm²
114쪽	**4** ❶ 3.1, 607.6　❷ 14 m
	❸ 86.8 m　답 86.8 m
	5 138 m　　　　　**6** 72 cm

1 ❶ 원 ㉮의 원주가 49.6 cm이고 원주율이 3.1이므로
(원 ㉮의 반지름)

　=(원주)÷(원주율)÷2

　=49.6÷3.1÷2=16÷2=8(cm)

❷ (원 ㉯의 반지름)=8+4=12(cm)

❸ 원 ㉯의 반지름이 12 cm이므로
(원 ㉯의 넓이)=12×12×3.1=446.4(cm²)

2 (원 ㉮의 지름)

　=(원주)÷(원주율)=12.56÷3.14=4(cm)

(원 ㉯의 지름)=4×3=12(cm)

→ (원 ㉯의 반지름)=12÷2=6(cm)

⇨ (원 ㉯의 넓이)=6×6×3.14=113.04(cm²)

3 (큰 원의 반지름)=(원주)÷(원주율)÷2

　　　　　　　=54÷3÷2=18÷2

　　　　　　　=9(cm)

(작은 원의 반지름)=14-(큰 원의 반지름)

　　　　　　　=14-9=5(cm)

⇨ (작은 원의 넓이)=5×5×3=75(cm²)

4 ❷ ■×■×3.1＝607.6에서

■×■＝607.6÷3.1＝196이 됩니다.

14×14＝196이므로

꽃밭의 반지름은 14 m입니다.

❸ (꽃밭의 둘레)＝14×2×3.1＝86.8(m)

5 호수의 반지름을 □ m라 하면

□×□×3＝1587,

□×□＝1587÷3＝529입니다.

23×23＝529이므로

호수의 반지름은 23 m입니다.

⇨ (호수의 둘레)＝23×2×3＝138(m)

> 5 2 9
> 3×3＝9
> 7×7＝49

6 (원의 넓이)＝(직사각형의 넓이)

＝27×16＝432(cm²)

(반지름)×(반지름)×3＝432,

(반지름)×(반지름)＝432÷3＝144에서

12×12＝144이므로 원의 반지름은 12 cm입니다.

⇨ (원의 둘레)＝12×2×3＝72(cm)

유형 04 원이 지나간 자리

115쪽	**1** ❶ 248 cm ❷ 744 cm 답 744 cm	
	2 345.4 cm	**3** 468 cm
116쪽	**4** ❶ (왼쪽부터) 2, 8 ❷ 48 cm², 384 cm² ❸ 432 cm² 답 432 cm²	
	5 1020.5 cm²	**6** 260.4 cm²
117쪽	**7** ❶ (위부터) 6, 9 ❷ 111.6 cm², 216 cm² ❸ 327.6 cm² 답 327.6 cm²	
	8 2816 cm²	**9** 193.6 cm²

1 ❶ 훌라후프가 한 바퀴 구를 때 움직인 거리는 훌라후프의 원주와 같습니다.

⇨ (훌라후프의 원주)＝80×3.1＝248(cm)

❷ (훌라후프가 움직인 거리)

＝(훌라후프의 원주)×(구른 바퀴 수)

＝248×3＝744(cm)

2 (고리가 1바퀴 구를 때 움직인 거리)

＝(고리의 원주)＝22×3.14＝69.08(cm)

⇨ (고리가 움직인 거리)＝69.08×5＝345.4(cm)

3 (굴렁쇠가 1바퀴 구를 때 움직인 거리)

＝(굴렁쇠의 원주)＝12×2×3＝72(cm)

⇨ 6바퀴 반은 6.5바퀴이므로

(굴렁쇠가 움직인 거리)＝72×6.5＝468(cm)

---

4 ❶ 빗금 친 부분은 직사각형이고, 이 직사각형의 가로는 원이 2바퀴 굴러간 거리이므로 원주의 2배입니다.

❷ (반원 ㉠과 ㉡의 넓이의 합)

＝(원의 넓이)＝4×4×3＝48(cm²)

(빗금 친 부분의 넓이)

＝(직사각형의 넓이)＝(원주)×2×(지름)

＝(4×2×3)×2×8＝384(cm²)

❸ (원이 지나간 자리의 넓이)

＝(원의 넓이)＋(직사각형의 넓이)

＝48＋384＝432(cm²)

5

(반원 2개의 넓이의 합)

＝(반지름이 5 cm인 원의 넓이)

＝5×5×3.14＝78.5(cm²)

(직사각형 부분의 넓이)

＝(반지름이 5 cm인 원의 원주)×3×(지름)

＝(5×2×3.14)×3×10＝942(cm²)

⇨ (원이 지나간 자리의 넓이)

＝78.5＋942＝1020.5(cm²)

6

(반원 2개의 넓이의 합)

＝(반지름이 2 cm인 원의 넓이)

＝2×2×3.1＝12.4(cm²)

(직사각형 부분의 넓이)

＝(반지름이 2 cm인 원의 원주)×5×(지름)

＝(2×2×3.1)×5×4＝248(cm²)

⇨ (원이 지나간 자리의 넓이)

＝12.4＋248＝260.4(cm²)

7 ❷ (㉠, ㉡, ㉢, ㉣의 넓이의 합)

＝(원의 넓이)＝6×6×3.1＝111.6(cm²)

(빗금 친 부분의 넓이의 합)

＝(직사각형 4개의 넓이의 합)

＝9×6×4＝216(cm²)

❸ (원이 지나간 자리의 넓이)

＝(원의 넓이)＋(직사각형 4개의 넓이의 합)

＝111.6＋216＝327.6(cm²)

8 원이 지나간 자리는 오른쪽과 같습니다.

원의 일부분 4개를 모으면 반지름이 16 cm인 원이 됩니다.

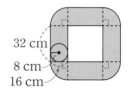

32 cm
8 cm
16 cm

(원의 일부분 4개의 넓이의 합)
$=16 \times 16 \times 3 = 768(cm^2)$
(직사각형 4개의 넓이의 합)
$=32 \times 16 \times 4 = 2048(cm^2)$
⇨ (원이 지나간 자리의 넓이)
＝(원의 일부분 4개의 넓이의 합)
＋(직사각형 4개의 넓이의 합)
$=768+2048=2816(cm^2)$

9 원이 지나간 자리는 오른
쪽과 같습니다.
원의 일부분 3개를 모으
면 반지름이 4 cm인 원
이 됩니다.
(원의 일부분 3개의 넓이의 합)
$=4 \times 4 \times 3.1 = 49.6(cm^2)$
(직사각형 3개의 넓이의 합)
$=12 \times 4 \times 3 = 144(cm^2)$
⇨ (원이 지나간 자리의 넓이)
＝(원의 일부분 3개의 넓이의 합)
＋(직사각형 3개의 넓이의 합)
$=49.6+144=193.6(cm^2)$

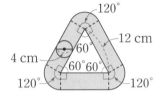

단원 5 유형 마스터

118쪽	**01** ㉠	**02** $18 \ cm^2$	**03** $57.12 \ cm$
119쪽	**04** 나	**05** $49.6 \ cm^2$	**06** $36 \ cm$
120쪽	**07** $432 \ cm^2$	**08** $24.56 \ cm$	**09** $79.2 \ cm^2$
121쪽	**10** $91.12 \ cm$	**11** 6바퀴	**12** $287.5 \ cm^2$

01 지름이 길수록 원의 크기가 큽니다.
(원 ㉡의 지름)＝(원주)÷(원주율)
$=56.52 \div 3.14 = 18(cm)$
⇨ 지름을 비교하면 19 cm＞18 cm이므로 원 ㉠이
더 큽니다.

02 색칠한 부분을 그림과 같이 옮기면 직사각형이 됩니다.
이때 색칠한 부분은 가로가 6 cm, 세로가 3 cm인 직
사각형입니다.

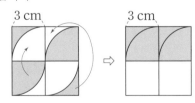

⇨ (색칠한 부분의 넓이)＝(직사각형의 넓이)
$=6 \times 3 = 18(cm^2)$

03 (색칠한 부분의 둘레)
＝(한 변이 8 cm인 정사각형의 둘레)
＋(지름이 8 cm인 원의 원주)
$=8 \times 4 + 8 \times 3.14$
$=32+25.12=57.12(cm)$

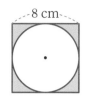

04 (구멍의 지름)＝(원주)÷(원주율)
$=37.2 \div 3.1 = 12(cm)$
⇨ 지름이 12 cm보다 크면 구멍을 빠져 나갈 수 없으므
로 지름이 12 cm보다 큰 블록을 찾으면 나입니다.

05 아래쪽 반원을 그림과 같이 옮기면 색칠한 부분은 큰
반원에서 작은 반원을 뺀 것과 같습니다.

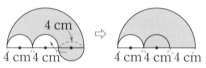

큰 반원의 지름이 $4+4+4=12(cm)$이므로
반지름은 $12 \div 2 = 6(cm)$입니다.
⇨ (색칠한 부분의 넓이)
＝(큰 반원의 넓이)－(작은 반원의 넓이)
$=6 \times 6 \times 3.1 \div 2 - 2 \times 2 \times 3.1 \div 2$
$=55.8-6.2=49.6(cm^2)$

06

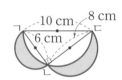

(색칠한 부분의 둘레)
＝(지름이 6 cm인 원의 원주의 $\frac{1}{2}$)
＋(지름이 8 cm인 원의 원주의 $\frac{1}{2}$)
＋(지름이 10 cm인 원의 원주의 $\frac{1}{2}$)
$=(6 \times 3 \times \frac{1}{2}) + (8 \times 3 \times \frac{1}{2}) + (10 \times 3 \times \frac{1}{2})$
$=9+12+15=36(cm)$

07 (원주)＝(반지름)×2×(원주율)에서
(반지름)＝(원주)÷(원주율)÷2이므로
(반지름)＝$72 \div 3 \div 2 = 24 \div 2 = 12(cm)$입니다.
⇨ (뚜껑의 넓이)＝$12 \times 12 \times 3 = 432(cm^2)$

08 정삼각형은 한 각의 크기가 60°이
므로 색칠한 부분에서 곡선 부분
은 반지름이 6 cm인 원의 원주의
$\frac{60° + 60°}{360°} = \frac{120°}{360°} = \frac{1}{3}$입니다.
정삼각형은 세 변의 길이가 모두 같으므로 색칠한 부분
의 직선 부분은 각각 6 cm입니다.

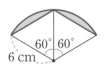

⇨ (색칠한 부분의 둘레)

= (곡선 부분의 길이) + (직선 부분의 길이)

$= 6 \times 2 \times 3.14 \times \dfrac{1}{3} + 6 \times 2$

$= 12.56 + 12 = 24.56 \text{(cm)}$

09

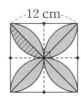

(빗금 친 부분의 넓이)

$=$ (반지름이 6 cm인 원의 넓이의 $\dfrac{1}{4}$)

$\quad -$ (밑변과 높이가 각각 6 cm인 삼각형의 넓이)

$= 6 \times 6 \times 3.1 \times \dfrac{1}{4} - 6 \times 6 \div 2$

$= 27.9 - 18 = 9.9 \text{(cm}^2\text{)}$

⇨ (색칠한 부분의 넓이) = (빗금 친 부분의 넓이) × 8

$\qquad\qquad\qquad\qquad\quad = 9.9 \times 8 = 79.2 \text{(cm}^2\text{)}$

10

8 cm

두른 끈의 곡선 부분은 반원 2개이므로 모으면 원이 됩니다.

(곡선 부분의 길이) = (지름이 8 cm인 원의 원주)

$\qquad\qquad\qquad\qquad = 8 \times 3.14 = 25.12 \text{(cm)}$

직선 부분은 원의 지름의 6배이므로

(직선 부분의 길이) $= 8 \times 6 = 48 \text{(cm)}$

⇨ (사용한 끈의 길이)

= (곡선 부분의 길이) + (직선 부분의 길이)

$\qquad + $ (매듭을 짓는 데 사용한 길이)

$= 25.12 + 48 + 18 = 91.12 \text{(cm)}$

11 (굴렁쇠가 1바퀴 구를 때 움직인 거리)

$= 15 \times 2 \times 3 = 90 \text{(cm)}$

⇨ (구른 바퀴 수) $= 540 \div 90 = 6$(바퀴)

12 원이 지나간 자리는 오른쪽과 같습니다.

원의 일부분 3개를 모으면 반지름이 5 cm인 원이 됩니다.

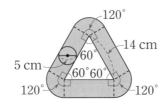

(원의 일부분 3개의 넓이의 합)

$= 5 \times 5 \times 3.1 = 77.5 \text{(cm}^2\text{)}$

(직사각형 3개의 넓이의 합) $= 14 \times 5 \times 3 = 210 \text{(cm}^2\text{)}$

⇨ (원이 지나간 자리의 넓이)

= (원의 일부분 3개의 넓이의 합)

$\qquad + $ (직사각형 3개의 넓이의 합)

$= 77.5 + 210 = 287.5 \text{(cm}^2\text{)}$

6 원기둥, 원뿔, 구

유형 01	원기둥의 전개도의 둘레

124쪽	1 ❶ ⬤ , 4군데 ❷ 146 cm 📕 146 cm
	2 68.24 cm 　　　　3 72 cm
125쪽	4 ❶ 42 cm ❷ 180 cm 📕 180 cm
	5 127.6 cm 　　6 164.72 cm
126쪽	7 ❶ 12 cm ❷ 4 cm 📕 4 cm
	8 8 cm 　　　　9 8 cm
127쪽	10 ❶ 18.84 cm ❷ 6 cm
	❸ 6.84 cm 📕 6.84 cm
	11 10 cm 　　12 19 cm

1 ❶ 옆면의 가로는 한 밑면의 둘레와 같으므로 31 cm인 부분은 모두 4군데입니다.

❷ (전개도의 둘레)

= (한 밑면의 둘레) × 4 + (옆면의 세로) × 2

$= 31 \times 4 + 11 \times 2 = 124 + 22 = 146 \text{(cm)}$

2 (전개도의 둘레)

= (한 밑면의 둘레) × 4 + (옆면의 세로) × 2

$= 12.56 \times 4 + 9 \times 2$

$= 50.24 + 18 = 68.24 \text{(cm)}$

3 (옆면의 가로) + (옆면의 세로) $= 42 \div 2 = 21$

(옆면의 가로) $+ 6 = 21$

(옆면의 가로) $= 21 - 6 = 15 \text{(cm)}$

한 밑면의 둘레는 옆면의 가로와 같으므로 15 cm입니다.

⇨ (전개도의 둘레)

= (옆면의 둘레) + (한 밑면의 둘레) × 2

$= 42 + 15 \times 2 = 42 + 30 = 72 \text{(cm)}$

4 ❶ (한 밑면의 둘레) $= 14 \times 3 = 42 \text{(cm)}$

❷ (전개도의 둘레)

= (한 밑면의 둘레) × 4 + (옆면의 세로) × 2

$= 42 \times 4 + 6 \times 2$

$= 168 + 12 = 180 \text{(cm)}$

5 (한 밑면의 둘레) $= 9 \times 3.1 = 27.9 \text{(cm)}$

(전개도의 둘레) $= 27.9 \times 4 + 8 \times 2$

$\qquad\qquad\qquad = 111.6 + 16 = 127.6 \text{(cm)}$

6 (한 밑면의 둘레)$=6 \times 2 \times 3.14 = 37.68$(cm)

(전개도의 둘레)$=37.68 \times 4 + 7 \times 2$

$\qquad\qquad\qquad = 150.72 + 14 = 164.72$(cm)

7 ❶ 한 밑면의 둘레를 □ cm라 하면

□$\times 4 + 12 \times 2 = 72$, □$\times 4 + 24 = 72$,

□$\times 4 = 72 - 24$, □$\times 4 = 48$, □$= 48 \div 4 = 12$

> **참고**
> $\qquad\qquad\qquad\qquad\qquad$ ↱ 높이
> (전개도의 둘레)$=$(한 밑면의 둘레)$\times 4 +$(옆면의 세로)$\times 2$

❷ 한 밑면의 둘레가 12 cm이므로

(밑면의 지름)$\times 3 = 12$,

(밑면의 지름)$= 12 \div 3 = 4$(cm)

8 한 밑면의 둘레를 □ cm라 하면

□$\times 4 + 11 \times 2 = 122.48$, □$\times 4 + 22 = 122.48$,

□$\times 4 = 122.48 - 22$, □$\times 4 = 100.48$,

□$= 100.48 \div 4 = 25.12$

한 밑면의 둘레가 25.12 cm이므로

(밑면의 지름)$\times 3.14 = 25.12$,

(밑면의 지름)$= 25.12 \div 3.14 = 8$(cm)

9 한 밑면의 둘레를 □ cm라 하면

□$\times 4 + 8 \times 2 = 214.4$, □$\times 4 + 16 = 214.4$,

□$\times 4 = 214.4 - 16$, □$\times 4 = 198.4$,

□$= 198.4 \div 4 = 49.6$

한 밑면의 둘레가 49.6 cm이므로

(밑면의 반지름)$\times 2 \times 3.1 = 49.6$,

(밑면의 반지름)$= 49.6 \div 3.1 \div 2 = 8$(cm)

10 ❶ 한 밑면의 둘레는 정사각형 모양 종이의 한 변의 길이와 같으므로 18.84 cm입니다.

❷ (밑면의 지름)$= 18.84 \div 3.14 = 6$(cm)

❸ (높이)$=$(정사각형의 한 변)$-$(밑면의 지름)$\times 2$

$\qquad = 18.84 - 6 \times 2$

$\qquad = 18.84 - 12 = 6.84$(cm)

11 한 밑면의 둘레는 30 cm이므로

(밑면의 지름)$= 30 \div 3 = 10$(cm)

(높이)$= 30 - 10 \times 2 = 30 - 20 = 10$(cm)

12 (한 밑면의 둘레)$=4 \times 2 \times 3 = 24$(cm)이므로 종이의 가로, 세로 어느 방향으로도 밑면을 그릴 수 있습니다.

종이의 가로가 더 긴 변이므로 높이가 최대한 높은 상자

를 만들려면 □ 와 같이 그려야 합니다.

(가장 높을 때의 상자의 높이)

$=$(종이의 가로)$-$(밑면의 지름)$\times 2$

$= 35 - 8 \times 2 = 35 - 16 = 19$(cm)

<table>
<tr><td colspan="3">유형 02 원기둥의 옆면의 넓이</td></tr>
<tr><td>128쪽</td><td colspan="2">1 ❶ 18 cm, 5 cm   ❷ 90 cm²   답 90 cm²</td></tr>
<tr><td></td><td>2 434 cm²</td><td>3 150.72 cm²</td></tr>
<tr><td>129쪽</td><td colspan="2">4 ❶ 879.2 cm²   ❷ 1758.4 cm²
답 1758.4 cm²</td></tr>
<tr><td></td><td>5 1620 cm²</td><td>6 5바퀴</td></tr>
<tr><td>130쪽</td><td colspan="2">7 ❶ 49.6 cm   ❷ 14 cm
❸ 127.2 cm   답 127.2 cm</td></tr>
<tr><td></td><td>8 94 cm</td><td>9 143.6 cm</td></tr>
<tr><td>131쪽</td><td colspan="2">10 ❶ 18 cm   ❷ 3 cm   답 3 cm</td></tr>
<tr><td></td><td>11 4 cm</td><td>12 8 cm</td></tr>
</table>

1 ❶ (옆면의 가로)$=$(한 밑면의 둘레)

$\qquad\qquad\qquad = 3 \times 2 \times 3 = 18$(cm)

(옆면의 세로)$=$(원기둥의 높이)$= 5$ cm

❷ (옆면의 넓이)$= 18 \times 5 = 90$(cm²)

2 (옆면의 가로)$=$(한 밑면의 둘레)

$\qquad\qquad\qquad = 7 \times 2 \times 3.1 = 43.4$(cm)

(옆면의 세로)$=$(원기둥의 높이)$= 10$ cm

$\Rightarrow$ (옆면의 넓이)$= 43.4 \times 10 = 434$(cm²)

3 (옆면의 가로)$=$(한 밑면의 둘레)

$\qquad\qquad\qquad = 2 \times 2 \times 3.14 = 12.56$(cm)

(옆면의 세로)$=$(원기둥의 높이)$= 12$ cm

$\Rightarrow$ (옆면의 넓이)$= 12.56 \times 12 = 150.72$(cm²)

4 ❶ (한 밑면의 둘레)$=7 \times 2 \times 3.14$

$\qquad\qquad\qquad\qquad = 43.96$(cm)

(옆면의 넓이)$=$(한 밑면의 둘레)$\times$(높이)

$\qquad\qquad\qquad = 43.96 \times 20 = 879.2$(cm²)

❷ 벽에 롤러를 2바퀴 굴렸으므로

(벽에 페인트를 칠한 부분의 넓이)

$=$(옆면의 넓이)$\times 2$

$= 879.2 \times 2 = 1758.4$(cm²)

5 (롤러의 한 밑면의 둘레)$=6 \times 2 \times 3 = 36$(cm)

(롤러의 옆면의 넓이)$=36 \times 15 = 540$(cm²)

벽에 롤러를 3바퀴 굴렸으므로

(벽에 페인트를 칠한 부분의 넓이)

$=540 \times 3 = 1620$(cm²)

6 (롤러의 한 밑면의 둘레)$=4 \times 2 \times 3.1$

$\qquad\qquad\qquad\qquad\qquad = 24.8$(cm)

(롤러의 옆면의 넓이)$=24.8 \times 18 = 446.4$(cm²)

따라서 롤러를 $2232 \div 446.4 = 5$(바퀴) 굴렸습니다.

7 ❶ (옆면의 가로)=(한 밑면의 둘레)
$$=8×2×3.1=49.6(cm)$$

❷ (옆면의 세로)=694.4÷49.6=14(cm)

❸ (옆면의 둘레)=(49.6+14)×2
$$=63.6×2=127.2(cm)$$

8 (옆면의 가로)=(한 밑면의 둘레)
$$=7×2×3=42(cm)$$

(옆면의 세로)=210÷42=5(cm)

⇨ (옆면의 둘레)=(42+5)×2=47×2=94(cm)

9 (한 밑면의 둘레)×(높이)=(옆면의 넓이)이므로
(한 밑면의 둘레)=5×2×3.14=31.4(cm)
(높이)=282.6÷31.4=9(cm)

⇨ (전개도의 둘레)=(한 밑면의 둘레)×4+(높이)×2
$$=31.4×4+9×2$$
$$=125.6+18=143.6(cm)$$

10 ❶ 원기둥의 높이가 13 cm이므로
(한 밑면의 둘레)=(옆면의 넓이)÷(원기둥의 높이)
$$=234÷13=18(cm)$$

❷ 한 밑면의 둘레가 18 cm이므로
(밑면의 반지름)=(밑면의 둘레)÷(원주율)÷2
$$=18÷3÷2=3(cm)$$

11 원기둥의 높이가 11 cm이므로
(한 밑면의 둘레)=276.32÷11=25.12(cm)
⇨ (밑면의 반지름)=25.12÷3.14÷2=4(cm)

12 원기둥의 높이가 8 cm이므로
(한 밑면의 둘레)=396.8÷8=49.6(cm)
⇨ (밑면의 반지름)=49.6÷3.1÷2=8(cm)

유형 **03** 원뿔에서 모선의 길이

132쪽	**1**	❶ 36 cm	❷ 42 cm	답 42 cm
	2	21 cm		**3** 6 cm
133쪽	**4**	❶ 33 cm	❷ 60 cm	❸ 12 cm
		답 12 cm		
	5	16 cm		**6** 9 cm
134쪽	**7**	❶ 60, 60	❷ 22 cm	❸ 44 cm
		답 44 cm		
	8	32 cm		**9** 80 cm

1 ❶ 모선을 만드는 데 사용한 철사는 4군데이고 모선의 길이는 모두 같으므로
(모선을 만드는 데 사용한 철사의 길이의 합)
$$=9×4=36(cm)$$

---

❷ (밑면을 만드는 데 사용한 철사의 길이)
$$=78-36=42(cm)$$

2 모선을 만드는 데 사용한 철사는 5군데이고 모선의 길이는 모두 같으므로
(모선을 만드는 데 사용한 철사의 길이의 합)
$$=15×5=75(cm)$$
(밑면을 만드는 데 사용한 철사의 길이)
$$=96-75=21(cm)$$

3 모선을 만드는 데 사용한 철사는 5군데이고 모선의 길이는 모두 같으므로
(모선을 만드는 데 사용한 철사의 길이의 합)
$$=13×5=65(cm)$$
(밑면을 만드는 데 사용한 철사의 길이)
$$=101-65=36(cm)$$
⇨ (밑면의 반지름)=(밑면의 둘레)÷(원주율)÷2
$$=36÷3÷2=6(cm)$$

4 ❶ (밑면을 만드는 데 사용한 철사의 길이)
$$=11×3=33(cm)$$

❷ (모선을 만드는 데 사용한 철사의 길이의 합)
$$=93-33=60(cm)$$

❸ 모선을 만드는 데 사용한 철사는 5군데이고 모선의 길이는 모두 같으므로
(선분 ㄱㅁ)=60÷5=12(cm)

5 (밑면을 만드는 데 사용한 철사의 길이)
$$=10×3=30(cm)$$
(모선을 만드는 데 사용한 철사의 길이의 합)
$$=110-30=80(cm)$$
모선을 만드는 데 사용한 철사는 5군데이고 모선의 길이는 모두 같으므로
(선분 ㄱㄷ)=80÷5=16(cm)

6 (밑면을 만드는 데 사용한 철사의 길이)
$$=8×2×3=48(cm)$$
(모선을 만드는 데 사용한 철사의 길이의 합)
$$=84-48=36(cm)$$
모선을 만드는 데 사용한 철사는 4군데이고 모선의 길이는 모두 같으므로
(선분 ㄱㄷ)=36÷4=9(cm)

7 ❶ 원뿔에서 모선의 길이는 모두 같습니다.
(선분 ㄱㄴ)=(선분 ㄱㄷ)이므로 삼각형 ㄱㄴㄷ은 이등변삼각형입니다. 따라서
(각 ㄱㄷㄴ)=(각 ㄱㄴㄷ)=60°,
(각 ㄴㄱㄷ)=180°-60°-60°=60°

❷ 삼각형 ㄱㄴㄷ은 세 각의 크기가 모두 60°로 정삼각
형이므로 세 변의 길이가 모두 같습니다.
⇨ (선분 ㄱㄴ)=(선분 ㄴㄷ)=11×2=22(cm)

❸ 원뿔에서 모선의 길이는 모두 같으므로
(선분 ㄱㄹ)=(선분 ㄱㄴ)=22 cm
(필요한 철사의 길이)=(선분 ㄱㄴ)+(선분 ㄱㄹ)
=22+22=44(cm)

8 삼각형 ㄱㄴㄷ은 (선분 ㄱㄴ)=(선분 ㄱㄷ)이므로 이등
변삼각형입니다. 따라서
(각 ㄱㄷㄴ)=(각 ㄱㄴㄷ)=60°,
(각 ㄴㄱㄷ)=180°−60°−60°=60°이므로
삼각형 ㄱㄴㄷ은 정삼각형입니다.
정삼각형은 세 변의 길이가 모두 같으므로
(선분 ㄱㄴ)=(선분 ㄴㄷ)=8×2=16(cm)
원뿔에서 모선의 길이는 모두 같으므로
(선분 ㄱㄹ)=(선분 ㄱㄴ)=16 cm
⇨ (필요한 철사의 길이)=(선분 ㄱㄴ)+(선분 ㄱㄹ)
=16+16=32(cm)

9 삼각형 ㄱㄴㄷ은 (선분 ㄱㄴ)=(선분 ㄱㄷ)이므로
이등변삼각형이고, (각 ㄱㄴㄷ)=(각 ㄱㄷㄴ)=60°,
(각 ㄴㄱㄷ)=180°−60°−60°=60°이므로 정삼각형
입니다.
정삼각형은 세 변의 길이가 모두 같으므로
(선분 ㄱㄴ)=(선분 ㄴㄷ)=(선분 ㄱㄷ)
=20×2=40(cm)
⇨ (개미가 움직인 거리)=(선분 ㄴㄱ)+(선분 ㄱㄷ)
=40+40=80(cm)

유형 **04** 위, 앞, 옆에서 본 모양

135쪽	**1** ❶ (왼쪽부터) 4, 12 ❷ 384 cm² 🅐 384 cm²
	2 90.5 cm² **3** 55.8 cm²
136쪽	**4** ❶ (위부터) 16, 30 ❷ 382 cm² 🅐 382 cm²
	5 60 cm² **6** 213.5 cm²

1 ❷ (위에서 본 모양의 넓이)
=(반지름이 12 cm인 원의 넓이)
−(반지름이 4 cm인 원의 넓이)
=12×12×3−4×4×3
=432−48=384(cm²)

---

2 입체도형을 위에서 본 모양은 오른
쪽과 같습니다.
(위에서 본 모양의 넓이)
=(한 변이 13 cm인 정사각형의
넓이)−(반지름이 5 cm인 원의 넓이)
=13×13−5×5×3.14
=169−78.5=90.5(cm²)

3 입체도형을 위에서 본 모양은 오른쪽과 같
습니다.
(위에서 본 모양의 넓이)
=(반지름이 6 cm인 원의 넓이)÷2
=6×6×3.1÷2=55.8(cm²)

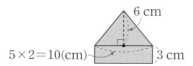

4 ❷ (앞에서 본 모양의 넓이)
=(두 직사각형의 넓이의 합)
=16×7+30×9=112+270=382(cm²)

5 입체도형을 앞에서 본 모양은 다음과 같습니다.

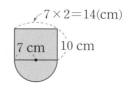

5×2=10(cm)

(앞에서 본 모양의 넓이)
=(삼각형의 넓이)+(직사각형의 넓이)
=10×6÷2+10×3=30+30=60(cm²)

6 입체도형을 옆에서 본 모양은 다음과 같습니다.

7×2=14(cm)

7 cm   10 cm

(옆에서 본 모양의 넓이)
=(직사각형의 넓이)+(반원의 넓이)
=14×10+7×7×3÷2
=140+73.5=213.5(cm²)

유형 **05** 돌리기 전 평면도형

137쪽	**1** ❶ (위부터) 9, 16 ❷ 144 cm² 🅐 144 cm²
	2 42 cm² **3** 150 cm²
138쪽	**4** ❶ (위부터) 8, 6 ❷ 51 cm² 🅐 51 cm²
	5 32.4 cm² **6** 91 cm²

1 ❶ 돌리기 전 평면도형은 직사각형입니다.
(직사각형의 가로)=18÷2=9(cm)
(직사각형의 세로)=(원기둥의 높이)=16 cm
❷ (직사각형의 넓이)=9×16=144(cm²)

---

2 돌리기 전 평면도형은
직각삼각형입니다.

⇨ (직각삼각형의 넓이)
$= 7 \times 12 \div 2 = 42(\text{cm}^2)$

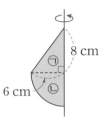

12 cm
$14 \div 2 = 7(\text{cm})$

3 구의 반지름은 돌리기 전 반원의 반지름과 같으므로 반
원의 반지름은 10 cm입니다.

⇨ (반원의 넓이) $= 10 \times 10 \times 3 \div 2 = 150(\text{cm}^2)$

4 ❶ 돌리기 전 평면도형은 직각
삼각형(㉠)과 원의 $\frac{1}{4}$(㉡)
로 나눌 수 있습니다.

8 cm
6 cm

❷ (돌리기 전 평면도형의 넓이)
$=$ (㉠의 넓이)$+$(㉡의 넓이)
$= 6 \times 8 \div 2 + 6 \times 6 \times 3 \div 4$
$= 24 + 27 = 51(\text{cm}^2)$

5 돌리기 전 평면도형은 오른쪽과
같습니다.

5 cm
㉠ ㉡
4 cm

(돌리기 전 평면도형의 넓이)
$=$ (㉠의 넓이)$+$(㉡의 넓이)
$= 5 \times 4 + 4 \times 4 \times 3.1 \div 4$
$= 20 + 12.4 = 32.4(\text{cm}^2)$

6 돌리기 전 평면도형은 오른쪽과 같습
니다.

11 cm
㉠ 5 cm
㉡ 9 cm
4 cm

(돌리기 진 평면도형의 넓이)
$=$ (㉠의 넓이)$+$(㉡의 넓이)
$= 11 \times 5 + 4 \times 9$
$= 55 + 36 = 91(\text{cm}^2)$

유형 06 입체도형 자르기

139쪽	**1** ❶ 14, 14 ❷ 98 cm² 답 98 cm²
	2 108 cm² **3** 80 cm²
140쪽	**4** ❶ 6 ❷ 111.6 cm² 답 111.6 cm²
	5 314 cm² **6** 363 cm²
141쪽	**7** ❶ (위부터) 7, 6, 6 ❷ 84 cm² 답 84 cm²
	8 92 cm² **9** 49.6 cm²

1 ❶ (삼각형의 밑변의 길이)$= 7 \times 2 = 14(\text{cm})$
(삼각형의 높이)$=$(원뿔의 높이)$= 14$ cm

❷ (단면의 넓이)$=$(삼각형의 넓이)
$= 14 \times 14 \div 2 = 98(\text{cm}^2)$

---

2 직선 가를 품은 평면으로 자른 단면은 다음과 같은 삼각
형입니다.

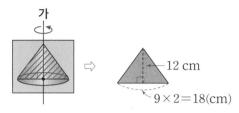

가 ⇨ 12 cm
$9 \times 2 = 18(\text{cm})$

⇨ (단면의 넓이)$= 18 \times 12 \div 2 = 108(\text{cm}^2)$

3 직선 가를 품은 평면으로 자른 단면은 다음과 같은 직사
각형입니다.

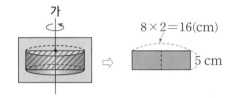

가 ⇨ $8 \times 2 = 16(\text{cm})$
5 cm

⇨ (단면의 넓이)$= 16 \times 5 = 80(\text{cm}^2)$

4 ❶ (단면인 원의 반지름)$=$(원기둥의 밑면의 반지름)
$= 6$ cm

❷ (단면의 넓이)$= 6 \times 6 \times 3.1 = 111.6(\text{cm}^2)$

5 직선 가에 수직인 평면으로 자른 단면은 원입니다.
이때 단면인 원의 반지름은 원기둥의 밑면의 반지름과
같습니다.

⇨ (단면의 넓이)$= 10 \times 10 \times 3.14 = 314(\text{cm}^2)$

6 직선 가에 수직인 평면으로 자른 단면의 넓이가 가장 넓
을 때는 단면이 구의 중심을 지날 때입니다.

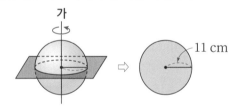

가 ⇨ 11 cm

⇨ (가장 넓은 단면의 넓이)$= 11 \times 11 \times 3 = 363(\text{cm}^2)$

7 ❶ 직선 가를 품은 평면으로 자른 단면은 합동인 직사각
형 2개입니다.

❷ (단면의 넓이)$=$(직사각형의 넓이)$\times 2$
$= 6 \times 7 \times 2 = 84(\text{cm}^2)$

8 직선 가를 품은 평면으로 자른
단면은 오른쪽과 같습니다.

$7 \times 2 = 14(\text{cm})$
4 cm
2 cm
$9 \times 2 = 18(\text{cm})$

⇨ (단면의 넓이)
$= 14 \times 4 + 18 \times 2$
$= 56 + 36 = 92(\text{cm}^2)$

9 직선 가에 수직인 평면으로 자른 단면
은 오른쪽과 같습니다.

5 cm
3 cm

⇨ (단면의 넓이)$= 5 \times 5 \times 3.1 - 3 \times 3 \times 3.1$
$= 77.5 - 27.9 = 49.6(\text{cm}^2)$

단원 6 유형 마스터

142쪽	**01** 218 cm	**02** 9 cm	**03** 198.4 cm²
143쪽	**04** 18 cm	**05** 107.92 cm	**06** 42 cm
144쪽	**07** 283.2 cm²	**08** 14.28 cm	**09** 10 cm
145쪽	**10** 90 cm²	**11** 3 cm	**12** 88 cm²

01 (한 밑면의 둘레)=8×2×3=48(cm)
(전개도의 둘레)=48×4+13×2
=192+26=218(cm)

02 (옆면의 가로)+(옆면의 세로)=94.52÷2
=47.26(cm)
(옆면의 가로)=47.26-(옆면의 세로)
=47.26-19=28.26(cm)
(옆면의 가로)=(한 밑면의 둘레)이므로
(밑면의 지름)×3.14=28.26입니다.
⇨ (밑면의 지름)=28.26÷3.14=9(cm)

03 구의 반지름은 구의 중심에서 구의 겉면의 한 점을 이은 선분이므로 8 cm입니다.
구를 위에서 본 모양은 반지름이 8 cm인 원입니다.
⇨ (위에서 본 모양의 넓이)
=8×8×3.1=198.4(cm²)

04 모선을 만드는 데 사용한 철사는 5군데이고 모선의 길이는 모두 같으므로
(모선을 만드는 데 사용한 철사의 길이의 합)
=9×5=45(cm)
(밑면을 만드는 데 사용한 철사의 길이)
=63-45=18(cm)

05 (한 밑면의 둘레)=7×2×3.14=43.96(cm)
(한 밑면의 둘레)×(높이)=(옆면의 넓이)이므로
(높이)=(옆면의 넓이)÷(한 밑면의 둘레)
=439.6÷43.96=10(cm)
⇨ (전개도의 옆면의 둘레)
=(43.96+10)×2=107.92(cm)

06 선분 ㄱㄹ을 기준으로 한 바퀴 돌렸을 때 만들어지는 입체도형은 밑면의 반지름이 7 cm, 높이가 8 cm인 원기둥입니다.
⇨ (한 밑면의 둘레)=7×2×3=42(cm)

07 입체도형을 앞에서 본 모양은 오른쪽과 같습니다.

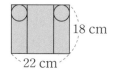

(앞에서 본 모양의 넓이)
=(삼각형의 넓이)+(반원의 넓이)
=(12×2)×5÷2+12×12×3.1÷2
=60+223.2=283.2(cm²)

08 입체도형이 반구이므로 돌리기 전 평면도형은 오른쪽과 같은 원의 $\frac{1}{4}$입니다.

⇨ (돌리기 전 평면도형의 둘레)
=4×2×3.14÷4+4×2
=6.28+8=14.28(cm)

09 (한 밑면의 둘레)=3×2×3=18(cm)이므로 종이의 가로, 세로 어느 방향으로도 밑면을 그릴 수 있습니다.
종이의 가로가 더 긴 변이므로 높이가 최대한 높은 상자를 만들려면 오른쪽과 같이 그려야 합니다.

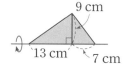

(가장 높을 때의 상자의 높이)
=(종이의 가로)-(밑면의 지름)×2
=22-6×2=10(cm)

10 돌리기 전 평면도형은 오른쪽과 같습니다.

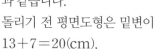

돌리기 전 평면도형은 밑변이 13+7=20(cm),
높이가 9 cm인 삼각형입니다.
⇨ (돌리기 전 평면도형의 넓이)
=20×9÷2=90(cm²)

11 (롤러의 옆면의 넓이)
=(한 바퀴 굴렸을 때 페인트를 칠한 부분의 넓이)
=1190.4÷4=297.6(cm²)
(롤러의 한 밑면의 둘레)
=(옆면의 넓이)÷(롤러의 높이)
=297.6÷16=18.6(cm)
⇨ (밑면의 반지름)=18.6÷3.1÷2=3(cm)

12 돌려서 만든 입체도형을 직선 가를 품은 평면으로 자른 단면의 넓이는 돌리기 전 평면도형의 넓이의 2배와 같습니다.
따라서 직선 가를 품은 평면으로 자른 단면은 다음과 같습니다.

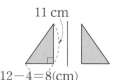

⇨ (단면의 넓이)=8×11÷2×2=88(cm²)

기적의 학습서
오늘도 한 뼘 자랐습니다.

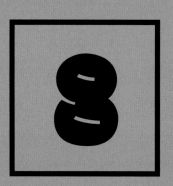

정답과 풀이